Individualisieren und Aktivieren im Chemieunterricht S II
Heinz Wambach · Judith Wambach-Laicher (Hrsg.)

Individualisieren und Aktivieren im Chemieunterricht S II

Aufgaben · Materialien · Prüfungsvorbereitung

Band 1

herausgegeben von

Heinz Wambach · Judith Wambach-Laicher

Autoren

Dr. Uwe Hilgers

Matthias Kremer

Dr. Annette Marohn

Dr. Heinz Wambach

Dr. Judith Wambach-Laicher

Dr. Torsten Witteck

Petra Wlotzka

av Aulis Verlag

Bibliografische Information der Deutschen Nationalbibliothek
Die Deutsche Nationalbibliothek verzeichnet diese Publikation in der Deutschen Nationalbibliografie; detaillierte bibliografische Informationen sind im Internet über *http://dnb.d-nb.de* abrufbar.

Herausgeber:

Heinz Wambach, Judith Wambach-Laicher

Autoren:

Dr. *Uwe Hilgers*, Studiendirektor
ZfsL Bielefeld – Seminar GyGe

Matthias Kremer, Professor
Staatl. Seminar für Didaktik und Lehrerbildung (Gy), Rottweil

Dr. *Annette Marohn*, Univ.-Professorin
Universität zu Köln

Dr. *Heinz Wambach*, Professor
Universität zu Köln

Dr. *Judith Wambach-Laicher*, Studiendirektorin
ZfsL Leverkusen – Seminar GyGe

Dr. *Torsten Witteck*, Studienrat
Engelbert-Kaempfer-Gymnasium, Lemgo

Petra Wlotzka, S II/I-Lehrerin
Fichte-Gymnasium, Hagen

Best.-Nr. A302854

Satz & technische Zeichnungen: *Satzteam 7, Bondorf*
Illustrationen: *Thomas Binder, Magdeburg*
ISBN: 978-3-7614-2854-2

Jede Schülerin und jeden Schüler zu aktivieren und so Vollbeschäftigung im Unterricht zu erreichen lauten moderne didaktische Ratschläge; sie begleiten als anzustrebende Ziele die Planungsarbeiten der Lehrkräfte. Lerntheoretische Grundlage dazu bietet der Konstruktivismus: Nicht durch passive Wissensaufnahme, sondern allein aus eigenen Erfahrungen mit dem Lerngegenstand und selbst erarbeiteten Erkenntnissen kann nachhaltiger Kompetenzzuwachs entstehen; am „leichtesten" wird aus den Erfahrungen gelernt, die als interessant, herausfordernd oder bedeutend empfunden werden.
Diese Individualisierung von Erfahrungswegen kann nicht allein über Experimental-Unterricht mit Schülerübungen erreicht werden – auch wenn dieser Weg sehr wertvoll ist. Die Lernarrangements sind vielfältiger zu gestalten, um möglichst jeden Schüler/jede Schülerin inhaltlich und methodisch zu erreichen und für die Mitarbeit zu gewinnen. Lehrkräfte können empirisch bestätigen, dass inzwischen die Halbwertszeiten des nutzbaren Schulwissens bei Schüler/-innen recht kurz geworden sind und die Zeitfenster bei der aktiven Suche nach Lösungsansätzen kleiner werden. So muss in jeder Lerngruppe, auch in der Sekundarstufe II, von einer Vielzahl individueller Lerner insbesondere bezüglich ihres aktiven Vorwissens ausgegangen werden (Heterogenität). Inzwischen ist empirisch nachgewiesen, dass mit steigender Komplexität kognitiver Anforderungen der Aufgaben gerade die Bedeutung des spezifischen Vorwissens zunimmt und Schülervorstellungen unterrichtliche Lernprozesse entscheidend beeinflussen.
Ein weiterer wichtiger Faktor für erfolgreiches Lernen ist die Chance zur Erfahrung der eigenen Kompetenz. Dazu bedarf es geeigneter Kompetenz-Rückmeldungen und verstärkter Verantwortung für das eigene Lernen. Denn „Verstehen" heißt in Einklang bringen mit dem, womit man bereits vertraut ist und umgehen kann. Diese neue Unterrichtskultur setzt daher auf Förderung der aktiven Mitarbeit bei allen Schülerinnen und Schülern und auf gleiche Chancen bei individuellen Lernwegen mit der Möglichkeit zu selbstständiger, eigenverantwortlicher Arbeit.

Bei geeigneten Aufgaben und Materialien dafür sind nicht nur Form, Inhalt (Fachinhalt und Kontext) und geförderte Kompetenzen gefragt; zusätzlich und neu ist die Forderung nach geeigneter methodischer Lernumgebung zum Gelingen individueller Erarbeitungswege. Lern-Aufgaben und Übungs-Materialien sollen die Lernenden herausfordern und zu intensiver geistiger Arbeit anregen. Es geht um Möglichkeiten der methodischen Gestaltung von Arbeitsprozessen zur Individualisierung und Aktivierung im Chemieunterricht der Sekundarstufe II mit vielfältigen Materialien (z. B. aus den Materialien-Handbüchern Kursunterricht Chemie, Aulis Verlag).
Die verschiedenen Materialien werden hier auf einen methodischen Vorschlag ausgerichtet und direkt für den unterrichtlichen Einsatz vorbereitet. Dazu zählen:

- Diagnose-Instrumente zur Stärken- und Defizit-Wahrnehmung bei Schülervorstellungen (z. B. chemisches Gleichgewicht, Donator-Akzeptor-Konzept)
- Diagnose-Aufgaben zur Aufarbeitung und Veränderung von Basis-Vorstellungen (z. B. ionische Lösungen, Stromfluss durch Lösungen)
- Aufgaben mit integrierter (statt nur zusammenfassender) Wiederholung zur Festigung von Grundlagen
- Berücksichtigung der individuellen Wissensbasis durch Einsatz von Lernimpulsen, Lösungshinweisen oder Info-Karten
- Differenzierung über Teil- oder Zusatz-Aufgaben, gegebenenfalls mit unterschiedlichem Anforderungsniveau

- Stärkung der Motivation durch kooperierende Arbeitsformen, z. B. Gruppenpuzzle, Think-Pair-Share, Kugellager
- Strukturierung von Kommunikationsprozessen im Chemieunterricht mit Materialien, z. B. nach Choice2learn, 2-4-Alle-Methode, Lernstationen
- Materialien und Unterrichtseinheiten zur Kompetenzförderung im Bereich Erkenntnisgewinnung
- Aufgaben und Materialien unter besonderer Berücksichtigung der Reflexion/Bewertung.

Die vorgestellten Unterrichtsbeispiele legen als Lernarrangements einen besonderen Schwerpunkt auf individualisiertes und selbstgesteuertes Lernen (z. B. Diagnose-Instrumente), auf Aktivierung (z. B. Lernimpulse; Stationenlernen) und auf kooperierende Lernformen (z. B. Gruppenpuzzle). Diese verschiedenen Unterrichtsvorschläge sollen Schülerinnen und Schülern Anreiz und Gewinn für nachhaltiges Erlernen der Chemie sein. Mit den ausdruckbaren S-Materialien auf der CD sind sie so vorbereitet, dass sie direkt in der Praxis eingesetzt werden können.

Diesem 1. Band werden weitere folgen, mit gleichen Zielsetzungen und passend zu den hier gewählten Kursthemen der Sekundarstufe II (gymnasiale Oberstufe). Wir bitten alle Benutzer/-innen dieses Handbuches um weitere Anregungen und Beispiele aus ihrer Unterrichtspraxis; über entsprechende Hinweise würden wir uns freuen.

Heinz Wambach
Judith Wambach-Laicher

Die Umsetzung dieser anspruchsvollen Ziele erfordert einen Pool an Aufgaben, Materialien, Medien und unterschiedlichen Methoden, so dass die Schülerinnen und Schüler in vielfältiger Weise aktiviert werden. Schülerinnen und Schüler „bohren" sich mittels unterschiedlicher Lerntätigkeiten und Lernpartner in den jeweiligen Lernstoff hinein, mal arbeitsgleich, mal aufgabendifferenziert, mal allein, mal in Gruppen, mal mit Lernhilfen, mal auf einfachen, mal auf anspruchsvollen Wegen, mal mit Experimenten, mal theorie-geleitet und -vertiefend.
Die Umsetzung dieser vielfältigen methodischen Konzepte bedarf eingehender Vorbereitung, klarer Strukturierung und ansprechender Medien und Materialen. Diese Lernwege werden in den Bausteinen folgendermaßen dargestellt:
Die einführende **Lehrer-Seite** informiert über Fachgebiet, Thema, erforderliche Fachgrundlagen, macht einen methodischen Vorschlag und erläutert die Unterrichtsdurchführung mit Einsatz der **Schüler-Materialien**: Kontext, M 1, ..., Mn. Diese Schüler-Materialien sind im Buch abgedruckt und können von der CD ausgedruckt werden, um sie in gewünschter Anzahl zu vervielfältigen. Die Lehrer-Seite informiert weiter über Literaturquellen und gibt Anregungen zur erweiterten Bearbeitung des jeweiligen Themas mit Bausteinen aus den Materialien-Handbüchern Kursunterricht Chemie im Aulis Verlag. Schließlich sind tabellarisch die angesprochenen Konzepte und die geförderten Kompetenzbereiche mit ausführlicher Formulierung der u. E. wichtigsten Kompetenzen dargestellt. Die Anforderungsbereiche der Aufgaben werden abgeschätzt als Indikatoren für Komplexität und Schwierigkeitsgrad. Es folgen die Schüler-Materialien und dann für die Lehrkraft zur Kontrolle der ausführliche **Erwartungshorizont** zu den Aufgaben und Schüleraufträgen.
Die Seiten für jeden Baustein sind leicht zu erkennen am gleichen Thema und der Nummerierung in der **Kopfleiste**:

Fachgebiet

X.Y **L** oder **S** Thema *Seitenbeitrag (inhaltlich, methodisch)*

Angeboten werden Aufgaben, Materialien und Unterrichtssequenzen aus allen Fachgebieten der gymnasialen Oberstufe zur Kompetenzförderung in den Bereichen: Fachwissen, Erkenntnisgewinnung, Kommunikation, Reflexion/Bewertung und zur Prüfungsvorbereitung.

Ziele sind Individualisierung und Aktivierung eines jeden Schülers/einer jeden Schülerin durch Vielfalt bei der Auswahl

- der Medien und Materialien:
  Diagnose-Instrumente
  Lernimpulse, Lernhilfen
  differenzierte Aufgabenstellungen
  Experimente, Modelle
  Tipp- oder Info-Karten
  Concept-Mapping
- der Sozialformen:
  Einzel- oder Partnerarbeit
  Gruppenarbeit
  Kursunterricht
- der methodischen Konzepte:
  Schüler-Übungen
  Gruppenpuzzle
  Think-Pair-Share
  (1-)2-4-Alle-Methode
  Kugellager
  Choice2learn
  Lernstraße, Lernstationen
  ...

Dr. *Uwe Hilgers* Studiendirektor	Zentrum für schulpraktische Lehrer- ausbildung Bielefeld – Seminar GyGe Steinhagener Gymnasium, Steinhagen	2.2, 5.1, 6.1
Matthias Kremer Professor	Staatliches Seminar für Didaktik und Lehrerbildung (Gy), Rottweil Otto-Hahn-Gymnasium, Tuttlingen	1.1, 1.2, 3.2
Dr. *Annette Marohn* Univ.-Professorin	Universität zu Köln Institut für Chemie und ihre Didaktik	2.1, 3.1
Dr. *Heinz Wambach* Professor	Universität zu Köln Department für Chemie	3.3, 3.4, 4.2, 4.3, 5.3
Dr. *Judith Wambach-Laicher* Studiendirektorin	Zentrum für schulpraktische Lehrer- ausbildung Leverkusen – Seminar GyGe Lise-Meitner-Gymnasium, Leverkusen	1.3, 2.3, 3.5, 6.2
Dr. *Torsten Witteck* Studienrat	Engelbert-Kaempfer-Gymnasium, Lemgo Universität Bremen, Chemiedidaktik	5.2
Petra Wlotzka S II/I-Lehrerin	Fichte-Gymnasium, Hagen	4.1

StD Dr. *Uwe Hilgers*	Elisabethstr. 19	33803 Steinhagen
Prof. *Matthias Kremer*	Fürstensteinweg 24	78532 Tuttlingen
Prof. Dr. *Annette Marohn*	Universität zu Köln Institut für Chemie und ihre Didaktik Herbert-Lewin-Str. 2 (IBW)	50931 Köln
Prof. Dr. *Heinz Wambach*	Herbert-Lewin-Str. 15	50931 Köln
StD' Dr. *Judith Wambach-Laicher*	Norfer Schulstr. 9	41469 Neuss
StR Dr. *Torsten Witteck*	Auf der Horst 45 c	33719 Bielefeld
Frau *Petra Wlotzka* S II/I-L'	Hacheneyer Str. 170 a	44265 Dortmund

1.1 L Cartoon „Chemisches Gleichgewicht“

Thematik
Unterrichtsmethode

Grundlagen: Umkehrbare Reaktionen, Gleichgewichtseinstellung

Methodischer Vorschlag: (Tisch-)Gruppenarbeit mit Thesen-Cartoon und Plenumsdiskussion

Durchführung: Thesen-Cartoon
Der Cartoon wird (z. B. als Folie oder als Kopie für jede Gruppe) zur Klärung wichtiger Konzept-Vorstellungen zum chemischen Gleichgewicht eingesetzt. Nur eine der angebotenen Schüler-Aussagen trifft völlig zu, die anderen greifen „verdeckte“, in verschiedenen Lerngruppen immer wieder beobachtete Vorstellungen auf, die aber wissenschaftlich nicht tragfähig sind.
Zur Aufdeckung dieser Fehlvorstellungen werden in Tischgruppen die Thesen diskutiert, bis sich die Gruppe für die nach ihrer Ansicht richtige Aussage entscheidet. Im anschließenden Plenum stellt jeweils ein Gruppenmitglied die Entscheidung vor und begründet sie. Werden unterschiedliche Ansichten vorgestellt, moderiert die Lehrkraft die Diskussion über Argumente und Gegenargumente und führt den Kurs zur richtigen Aussage.
Als schriftliche Hausaufgabe notieren die Schülerinnen und Schüler die Thesen mit den zugehörigen Argumenten.
Falls mehrere Schülerinnen und Schüler schon sicher mit der korrekten Vorstellung umgehen, soll der Kurs geteilt werden; die einen erhalten Übungsaufgaben (siehe 1.2) zur selbstständigen Bearbeitung, für die anderen hält die Lehrkraft weitere Argumente bereit (siehe Erwartungshorizont), die zur Festigung der wissenschaftlich tragfähigen Vorstellung verhelfen.

Literaturangaben

Concept Cartoons: Diagnose, Korrektur und Prävention von Fehlvorstellungen im Chemieunterricht, *H.-D. Barke et al.*, PdN-ChiS 58 (2009) H. 8, S. 44–49

Zur Erweiterung
Materialien-Handbuch Chemie (Aulis) Bd. 3: 2.6 (Analoges Gleichgewicht), 2.20 (Homogene Systeme), 3.2 (Heterogene Gleichgewichte)

Konzepte
Stoff – Teilchen, Gleichgewicht

Kompetenzbereiche
Fachwissen: Sch'/Sch
- beschreiben die Umkehrbarkeit chemischer Reaktionen,
- wenden Kenntnisse über Merkmale, Verlauf und Bedingungsabhängigkeit chemischer Reaktionen an.

Kommunikation: Sch'/Sch
- beschreiben und veranschaulichen konkrete chemische Sachverhalte unter angemessener Nutzung der Fachsprache,
- argumentieren sachlogisch und begründen schlüssig chemische Sachverhalte und Fragestellungen.

Reflexion/Bewertung: Sch'/Sch
- betrachten Aussagen aus unterschiedlichen Perspektiven und bewerten sie sachgerecht auf der Grundlage chemischer Kenntnisse.

Anforderungsbereiche: I, II

1.1 S Thesen zum chemischen Gleichgewicht *Cartoon*

Liegt in einem geschlossenen Gefäß ein chemisches Gleichgewicht vor, …

1.1 L Cartoon „Chemisches Gleichgewicht“

Erwartungshorizont und Argumente

Korrekte Aussage

„Liegt in einem geschlossenen Gefäß ein chemisches Gleichgewicht vor, so können die Konzentrationen aller beteiligten Stoffe unterschiedlich sein.“

Hinweise zur Diskussion:

Häufig argumentieren Schüler mit der Gleichgewichts-Gleichung, in der die Teilchen oft mit demselben stöchiometrischen Koeffizienten auftreten. Versteht ein Schüler die Gleichgewichts-Gleichung irrigerweise als Beschreibung der Gleichgewichts-Zusammensetzung und nicht als Modell für die ablaufenden Reaktionen, muss er die Aussage für falsch halten.

Hilfreiches Argument:

Man erhält im Massenwirkungsgesetz dieselbe Konstante mit völlig verschiedenen Konzentrationen der beteiligten Stoffe im Gleichgewicht.

Beispiel Estergleichgewicht:

$$S + A \rightleftharpoons E + W$$

$$\text{MWG: } c(\text{E}) \cdot c(\text{W}) : [c(\text{S}) \cdot c(\text{A})] = K = 4 \text{ (für eine bestimmte Temperatur)}$$

Gleichgewicht 1 (teilweise gleiche Konzentrationen):

$c(\text{E}) = c(\text{W}) = 2$ mol/L, $c(\text{S}) = c(\text{A}) = 1$ mol/L; $K = 2 \cdot 2 : [1 \cdot 1] = 4$

Gleichgewicht 2 (alles verschiedene Konzentrationen):

$c(\text{E}) = 4$ mol/L, $c(\text{W}) = 1$ mol/L, $c(\text{S}) = 2$ mol/L, $c(\text{A}) = 0{,}5$ mol/L; $K = 4 \cdot 1 : [2 \cdot 0{,}5] = 4$

Man erkennt: Obwohl in der Gleichgewichts-Gleichung der stöchiometrische Koeffizient überall 1 ist, gibt es unterschiedliche Konzentrationsverhältnisse, die aber zu derselben Gleichgewichtskonstanten K im MWG führen.

Erste falsche Aussage

„Liegt in einem geschlossenen Gefäß ein chemisches Gleichgewicht vor, so sind die Konzentrationen der Edukte gleich denen der Produkte.“

Hinweise zur Diskussion:

Hier hat sich der physikalische Gleichgewichtsbegriff durchgesetzt. Das chemische Gleichgewicht wird verwechselt mit dem Zustand einer Waage im physikalischen Gleichgewicht.

Hilfreiches Argument:

Die Erinnerung an ein Modellexperiment (z. B. Stechheber-Versuch) kann deutlich machen, dass unterschiedliche Reaktionsgeschwindigkeiten für Hin- und Rückreaktion zu unterschiedlichen Konzentrationen der Stoffe (im Modell unterschiedliche Füllhöhen der Messzylinder) führen müssen.

1.1 L Cartoon „Chemisches Gleichgewicht“

Erwartungshorizont und Argumente

Cartoon (Fortsetzung)

Zweite falsche Aussage
„Liegt in einem geschlossenen Gefäß ein chemisches Gleichgewicht vor, so bilden sich keine Produkt-Teilchen mehr.“

Hinweise zur Diskussion:
Hier ist die Vorstellung vom dynamischen Gleichgewicht verloren gegangen. Dies könnte von einer Überinterpretation des Modellversuches kommen, bei dem man nach der Einstellung des „Gleichgewichts“ aufhört, als ob die „Teil-Reaktionen“ zum Erliegen kämen.
Möglicherweise wird die Aussage auch so verstanden, dass sich die Konzentration der Produkt-Teilchen nicht weiter erhöht. Das wäre natürlich richtig.

Hilfreiches Argument:
Die falsche Aussage soll zu einer richtigen umgebaut werden, etwa: ... so bilden sich in einer Zeiteinheit genauso viele Produkt-Teilchen wie auch wieder zu Edukt-Teilchen zurückreagieren. Insgesamt ändern sich die Teilchenzahlen aller beteiligten Stoffe in einem Gleichgewicht nicht mehr.

Dritte falsche Aussage
„Liegt in einem geschlossenen Gefäß ein chemisches Gleichgewicht vor, wechseln die Teilchen ständig zwischen der linken und rechten Seite des Gefäßes hin und her.“

Hinweise zur Diskussion:
Hier wird die Vorstellung von der in der Fachsprache üblichen Formulierung des Gleichgewichts dominiert. Die Sprechweise von „rechts“ und „links“ im Gleichgewicht („es reagiert nach rechts“) wird vom Schüler auf die Realität übertragen.

Hilfreiches Argument:
Die Einstellung des Gleichgewichts zwischen Essigsäure und Wasser einerseits und Oxonium- bzw. Acetat-Ionen andererseits wird experimentell in einer Petrischale durch Zusammengeben von Wasser und Essigsäure verfolgt. Man kann den Ort der Oxonium-Ionen durch einen Säure-Base-Indikator und den der Essigsäure-Moleküle am Geruch feststellen und so die gleichmäßige Verteilung aller Teilchen im Gefäß nachvollziehen.

1.2 L Diagnose und Förderung „Chemisches Gleichgewicht“

Thematik
Unterrichtsmethode

Grundlagen: Umkehrbare Reaktionen, Gleichgewichtseinstellung, Katalysator, Prinzip von *Le Chatelier*, Enthalpie/Entropie, Rechnen mit Größen, MWG; Ammoniak, *Haber-Bosch*-Verfahren

Methodischer Vorschlag: Einzel- und Partnerarbeit: Selbstdiagnose und Aufgaben mit gestuften Lösungshinweisen

Durchführung: Diagnose-Bogen M 1, M 2, M 3
Mit einem Diagnose-Bogen (M 1) nimmt jeder Schüler / jede Schülerin anhand einer Kompetenz-Liste eine Selbsteinschätzung vor. Zu jeder Kompetenz gibt es Fachbegriffe zum Nachschlagen und Aufgaben, um bei Unsicherheit nachzuarbeiten. Die Aufgabensammlung (M 2) gibt es am Lehrerpult zur individuellen Bearbeitung; auch können gestufte Lösungshinweise (M 3) dafür zu Rate gezogen werden.
Dann setzt Partnerarbeit ein, bei der gegenseitig die Aufgaben-Lösungen kontrolliert und verbessert werden. Zum Vergleich kann bei der Lehrkraft Einblick in den Erwartungshorizont genommen werden.
Zum Abschluss soll der Diagnose-Bogen noch einmal durchgegangen werden. Kreuzt man mit einer anderen Farbe an, so wird der (hoffentlich!) eingetretene Kompetenzzuwachs deutlich sichtbar.
Aufgaben aus der Sammlung M 2 können auch einzeln bei der Behandlung des Themas „Gleichgewicht“ als Übungs- und Hausaufgaben eingesetzt werden.

Literaturangaben
Diagnostizieren und Fördern im Chemieunterricht, GDCh, Frankfurt/M 2008

Zur Erweiterung
Materialien-Handbuch Chemie (Aulis) Bd. 3: 2.1 (Einstellung des Gleichgewichts), 2.5 (Kristallviolett), 2.26 (Gleichgewichtskonstante)

Konzepte
Stoff – Teilchen, Gleichgewicht, Größen, Energie

Kompetenzbereiche
Diese Liste entspricht weitgehend den Bildungsstandards für Chemie, Kursstufe (4-stündig) im Bildungsplan 2004, Allgemein bildendes Gymnasium, Baden-Württemberg.
Die Schülerinnen und Schüler können
- umkehrbare Reaktionen und die Einstellung eines chemischen Gleichgewichtes beschreiben *(Veresterung und Ester-Hydrolyse)*,
- ein Modellexperiment zur Gleichgewichtseinstellung durchführen,
- die Rolle eines Katalysators für die Gleichgewichtseinstellung erläutern,
- das Prinzip von *Le Chatelier* zur Beeinflussung von Gleichgewichten anwenden *(Änderungen von Konzentrationen, Druck und Temperatur)*,
- den Quotienten der Stoffmengenkonzentrationen zur Berechnung der Gleichgewichtskonstanten K_c aufstellen,
- das Massenwirkungsgesetz zur quantitativen Beschreibung von homogenen Gleichgewichtsreaktionen anwenden,
- die Leistungen von *Haber* und *Bosch* präsentieren,
- Faktoren nennen, welche die Gleichgewichtseinstellung bei der Ammoniak-Synthese beeinflussen und mögliche technische Problemlösungen kommentieren,
- die gesellschaftliche Bedeutung der Ammoniak-Synthese erläutern.

Anforderungsbereiche: I, II

1.2 S Diagnose und Förderung „Chemisches Gleichgewicht“

M 1

Diagnose-Bogen zur Selbsteinschätzung

a) Schätzen Sie selbst Ihren Lernstand beim Thema „Chemisches Gleichgewicht“ ein und kreuzen Sie die betreffende Spalte an. Zum Nachschlagen der Fachbegriffe liegen Lehrbücher aus.

b) Verbleiben Unsicherheiten, dann erhalten Sie eine Aufgabensammlung (M 2) und können die entsprechenden Aufgaben zur Bearbeitung auswählen.

Kompetenz des Schülers / der Schülerin mit Angabe des Kompetenzbereiches: F: Fachwissen, E: Erkenntnisgewinnung, K: Kommunikation, B: Bewertung		**sicher**	**ziemlich sicher**	**unsicher**	**Fachbegriffe zum Nachschlagen**	**Aufgabe**
Ich kann die Einstellung eines chemischen Gleichgewichtes an einem Beispiel beschreiben.	F				umkehrbare Reaktion, Geschwindigkeit der Hinreaktion / der Rückreaktion, dynamisches Gleichgewicht	1 2
Ich kann die Voraussetzungen für die Einstellung eines chemischen Gleichgewichtes nennen.	F				geschlossenes System, gleichzeitiger Ablauf von Hin- und Rückreaktion	2
Ich kann ein Modellexperiment zur Gleichgewichtseinstellung durchführen.	E				Modellexperiment (Stechheberversuch, Kugelspiel ...)	3
Ich kann Beispiele für Reaktionen und ihre Umkehrreaktion benennen.	F				umkehrbare Reaktionen	4
Ich kann begründen, warum bei der Gleichgewichtseinstellung beide Reaktionen selbsttätig („freiwillig“) ablaufen.	F				Minimum der freien Enthalpie, Maximum der Gesamtentropie, Mischungsentropie	5
Ich weiß, welche Rolle ein Katalysator für die Gleichgewichtseinstellung spielt.	F				Energiediagramm, Katalyse	6 7
Ich kann das Massenwirkungsgesetz für ein Gleichgewicht formulieren.	F				Stoffmengen-Konzentration, Gleichgewichtskonstante, MWG	8
Ich weiß, von welchen Parametern die Gleichgewichtskonstante abhängt.	F				Massenwirkungsgesetz	8
Ich kann den Reaktionsgleichungen entnehmen, ob sich die Gleichgewichts-Zusammensetzung bei einer Druckänderung ändern wird oder nicht.	F				Teilchenanzahl, Satz von *Avogadro*	8
Ich kann den Wert der Gleichgewichtskonstanten berechnen, wenn ich die Reaktionsgleichung und die Gleichgewichts-Konzentrationen kenne.	F				Massenwirkungsgesetz	9
Ich kann mithilfe des Massenwirkungsgesetzes die Auswirkung einer Konzentrationsänderung abschätzen.	F				Konzentrations-Änderung	10
Ich kann das Prinzip von *Le Chatelier* in einem verständlichen Satz formulieren.	K				Prinzip „vom kleinsten Zwang“, *Le Chatelier*, Gleichgewichts-Verschiebung	11

1.2 S Diagnose und Förderung „Chemisches Gleichgewicht“

M1

Diagnose-Bogen zur Selbsteinschätzung (Fortsetzung)

Kompetenz des Schülers / der Schülerin mit Angabe des Kompetenzbereiches: F: Fachwissen, E: Erkenntnisgewinnung, K: Kommunikation, B: Bewertung		**sicher**	**ziemlich sicher**	**unsicher**	**Fachbegriffe zum Nachschlagen**	**Aufgabe**
Ich kann das Prinzip von *Le Chatelier* zur Beurteilung der Auswirkung von Konzentrations-, Druck- und Temperaturänderungen anwenden.	F				Gleichgewichts-Verschiebung, Satz von *Avogadro*	7 8 12
Ich kann Vorschläge zur technischen Problemlösung bei der Ammoniaksynthese beurteilen.	B				*Haber-Bosch*-Verfahren	6 7 12
Ich kann ein Experiment planen, durchführen und auswerten, das das Prinzip von *Le Chatelier* an einem Beispiel bestätigt.	E				Prinzip von *Le Chatelier*	13
Ich kann Faktoren nennen, die die Gleichgewichtseinstellung bei der Ammoniak-Synthese beeinflussen.	F				Ammoniak-Synthese	6 14
Ich kann die gesellschaftliche Bedeutung der Ammoniak-Synthese erläutern.	K				Ammoniak, Verwendung	15
Ich kann einen Kurzvortrag zu den Leistungen von *Fritz Haber* und *Carl Bosch* halten.	K B				*Haber, Fritz* *Bosch, Carl*	16

Was ich noch verbessern sollte:

Ich schlage im Sachregister der Chemiebücher folgende Begriffe nach:

Ich bearbeite zusammen mit

die Aufgaben Nr.

1.2 S Diagnose und Förderung „Chemisches Gleichgewicht“

M2

Aufgabensammlung

a) Bearbeiten Sie zunächst allein die ausgesuchten Aufgaben, um unsichere Fachbegriffe zu festigen bzw. nachzuarbeiten. Zur Unterstützung können pro Aufgabe zwei Lösungshinweise (M 3) hinzu gezogen werden.

b) Tauschen Sie dann die Lösungen mit einem Partner aus, zur Durchsicht und Rückmeldung. Arbeiten Sie gemeinsam alle Ihre Lösungen durch und vergleichen Sie sie mit dem ausliegenden „Erwartungshorizont“. Verwenden Sie bei der Verbesserung einen Stift in anderer Farbe, damit Sie und die Lehrkraft erkennen, wo noch Erklärungs- oder Übungsbedarf besteht.

Nr.	Aufgabe	Rückmeldung des Partners		
		gelungen	teilweise gelungen	nicht gelungen
1	Zwischen den Stoffen Chlor (Cl_2), Phosphorpentachlorid (PCl_5) und Phosphortrichlorid (PCl_3) kann sich in einem geschlossenen System ein chemisches Gleichgewicht einstellen. a) Man gibt eine Portion Phosphorpentachlorid in ein geschlossenes Gefäß, das sonst nichts weiter enthält. Beschreiben Sie, welche Änderungen im Gefäß zu erwarten sind. Wenn chemische Reaktionen ablaufen, notieren Sie deren Reaktionsgleichungen. b) Beurteilen Sie auf dieselbe Weise das analoge Experiment, bei dem anstelle von Phosphorpentachlorid der Stoff Phosphortrichlorid eingesetzt wird.			
2	Gibt man 8 mol Phosphorpentachlorid (PCl_5) bei Zimmertemperatur a) in ein Becherglas b) in einen gasdicht verschlossenen Rundkolben, stellt sich in einem der Gefäße ein Gleichgewicht dieses Stoffes ein mit Chlor (Cl_2) und Phosphortrichlorid (PCl_3), das 3 mol PCl_3 enthält. Paul behauptet, dann müsse das Gefäß außerdem 4 mol PCl_5 und 1 mol Cl_2 enthalten. Max widerspricht, es müsse außer den 3 mol PCl_3 noch 3 mol Cl_2 und 6 mol PCl_5 enthalten. Erläutern Sie, warum nur eines der Gefäße zur Einstellung eines Gleichgewichts geeignet ist, und bewerten Sie die beiden Aussagen von Paul und Max. Stellen Sie gegebenenfalls eine eigene zutreffende Behauptung auf und begründen Sie sie.			
3	Recherchieren Sie im Lehrbuch oder im Internet unter dem Stichwort „Stechheber-Versuch“ und bearbeiten Sie folgende Aufgaben: a) In einer möglichen Versuchsvorschrift für den Stechheber-Versuch geht man von 50 mL Wasser in dem einen und 0 mL Wasser im anderen Messzylinder aus. Welche Änderung am Ende des Modellversuchs erwarten Sie, wenn man von stattdessen jeweils 25 mL Wasser in jedem Messzylinder ausgeht? Begründen Sie Ihre Vorhersage. b) Anstelle des Röhrchens mit dem größeren Durchmesser wird nun ein anderes Glasrohr mit noch größerem Durchmesser verwendet. Geben Sie an, wie sich dadurch der Endzustand im Modellversuch ändert.			

1.2 S Diagnose und Förderung „Chemisches Gleichgewicht“ *M2*

Aufgabensammlung (Fortsetzung)

<table>
<tr><th rowspan="2">Nr.</th><th rowspan="2">Aufgabe</th><th colspan="3">Rückmeldung des Partners</th></tr>
<tr><th>gelungen</th><th>teilweise gelungen</th><th>nicht gelungen</th></tr>
<tr><td>3</td><td>c) Vergleichen Sie den Stechheber-Versuch mit der Einstellung des Ester-Gleichgewichts. Nennen Sie drei Versuchselemente, die sich entsprechen, und stellen Sie drei Unterschiede zwischen Realität und Modell zusammen.</td><td></td><td></td><td></td></tr>
<tr><td>4</td><td>In der folgenden Tabelle sind Reaktionen und Umkehrreaktionen zusammengestellt. Markieren Sie die Zeilen mit korrekten Angaben und begründen Sie für jedes nicht markierte Beispiel, warum es sich dabei nicht um Reaktion und zugehörige Umkehrreaktion handelt.
<table>
<tr><th></th><th>Reaktion</th><th>Vorgeschlagene Umkehrreaktion</th><th>Korrekt?</th></tr>
<tr><td>a)</td><td>$2\ H_2 + O_2 \rightarrow 2\ H_2O$</td><td>$2\ H_2O \rightarrow H_3O^+ + OH^-$</td><td></td></tr>
<tr><td>b)</td><td>$H_3O^+ + OH^- \rightarrow 2\ H_2O$</td><td>$2\ H_2O \rightarrow H_3O^+ + OH^-$</td><td></td></tr>
<tr><td>c)</td><td>$2\ NO_2 \rightarrow N_2O_4$</td><td>$N_2O_4 \rightarrow N_2O + O_3$</td><td></td></tr>
<tr><td>d)</td><td>$3\ O_2 \rightarrow 2\ O_3$</td><td>$2\ O_3 \rightarrow 3\ O_2$</td><td></td></tr>
</table></td><td></td><td></td><td></td></tr>
<tr><td>5</td><td>a) Betrachten Sie die drei folgenden Darstellungen chemischer Sachverhalte. Wird ein Vorgang beschrieben, nennen Sie seinen Anfangs- und Endzustand. Handelt es sich um die Beschreibung eines stabilen Zustandes, geben Sie an, was man der Darstellung entnehmen kann.
I) $3\ H_2 + 2\ N_2 \rightarrow 2\ NH_3$ (Ammoniakbildung)
II) $2\ NH_3 \rightarrow 3\ H_2 + 2\ N_2$ (Umkehrreaktion zu I)
III) $3\ H_2 + 2\ N_2 \rightleftharpoons 2\ NH_3$ (Ammoniakgleichgewicht)

b) Berechnungen mithilfe von Tabellenwerten führen für T = 298 K bei den Reaktionen aus a) zu folgendem Ergebnis:
Reaktion I ist exotherm und exergonisch.
Reaktion II ist endotherm und endergonisch.
Beurteilen Sie die Reaktionen I und II im Hinblick auf den selbsttätigen Ablauf.

c) Geben Sie einen Grund an, warum die Argumentation aus Teilaufgabe b) nicht auf die im dynamischen Gleichgewicht III ablaufenden Reaktionen übertragen werden kann.

d) Ordnen Sie folgende Stoffsysteme, die alle bei derselben Temperatur vorliegen, nach steigendem Enthalpie- und Entropiegehalt und widerlegen Sie damit die Aussage „Die Einstellung eines Gleichgewichts kann immer nur von der Seite der Stoffe mit der höheren freien Enthalpie erfolgen“.
A) 1 kg Ammoniak
B) 1 kg Gemisch aus Wasserstoff und Stickstoff
C) 1 kg Mischung aus Ammoniak, Wasserstoff und Stickstoff im chemischen Gleichgewicht</td><td></td><td></td><td></td></tr>
</table>

1.2 S Diagnose und Förderung „Chemisches Gleichgewicht“

M2

Aufgabensammlung (Fortsetzung)

Nr.	Aufgabe	Rückmeldung des Partners: gelungen	teilweise gelungen	nicht gelungen
6	Wodurch versucht man eine möglichst hohe Ausbeute bei der technischen Ammoniaksynthese zu erzielen? Erläutern Sie mindestens vier übliche Maßnahmen.			
7	Schwefeldoxid reagiert mit Luftsauerstoff an einem Katalysator zu Schwefeltrioxid, wobei sich das Gemisch erwärmt. Um die Reaktion möglichst vollständig ablaufen zulassen, wird das Gemisch immer wieder gekühlt, allerdings nie unter 450 °C. Erläutern Sie dieses Verfahren und geben Sie weitere Möglichkeiten zur Optimierung der Reaktion an.			
8	Die Reaktion von braunem Stickstoffdioxid- zu farblosem Distickstofftetraoxid-Gas verläuft exotherm. In einen gasdichten Kolbenprober gibt man etwas von dem braunen Gas, worauf sich im Kolben ein Gleichgewicht einstellt. Notieren Sie das Massenwirkungsgesetz und die Änderungen der Gleichgewichts-Zusammensetzung bei a) Abkühlung, b) Volumenverringerung. Geben Sie jeweils an, wie sich die Gleichgewichtskonstante bei der Änderung verhält.			
9	In einem verschlossenen Gefäß (V = 1,5 L) werden Wasserstoff (n = 4,05 mol) und Iod (n = 1,47 mol) auf 450 °C erhitzt. Nachdem sich das Gleichgewicht eingestellt hat, ist die Stoffmenge des entstandenen Iodwasserstoffs n(HI) = 2,82 mol. Berechnen Sie die Gleichgewichtskonstante K_c für die Temperatur T = 450 °C.			
10	In wässriger Lösung stellt sich zwischen Chromat- und Dichromat- Ionen folgendes Gleichgewicht ein: $2\ CrO_4^{2-} + 2\ H_3O^+ \rightleftharpoons Cr_2O_7^{2-} + 3\ H_2O$ Bei Zugabe von Natronlauge verändern sich die Konzentrationen der Ionen. Beschreiben Sie die Richtung dieser Veränderung in Worten und begründen Sie Ihre Angaben.			
11	Schreiben Sie eine SMS an einen Mitschüler, der Sie nach dem „Prinzip von *Le Chatelier*“ gefragt hat. Beachten Sie, dass nur 160 Zeichen möglich sind.			
12	In einem geschlossenen System stellt sich das Ammoniak-Gleichgewicht ein. Beschreiben Sie, was passieren wird, wenn man bei konstanter Temperatur den Druck erhöht.			
13	Der Einfluss der Konzentrationsänderung auf die Gleichgewichts-Zusammensetzung soll am Beispiel $A + P \rightleftharpoons AP$ untersucht werden. Dabei sind alle drei Stoffe bei Zimmertemperatur fest und in demselben Lösungsmittel löslich. Sie unterscheiden sich aber deutlich in der Farbe: A: farblos, P: gelb, AP: rot Es werden verschiedene Maßnahmen zur Versuchsdurchführung vorgeschlagen. Beurteilen Sie, ob sie sinnvoll sind, begründen Sie Ihre Meinung und geben Sie für die sinnvollen Vorschläge an, welche Beobachtungen zu erwarten sind.			

1.2 S Diagnose und Förderung „Chemisches Gleichgewicht“

M2

Aufgabensammlung (Fortsetzung)

<table>
<tr><th rowspan="2">Nr.</th><th rowspan="2">Aufgabe</th><th colspan="3">Rückmeldung des Partners</th></tr>
<tr><th>gelungen</th><th>teilweise gelungen</th><th>nicht gelungen</th></tr>
<tr><td>zu 13</td><td>
<table>
<tr><td>Nr.</td><td>Vorgeschlagene Maßnahme</td></tr>
<tr><td>1</td><td>Reagenzglas halbvoll mit Lösungsmittel füllen und eine Spatelspitze AP darin lösen</td></tr>
<tr><td>2a</td><td>Lösung gleichmäßig auf 2 Reagenzgläser verteilen</td></tr>
<tr><td>2b</td><td>In eines der beiden Reagenzgläser Lösungsmittel zugeben</td></tr>
<tr><td>2c</td><td>Beide Reagenzgläser von der Seite vor einem weißen Hintergrund betrachten</td></tr>
<tr><td>2d</td><td>Beide Reagenzgläser von oben auf weißem Untergrund betrachten</td></tr>
<tr><td>2e</td><td>In beide Reagenzgläser etwas Stoff A geben</td></tr>
<tr><td>3</td><td>Nach Schritt 2a das gesamte Lösungsmittel in einem Reagenzglas durch Erwärmen vertreiben</td></tr>
</table>
</td><td></td><td></td><td></td></tr>
<tr><td>14</td><td>Beim Ammoniakgleichgewicht $3\ H_2 + 2\ N_2 \rightleftharpoons 2\ NH_3$ ist die Reaktion nach rechts exotherm.
Folgende Änderungen bei der Einstellung dieses Gleichgewichts sollen herbeigeführt werden; nennen Sie jeweils eine dazu geeignete Maßnahme:
a) Es soll sich ein Gleichgewicht mit einer höheren Gleichgewichtskonstanten einstellen.
b) Es soll ohne Zugabe oder Wegnahme eines Stoffes mehr Ammoniak im Gleichgewicht vorliegen, ohne dass sich die Gleichgewichtskonstante ändert.
c) Das Gleichgewicht soll sich schneller einstellen, ohne dass die Ammoniakausbeute geringer wird.
d) Das Gleichgewichtsgemisch soll ohne Einsatz von Energie zur Erwärmung oder Abkühlung zur Bildung von mehr Ammoniak gebracht werden.</td><td></td><td></td><td></td></tr>
<tr><td>15</td><td>Zeichnen Sie unter Verwendung chemischer Formeln ein Schaubild zum Thema „Ein Stickstoff-Atom auf dem Weg durch den Stickstoffkreislauf“.</td><td></td><td></td><td></td></tr>
<tr><td>16</td><td>In einem deutschen Chemiebuch von 1936 wird zwar Carl Bosch, nicht aber Fritz Haber erwähnt.
Es gibt heute in Baden-Württemberg mehr Carl-Bosch-Gymnasien als Fritz-Haber-Gymnasien.
Erläutern Sie diese beiden Sachverhalte.</td><td></td><td></td><td></td></tr>
<tr><td colspan="5">Gesamtrückmeldung des Partners / der Partnerin:</td></tr>
</table>

1.2 S Diagnose und Förderung „Chemisches Gleichgewicht“

M3

Gestufte Lösungshinweise zu den Aufgaben

1	**Erster Hinweis** Überlegen Sie, welche der drei Stoffe jeweils miteinander reagieren und stellen Sie die Gleichgewichtsgleichung auf. Notieren Sie die Reaktion, die bis zur Einstellung des Gleichgewichts vorrangig abläuft. Klären Sie, ob es einen unter den drei Stoffen gibt, der keinen Reaktionspartner braucht.

1	**Zweiter Hinweis** Während Phosphorpentachlorid keinen Reaktionspartner braucht, reagieren die anderen beiden Stoffe nur dann miteinander, wenn von beiden gleichzeitig Moleküle vorhanden sind.

2	**Erster Hinweis** Chlor ist bei Zimmertemperatur ein gasförmiger Stoff. Die Gleichgewichtsgleichung enthält die Aussage, wie viele Teilchen jeder Sorte an einer Reaktion, also an einer Umbildung der Eduktteilchen in Produkt-Teilchen, beteiligt sind. Sie sagt nichts darüber aus, wie viele Teilchen in dem System zusammengemischt wurden. Die Gleichgewichtsgleichung wird also nicht mit 8 mol PCl_5 formuliert.

2	**Zweiter Hinweis** Wie viele Chlor- und Phosphortrichlorid-Moleküle entstehen jeweils, wenn ein Phosphorpentachlorid-Molekül zerfällt? Wie viele von den ursprünglich 8 mol PCl_5 sind bis zur Einstellung des Gleichgewichts zerfallen, wie viele sind folglich nicht zerfallen?

3	**Erster Hinweis** Beschreiben Sie den Endzustand des Modellversuches mithilfe der Wassermengen in den beiden Glasröhrchen bei einem Versuchsschritt. Lässt sich dieser Zustand auch erreichen, wenn sich zunächst das ganze Wasser in einem der beiden Messzylinder befindet? Wie sehen die Verhältnisse nach dem ersten Versuchsschritt aus?

3	**Zweiter Hinweis** Bedenken Sie beim Vergleich des Modells mit der Realität Art, Ort und Anzahl der Teilchen. Auch Energiebetrachtungen sind möglich.

4	**Erster Hinweis** Es kommt sowohl auf die Edukte als auch auf die Produkte an.

4	**Zweiter Hinweis** Umkehr-Reaktionen müssen nicht in jedem Fall vollständig ablaufen können.

1.2 S Diagnose und Förderung „Chemisches Gleichgewicht“

M3

Gestufte Lösungshinweise zu den Aufgaben (Fortsetzung)

5	**Erster Hinweis** Zu a) Chemische Reaktionen sind Vorgänge, die von einem Anfangs- zu einem Endsystem führen. Bei chemischen Gleichgewichten sind keine stofflichen Veränderungen mehr zu verzeichnen. Zu b) Nur einer der beiden Vorgänge läuft bei $T = 298$ K selbsttätig ab. Zu c) Bei der Berechnung des Vorzeichens der freien Reaktionsenthalpie $\Delta_r G$ geht man von den Werten für das End- und das Anfangssystem aus. Für das Gleichgewichtssystem kann man deshalb den Zahlenwert von $\Delta_r G$ direkt ohne Rechnung angeben. Zu d) Da die Masse der drei Systeme gleich ist, ist für die Entropie S die „Unordnung“ entscheidend. Der Enthalpiegehalt H lässt sich aus der Angabe abschätzen, welche Reaktion exotherm ist.

5	**Zweiter Hinweis** Zu a) Die Mischungsverhältnisse in einem chemischen Gleichgewicht kann man nicht aus den stöchiometrischen Faktoren ermitteln. Denn seine Zusammensetzung ändert sich bei Zugabe eines Reaktionspartners, die Beschreibung durch das Symbol mit dem Gleichgewichtspfeil aber nicht. Zu b) Ob ein Vorgang exotherm oder endotherm ist, spielt für seinen selbsttätigen Ablauf keine Rolle. Entscheidend ist das Vorzeichen der freien Reaktionsenthalpie $\Delta_r G$. Zu c) Energetische Unterschiede kann es nur zwischen Systemen unterschiedlicher stofflicher Zusammensetzung geben. Zu d) Schätzen Sie die freie Enthalpie G der drei Systeme mithilfe der Gibbs-Helmholtz-Gleichung $G = H - T \cdot S$ ab.

6	**Erster Hinweis** Nach dem Prinzip von *Le Chatelier* kann man die Lage eines Gleichgewichts durch Einwirkungen von außen verändern. Dazu hat man im Prinzip drei Möglichkeiten, die aber nicht alle bei jedem Gleichgewicht anwendbar sind.

6	**Zweiter Hinweis** Für einen Betrieb kommt es ebenfalls darauf an, mit der Zeit ökonomisch umzugehen. Es sind daher nicht nur Maßnahmen wichtig, die die Lage des Gleichgewichts zu Gunsten des Ammoniaks beeinflussen, sondern auch Maßnahmen, die den gesamten Prozess beschleunigen.

7	**Erster Hinweis** Es sind dieselben Gedankengänge wie bei der Ammoniaksynthese gefordert.

7	**Zweiter Hinweis** Zu suchen sind Faktoren, die nach dem Prinzip von *Le Chatelier* geändert werden können, um zu einer Änderung der Gleichgewichtszusammensetzung zu kommen. Die Beschleunigung der Gleichgewichtseinstellung stellt eine wichtige Optimierungsmaßnahme dar.

8	**Erster Hinweis** Das MWG ist nicht nur ein Quotient, sondern eine Aussage über diesen Quotienten. Systeme, die sich im Gleichgewicht befinden, verhalten sich sozusagen „menschlich“: Es soll alles möglichst so bleiben, wie es war. Durch welche Vorgänge kann das System der Abkühlung bzw. der Volumenverringerung entgegenwirken?

8	**Zweiter Hinweis** Die Gleichgewichtskonstante heißt „konstant“, weil sich ihr Zahlenwert und ihre Einheit nie ändern, mit einer einzigen Ausnahme!

1.2 S Diagnose und Förderung „Chemisches Gleichgewicht" M3

Gestufte Lösungshinweise zu den Aufgaben (Fortsetzung)

9	**Erster Hinweis** Wenn sich 2,82 mol HI-Moleküle gebildet haben, waren dazu nicht 2,82 mol H_2-Moleküle nötig, sondern weniger. Aus der Reaktionsgleichung erfährt man genau, wie viele. Überprüfen Sie, ob das Volumen des Gefäßes in diesem Fall für die Rechnung eine Rolle spielt oder ob man direkt mit den Stoffmengen im Massenwirkungsgesetz rechnen kann.

9	**Zweiter Hinweis** Die Gleichgewichtskonstante hat in diesem Fall keine Einheit. Im Gleichgewicht liegen unter anderem 2,64 mol H_2-Moleküle vor.

10	**Erster Hinweis** Notieren Sie die Ionen, die in Natronlauge vorliegen, und überlegen Sie, mit welchem Teilchen aus den angegebenen, im Gleichgewicht vorliegenden Teilchen eine Reaktion zu erwarten ist.

10	**Zweiter Hinweis** Die abgesenkte Ionenkonzentration ist ein „äußerer Zwang", für den das Prinzip von *Le Chatelier* gilt. Beim Nachbilden von Ionen werden alle Teilchen gebraucht, die für die Nachbildungsreaktion als Edukte dienen.

11	**Erster Hinweis** Ein Gleichgewichtssystem verhält sich sozusagen „menschlich". Deswegen heißt das Prinzip von *Le Chatelier* auch „Prinzip der Flucht vor dem Zwang".

11	**Zweiter Hinweis** Gehen Sie auf die drei möglichen Zwänge ein: Änderung von Temperatur, Druck bzw. Konzentration eines Reaktionspartners.

12	**Erster Hinweis** Bei Druckänderungen reagieren nur Gleichgewichtssysteme, die Gasteilchen enthalten. Außerdem muss die Anzahl der Gasteilchen auf der Edukt- mit der auf der Produktseite der Gleichgewichtsgleichung verglichen werden.

12	**Zweiter Hinweis** Übertragen Sie die Überlegungen auf der Teilchenebene zu folgendem Beispiel auf das System mit den Edukten Wasserstoff und Stickstoff sowie dem Produkt Ammoniak. Warum benötigt dieselbe Zahl von Sauerstoff-Atomen in Form von Sauerstoff-Molekülen O_2 ein größeres Volumen, als wenn sie lauter Ozon-Moleküle (O_3) bilden, vorausgesetzt, die Bedingungen (Temperatur und Druck) sind gleich? Schlagen Sie gegebenenfalls den Satz des *Avogadro* nach.

1.2 S Diagnose und Förderung „Chemisches Gleichgewicht“

M3

Gestufte Lösungshinweise zu den Aufgaben (Fortsetzung)

13	**Erster Hinweis** Konzentrationsänderungen sind bei diesem Beispiel leicht zu verfolgen, da eine der drei Komponenten stark gefärbt ist (rot), während die anderen beiden nicht viel zur Farbe der Lösung beitragen. Konzentrationsänderungen kann man nicht nur durch Wegnahme oder Zufuhr eines Reaktionspartners herbeiführen, sondern auch durch Änderung der Menge an Lösungsmittel. Weitere Parameter dürfen aber nicht geändert werden.

13	**Zweiter Hinweis** Möchte man Konzentrationsänderungen eines Systems beobachten, ist es sinnvoll, das ursprüngliche System zum Vergleich bereit zu halten. Damit sich ein Gleichgewicht einstellen kann, müssen die miteinander reagierenden Moleküle aufeinandertreffen können. Dies ist bei Feststoffen ohne Lösungsmittel nicht der Fall.

14	**Erster Hinweis** Überprüfen Sie, welche Maßnahmen nach dem Prinzip von *Le Chatelier* zu beurteilen sind.

14	**Zweiter Hinweis** Über die Zeit bis zur Gleichgewichtseinstellung sagt das Prinzip von *Le Chatelier* nichts aus. Hier geht es um Beschleunigung der beteiligten Reaktionen.

15	**Erster Hinweis** Recherchieren Sie, welche Stickstoffverbindungen als Düngemittel verwendet werden und welche Naturstoffe, die von Pflanzen produziert werden, Stickstoffverbindungen sind. Einfache Stickstoffverbindungen, die bei Menschen oder Tieren vorkommen, findet man z. B. im Harn. Bei der „Denitrifikation“ entsteht u. a. Lachgas aus Stickstoffverbindungen.

15	**Zweiter Hinweis** Bauen Sie Stoffe in den Kreislauf ein, die in belebten und unbelebten Systemen vorkommen. Eine eindeutige Lösung gibt es für diese Aufgabe nicht. Es sind folgende fünf Stationen denkbar: Luft, Fabrik, Boden, Pflanze, Tierkörper.

16	**Erster Hinweis** Welche Ideologie verfolgten die Machthaber in Deutschland im Jahr 1936? *Carl Bosch* und *Fritz Haber* waren unterschiedlicher Religionszugehörigkeit.

16	**Zweiter Hinweis** Bei der Auswahl von Namensgebern für Schulen spielt die Religionszugehörigkeit in der Gegenwart keine Rolle. Der Grund für die Auswahl als Namensgeber liegt eher in der Tatsache, dass eine der beiden Personen bekannt ist für die Entwicklung damals neuartiger Kriegswaffen.

1.2 L Diagnose und Förderung „Chemisches Gleichgewicht“

Erwartungshorizont

1	a) Es stellt sich mit der Zeit ein chemisches Gleichgewicht ein, indem Phosphopentachlorid zerfällt $PCl_5 \rightarrow PCl_3 + Cl_2$ und die Zerfallsprodukte wieder zurück reagieren $PCl_3 + Cl_2 \rightarrow PCl_5$. Zu Beginn überwiegt die Zahl der Zerfallsreaktionen, bis schließlich beide Reaktionen mit derselben Häufigkeit stattfinden. Dann hat sich das chemische Gleichgewicht eingestellt, das mit folgendem Symbol beschrieben wird: $$PCl_5 \rightleftharpoons PCl_3 + Cl_2$$ b) Da kein Reaktionspartner für das Phosphortrichlorid vorhanden ist und über einen möglichen Zerfall des Stoffes nichts bekannt ist, muss man davon ausgehen, dass keine chemischen Reaktionen ablaufen. Es stellt sich also kein chemisches Gleichgewicht ein, sondern der Stoff Phosphortrichlorid bleibt unverändert im Gefäß.
2	Da das gasförmige Chlor das offene Becherglas nach und nach verlassen würde, fehlen ständig seine Moleküle für die Reaktion $Cl_2 + PCl_3 \rightarrow PCl_5$. In diesem offenen Gefäß kann sich somit kein Gleichgewicht mit stabilen Konzentrationen der Stoffe einstellen. Voraussetzung für eine Gleichgewichtseinstellung ist ein geschlossenes System, das zwar Energieübertragungen mit der Umgebung ermöglicht, aber keine Stoffübertragungen. Paul geht von einer unterschiedlichen Stoffmenge von Cl_2 und PCl_3 aus. Dies ist aber nach der Reaktionsgleichung nicht möglich. Beide Stoffe entstehen durch den Zerfall von PCl_5 und zwar in gleicher Molekülanzahl, wie die Reaktionsgleichung zeigt. Damit ist seine Überlegung nicht zutreffend. Wahrscheinlich dachte er fälschlicherweise, die Gesamtstoffmenge (also 8 mol) müsse bei einer Gleichgewichtseinstellung erhalten bleiben (3 mol + 1 mol + 4 mol = 8 mol). Max schließt aus der Gleichgewichtsgleichung richtig, dass mit jedem mol PCl_3 auch ein mol Cl_2 entstanden sein muss. Daher geht er von 3 mol Cl_2 aus. Dann macht er den Fehler zu meinen, bei Gleichgewichten seien „gleiche Stoffmengen“ von Edukten und Produkten vorhanden. So kommt er auf 6 mol PCl_5. Richtig ist es, in der Reaktionsgleichung zu prüfen, wie viel mol PCl_5 zerfallen müssen, um auf 3 mol PCl_3 zu kommen. Es sind ebenfalls 3 mol. Da ursprünglich 8 mol zugegeben worden waren, müssen vom PCl_5 im Gleichgewicht noch 5 mol (8 – 3 = 5) vorliegen. Die zutreffende Behauptung ist also: Im Gleichgewicht sind 5 mol PCl_5 und jeweils 3 mol Cl_2 und PCl_3 enthalten.
3	a) Wenn die Gesamtmenge des Wassers übereinstimmt, erreicht man bei Verwendung derselben Glasröhrchen immer denselben Endzustand, unabhängig davon, wie das Wasser zu Beginn auf die beiden Messzylinder verteilt ist. Die Wassermengen ändern sich so lange, bis die in den beiden Glasröhrchen jeweils übertragene Wassermenge gleich ist. Im Messzylinder, aus dem mit dem dünneren Röhrchen Wasser entnommen wird, muss die Flüssigkeit also höher stehen als im anderen Messzylinder, aus dem mit dem dickeren Glasröhrchen Wasser entnommen wird. b) Zunächst wird „zu viel“ Wasser mit dem dickeren Röhrchen transportiert. Es kommt aber durch den höheren Flüssigkeitsstand im anderen Messzylinder wieder mehr Wasser durch das dünnere Röhrchen zurück. Nach einigen Durchgängen sind die jeweils übertragenen Wassermengen wieder gleich groß. Der Unterschied in der Füllhöhe der beiden Messzylinder hat sich jedoch vergrößert.

1.2 L Diagnose und Förderung „Chemisches Gleichgewicht“

Erwartungshorizont

(Fortsetzung)

zu 3

c) Vergleich mit dem Ester-Gleichgewicht (Säure + Alkohol ⇌ Ester + Wasser):

	Modellversuch	*Ester-Gleichgewicht*
Entsprechungen	Wassermenge in einem Röhrchen bei einem Durchgang	Stoffmenge an Säure + Alkohol bzw. Ester + Wasser, die in einer gewissen Zeit zu Ester + Wasser bzw. Säure + Alkohol reagiert
Entsprechungen	Wassermenge in einem Messzylinder	Stoffmenge an Säure + Alkohol bzw. Ester + Wasser, die im System gerade vorhanden ist
Entsprechungen	Durchmesser des Glasröhrchens	Anteil der pro Zeiteinheit miteinander reagierenden Moleküle von allen Molekülen dieser Sorte
Unterschiede	verschiedene Gefäße für Stoffe rechts bzw. links vom Gleichgewichtspfeil	alle vier Molekülarten in einem Gefäß durchmischt
Unterschiede	keine Veränderung an der Stoffportion beim Wechsel in das andere Gefäß (Wasser bleibt Wasser)	„Reaktion“ durch Bildung anderer Moleküle (aus Ester + Wasser wird Säure + Alkohol bzw. umgekehrt)
Unterschiede	„ruckartiger“ Verlauf: Hin- und Rückreaktion finden abwechselnd statt	kontinuierlicher Verlauf: Hin- und Rückreaktionen laufen immer parallel ab
Unterschiede	kein selbsttätiger Verlauf	beide Reaktionen laufen selbsttätig ab

4

Nur bei b) und d) handelt es sich um korrekte Zuordnungen von Reaktion und Umkehr-Reaktion, da bei a) und c) die Edukte der einen nicht die Produkte der anderen Reaktion sind:

a) Edukt 2 $H_2 + O_2$ entspricht nicht dem Produkt der Umkehr-Reaktion $H_3O^+ + OH^-$.

c) Edukt 2 NO_2 entspricht nicht dem Produkt der Umkehr-Reaktion $NO + O_3$.

5

a) I und II beschreiben jeweils den Vorgang einer chemischen Reaktion.

Anfangssysteme:	Bei I: 3 H_2 + 2 N_2,	bei II: 2 NH_3
Endsysteme:	Bei I: 2 NH_3	bei II: 3 H_2 + 2 N_2

III beschreibt ein stabiles System, das sich im chemischen Gleichgewicht befindet. Die stöchiometrischen Faktoren sagen nichts darüber aus, wie das System zusammengesetzt ist, sondern geben an, welche Teilchen in welcher Anzahl miteinander reagieren und wie viele neue Teilchen dabei wieder entstehen.

b) Nur die exergonische Reaktion I kann bei $T = 298$ K selbsttätig ablaufen. Dabei geht man von einem vollständigen Übergang des Anfangs- in das Endsystem aus.

c) Bei III laufen Hin- und Rückreaktion nicht vollständig ab. Anfangs- und Endsystem unterscheiden sich nicht, da sich die stoffliche Zusammensetzung des Systems im Gleichgewicht nicht ändert. Die freie Reaktionsenthalpie für das Gleichgewichtssystem ist $\Delta_r G = 0$ kJ.

1.2 L Diagnose und Förderung „Chemisches Gleichgewicht“

Erwartungshorizont

(Fortsetzung)

zu 5	d) Der Enthalpiegehalt *H* sinkt von System B (Wasserstoff und Stickstoff) über das Gleichgewichtssystem C bis zum System A (Ammoniak). Die höchste Entropie *S* hat das Gleichgewichtssystem C, 1 kg Mischung aus Ammoniak, Wasserstoff und Stickstoff, die niedrigste das System A, 1 kg Ammoniak. Nach $G = H - T \cdot S$ (*Gibbs-Helmholtz*-Gleichung) ist wegen des hohen Wertes der Entropie *S* die freie Enthalpie *G* der Mischung C niedriger als die freie Enthalpie von A oder von B. Die Einstellung des Gleichgewichts C von A oder von B aus ist also mit einer Abnahme der freien Enthalpie *G* verbunden ($\Delta G < 0$ kJ) und verläuft deshalb aus beiden Richtungen (d. h. von A her oder von B her) selbsttätig.

6	Vier der folgenden acht Maßnahmen sind zu nennen: 1. hoher Druck: Gleichgewichtslage wird zugunsten der kleineren Teilchenzahl (also Ammoniak) verschoben; 2. relativ tiefe Temperatur, um die exotherme Ammoniakbildung zu bevorzugen; 3. Entzug des gebildeten Ammoniaks aus dem Gleichgewichtsgemisch, da nach *Le Chatelier* dann der fehlende Stoff nachgebildet wird; 4. nicht zu tiefe Temperatur, um die Geschwindigkeit der Gleichgewichtseinstellung nicht zu gering werden zu lassen; 5. Katalysator: beschleunigt die Gleichgewichtseinstellung durch höhere Reaktionsgeschwindigkeit der Hin- und der Rückreaktion; 6. Kreislaufbetrieb: Das Gasgemisch, das nicht reagiert hat, kommt wieder in den Reaktor zur neuerlichen Synthese; 7. nicht bis zur Einstellung des Gleichgewichts warten. Um Zeit zu sparen, lässt man das Gemisch nur den Reaktor durchströmen, wobei sich das Gleichgewicht nicht ganz einstellt, jedoch ausreichend Ammoniak gebildet wird; 8. zwischendurch abkühlen. Da die Ammoniakbildung exotherm ist, verschiebt sich die Gleichgewichtslage durch die Reaktionsenthalpie zu Ungunsten des Ammoniaks. Durch die Kühlung wird diesem negativen Effekt entgegengewirkt.

7	$2\ SO_2 + O_2 \rightleftharpoons 2\ SO_3$ Der Einsatz eines Katalysators verändert zwar nicht die Zusammensetzung des Gleichgewichts, da sowohl Hin- als auch Rückreaktion durch seinen Einsatz beschleunigt werden. Er verkürzt aber die Zeit, die bis zur Erreichung des Gleichgewichtszustandes benötigt wird, und stellt somit einen bedeutenden Optimierungsfaktor dar. Schwefeltrioxid ist die gewünschte Substanz, die sich in einer exothermen Reaktion bildet. Kühlung bevorzugt diese exotherme Reaktion. Die Temperatur wird jedoch nicht zu weit gesenkt, da sonst die Reaktion zu langsam abläuft (vgl. Ammoniaksynthese) und der Katalysator üblicherweise bei höheren Temperaturen wirksamer ist. Man könnte ebenfalls die Konzentration an Sauerstoff oder Schwefeldioxid erhöhen, das Schwefeltrioxid kontinuierlich aus dem Gleichgewicht entfernen oder den Druck erhöhen, um eine höhere Ausbeute an Schwefeltrioxid zu erhalten. Alle Maßnahmen führen nach *Le Chatelier* zu einer Bevorzugung der Reaktion nach rechts.

1.2 L Diagnose und Förderung „Chemisches Gleichgewicht“

Erwartungshorizont

(Fortsetzung)

8	$$2\ NO_2 \rightleftharpoons N_2O_4$$ MWG: $c(N_2O_4) / c^2(NO_2) = K_C$ (für T = konstant) a) Abkühlung. Sie führt zu häufigerem Ablauf der exothermen Reaktion, also der Bildung des farblosen Gases. Dies hat eine Erhöhung der N_2O_4- und eine Erniedrigung der NO_2-Konzentration zur Folge. Die Gleichgewichtskonstante hat nun bei der tieferen Temperatur einen höheren Wert, da die Konzentration im Zähler zu-, die im Nenner abgenommen hat. b) Volumenverringerung. Die damit verbundene Erhöhung der Konzentration aller vorhandenen Stoffe ($c = n/V$; wobei V kleiner wird, n direkt nach der Veränderung noch gleich geblieben ist) führt zu einer Verdunklung. Allerdings ist das Gleichgewicht nun gestört. Nach dem Prinzip von *Le Chatelier* bildet sich vermehrt das farblose Distickstofftetraoxid, da die damit verbundene Verringerung der Teilchenzahl und damit des benötigten Volumens diesem „äußeren Zwang“ entgegenwirkt. Die Mischung wird aber nicht wieder ganz so hell wie zu Beginn, da der „äußere Zwang“ niemals vollständig wieder abgebaut werden kann. Die Gleichgewichtskonstante stellt sich wieder auf denselben Wert ein. Da die Temperatur konstant bleiben soll, ist dies nach dem Massenwirkungsgesetz der Fall. Mathematisch sieht man es leichter ein, wenn man im MWG die Konzentrationsdefinition $c = n/V$ einsetzt. Man erhält: $$n(N_2O_4) / n^2(NO_2) \cdot V = K_C$$ Die Verkleinerung des Volumens V wird durch die Verschiebung zugunsten der Stoffmenge, die im Zähler steht, gerade wieder ausgeglichen, so dass K_C (da T = konstant) wieder genau denselben Wert hat wie vor der Volumenverringerung.

9	$$H_2 + I_2 \rightleftharpoons 2\ HI$$ Massenwirkungsgesetz (MWG): Da auf beiden Seiten der Reaktionsgleichung dieselbe Teilchenzahl steht, kürzt sich die Einheit im MWG heraus. Dies bedeutet, dass man in diesem Fall anstelle der Stoffmengenkonzentrationen c mit den Stoffmengen n rechnen kann. Damit lautet das MWG: $$\frac{n^2(HI)}{n(H_2) \cdot n(I_2)} = K_C \text{ (für } T = \text{konstant)}$$ Aus der Reaktionsgleichung erkennt man, dass doppelt so viele HI-Moleküle notiert sind wie H_2-Moleküle. Somit gilt: $$n(H_2) = 0{,}5 \cdot n(HI)$$ und die Stoffmenge an Wasserstoff, die im Gleichgewicht zu 2,82 mol HI reagiert hat, beträgt $$n(H_2 \text{ hat reagiert}) = 0{,}5 \cdot 2{,}82\ \text{mol} = 1{,}41\ \text{mol.}$$ Im Gleichgewicht liegt die restliche Stoffmenge an Wasserstoff vor: $$n(H_2) = 4{,}05\ \text{mol} - 1{,}41\ \text{mol} = 2{,}64\ \text{mol}$$ Aus der Reaktionsgleichung erkennt man ebenfalls, dass immer gleich viele I_2-Moleküle wie H_2-Moleküle miteinander reagieren (unabhängig davon, in welchem Verhältnis sie gemischt werden). Somit gilt entsprechend, dass von der eingesetzten Stoffmenge an Iod ebenfalls 1,41 mol reagiert haben. Im Gleichgewicht liegt an Iod vor: $$n(I_2) = 1{,}47\ \text{mol} - 1{,}41\ \text{mol} = 0{,}06\ \text{mol}$$

1.2 L Diagnose und Förderung „Chemisches Gleichgewicht“

Erwartungshorizont

(Fortsetzung)

zu 9	Die drei Stoffmengen im Gleichgewicht werden in das MWG eingesetzt und die Konstante berechnet: $$\frac{2{,}82^2\ \text{mol}^2}{2{,}64\ \text{mol} \cdot 0{,}06\ \text{mol}} = 50{,}2$$ Bei 450 °C hat die Gleichgewichtskonstante des Iodwasserstoff-Gleichgewichts den Wert $K_C = 50{,}2$.

10	In Natronlauge liegen Natrium- und Hydroxid-Ionen vor, Na^+ und OH^-. Die Hydroxid-Ionen reagieren sofort mit den Oxonium-Ionen (H_3O^+), die im Gleichgewicht vorliegen, und senken so deren Konzentration. Gleichzeitig entsteht Wasser: $H_3O^+ + OH^- \rightarrow 2\ H_2O$ Nach dem Prinzip von *Le Chatelier* werden die abgebauten Oxonium-Ionen durch verstärkten Ablauf der Rückreaktion $Cr_2O_7^{2-} + 3\ H_2O \rightarrow 2\ CrO_4^{2-} + 2\ H_3O^+$ teilweise nachgebildet. Dadurch geschehen folgende Änderungen: Chromat-Ionen: Konzentration nimmt zu. Oxonium-Ionen: Konzentration nimmt zu, wird aber nicht ganz so hoch wie vor der Zugabe von Natronlauge. Dichromat-Ionen: Konzentration nimmt ab. Wassermoleküle: Da Wasser als Lösungsmittel im großen Überschuss vorliegt, kann man seine Konzentration als konstant betrachten. Genau genommen liegen einige Wassermoleküle mehr als zu Beginn vor, da nicht alle bei der Zugabe von Natronlauge gebildeten durch die Gleichgewichtsverschiebung nach *Le Chatelier* wieder abgebaut werden.

11	Mögliche SMS mit 152 Zeichen: „Glgewsystem reagiert auf Ändrg von Temperatur, Druck, Konzentr v Rpartner durch Verstärkg d Reakt, die Änderng abmildert, zB Abkühlg verstärkt exoth Rkt“

12	$3\ H_2 + N_2 \rightleftharpoons 2\ NH_3$ Da alle drei Stoffe gasförmig sind und durch die Reaktion in eine Richtung die Zahl der Moleküle verändert wird (auf der rechten Seite der Gleichung stehen nur zwei Moleküle, links vier), ändert sich die Zusammensetzung des Gleichgewichts bei Druckerhöhung (vorgenommen durch Volumenverminderung). Bei einer Volumenverminderung werden zunächst alle Konzentrationen größer, das System ist aber nun nicht mehr im chemischen Gleichgewicht. Durch häufigeren Ablauf der Reaktion nach rechts wird die Gesamtzahl der Teilchen abgebaut und so die Druckerhöhung teilweise wieder rückgängig gemacht. Wenn sich das Gleichgewicht nach einiger Zeit neu eingestellt hat, ist im Vergleich zum Zeitpunkt direkt nach der Volumenverringerung die Ammoniakkonzentration noch etwas höher; die beiden anderen Gase haben wieder eine etwas kleinere Konzentration, die aber immer noch höher ist als die im ursprünglichen Gleichgewicht. Die Gleichgewichtskonstante hat wieder denselben Wert wie im ursprünglichen Gleichgewicht, da die Temperatur konstant gehalten wurde. Die Gleichgewichtskonstante ändert ihren Zahlenwert nur, wenn die Temperatur geändert wird.

1.2 L Diagnose und Förderung „Chemisches Gleichgewicht“

Erwartungshorizont

(Fortsetzung)

13	Nr. 1 ist sinnvoll, da sich aus AP die Stoffe A und P bilden und sich so das Gleichgewicht einstellen kann. Man wird eine rote Lösung sehen, die sich allmählich etwas aufhellt. Nr. 2a ist sinnvoll, da man so im zweiten Reagenzglas das Vergleichssystem immer zur Hand hat. Der Inhalt beider Reagenzgläser sieht gleich aus. Nr. 2b ist sinnvoll, da durch die Lösungsmittelzugabe die Konzentrationen verkleinert werden und damit das Prinzip von *Le Chatelier* untersucht werden kann. Man sieht eine Aufhellung. Nr. 2c ist nicht ganz sinnvoll. Der weiße Hintergrund ist hilfreich, da die Farbtiefe so leichter erkannt werden kann. Es ist jedoch nicht sinnvoll, von der Seite zu schauen, da man die Menge an rotem Farbstoff insgesamt beurteilen möchte. Durch die Lösungsmittelzugabe sind die Moleküle aber auf ein größeres Volumen verteilt. Man sieht so in jedem Fall eine Aufhellung, auch wenn sich mehr roter Farbstoff gebildet haben sollte. Nr. 2d ist sinnvoll, da die gesamte Stoffportion in den Blick genommen worden ist. Man sieht eine Aufhellung, da durch verstärkte Bildung von A + P (farblos und gelb) der Verdünnung entgegengewirkt wird. Dies ist nach dem Prinzip von *Le Chatelier* zu erwarten. Nr. 2e ist nicht sinnvoll, da die Ausgangssituation in beiden Reagenzgläsern nicht die gleiche ist und die Menge an Stoff A nicht genau definiert ist. So ist ein Vergleich nicht möglich. Nr. 3 ist nicht sinnvoll, da beim Vertreiben des gesamten Lösungsmittels das Gleichgewicht zwischen den Feststoffen sich nicht mehr einstellen kann und somit das Prinzip von *Le Chatelier* nicht mehr anzuwenden ist. Auch bevor das gesamte Lösungsmittel vertrieben ist, kann das Versuchsergebnis in Bezug auf die Konzentrationserhöhung erst beurteilt werden, wenn die Lösung wieder dieselbe Temperatur hat wie die im Vergleichsgefäß, da die Gleichgewichtszusammensetzung ebenfalls von der Temperatur abhängig ist.

14	MWG: $c^2(NH_3) / [c^3(H_2) \cdot c^2(N_2)] = K_C$, falls T = konstant Zu a): Die Temperatur muss gesenkt werden, da dann die exotherme Reaktion verstärkt wird, also mehr NH_3 gebildet wird. Die Konzentration an NH_3 steht im Zähler des MWG und somit führt diese Maßnahme zu einer Erhöhung der Gleichgewichtskonstanten. Zu b): Der Druck muss durch Volumenverringerung bei konstanter Temperatur erhöht werden. Dies führt zu verstärkter Ammoniakbildung, da dadurch weniger Raum beansprucht wird und die Druckerhöhung teilweise wieder abgebaut werden kann. Durch das Konstanthalten der Temperatur bleibt die Gleichgewichtskonstante wie verlangt dieselbe. Zu c): Es muss ein geeigneter Katalysator eingesetzt werden. Dieser beschleunigt Hin- und Rückreaktion und damit die Einstellung des Gleichgewichts, ohne seine Lage zu beeinflussen. Zu d): Dies kann durch Einleiten in Wasser geschehen, da Ammoniak im Gegensatz zu den anderen Reaktionspartnern gut mit Wasser reagiert, so dem Gleichgewicht entzogen wird und damit nach *Le Chatelier* seine Nachbildung erzwungen wird.

1.2 L Diagnose und Förderung „Chemisches Gleichgewicht“

Erwartungshorizont

(Fortsetzung)

15	Ein mögliches Schaubild: 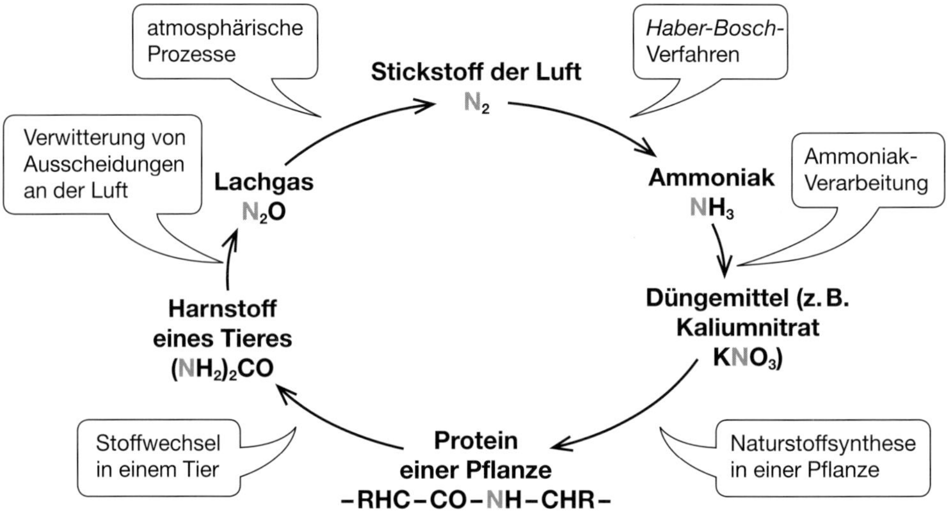

16	1936 waren die Nationalsozialisten an der Regierung, die *Haber* als Juden geringschätzten, seine wissenschaftliche Leistung verleugneten und ihn schließlich ins Exil und in den Tod trieben. Heute können Bedenken gegen *Habers* Einsatz für den menschenverachtenden Giftgaseinsatz im 1. Weltkrieg Ursache dafür sein, dass sein Name selten für ein Gymnasium gewählt wird.

1.3 L Rund um das chemische Gleichgewicht – mit Ameisensäure und Essigsäure

Thematik
Unterrichtsmethode

Grundlagen

Station 1: Grundlagen der Sekundarstufe I über Ameisen- und Essigsäure (Vorkommen, Nachweis, Herstellung, Reaktion mit Wasser, Titration, Herstellung von Essigsäureethylester, Reaktion mit Marmor/Kalk) werden wiederholt/angewandt, ggf. nach vorheriger Recherche

Station 2: Protolyse von Ameisensäure, Titration mit Natronlauge, Massenwirkungsgesetz (MWG), Säurekonstante, K_S-Wert-Bestimmung einer schwachen Säure

Station 3: Protolyse von Essigsäure, K_S-Wert, pH-Wert-Berechnung einer schwachen Säure, Massenwirkungsgesetz mit Anwendung auf Protolysegleichgewichte, chemisches Gleichgewicht und Konzentrationsänderung *(Le Châtelier)*

Station 4: Protolyse von Essigsäure, K_S-Wert, pH-Wert-Berechnung einer schwachen (starken) Säure und einer starken Base, pH-Wert-Berechnung bei gleichzeitiger Anwesenheit einer Säure und ihrer konjugierten Base, Titration einer schwachen (starken) Säure, Diskussion von Titrationskurven

Station 5: Veresterung von Essigsäure mit Ethanol, Verseifung von Essigsäureethylester, Titration einer schwachen Säure, Katalyse, chemisches Gleichgewicht

Station 6: Veresterung von Ameisensäure, Titration einer schwachen Säure, Durchschnittsgeschwindigkeit, chemisches Gleichgewicht, Katalyse, Massenwirkungskonstante

Zusatzstation 7: Verseifung von Essigsäureethylester, Reaktionsgeschwindigkeit, Reaktionsordnung, elektrische Leitfähigkeit, Leitwert, Geschwindigkeitsgleichung, Integrationsmethode

Methodischer Vorschlag: Lernen an Stationen

Durchführung: Kontext, M 1, M 2, M 3, M 4, M 5, M 6, M 7

In Partnerarbeit oder Kleingruppen informieren sich die Schülerinnen und Schüler über den Kontext und bearbeiten die Stationen 1 bis 6 (M 1, M 2, M 3, M 4, M 5, M 6), beginnend mit Station 1, anschließend in beliebiger Reihenfolge. Station 7 steht zusätzlich für leistungsstarke und besonders interessierte Schüler/-innen zur Wahl.

Im anschließenden Plenum werden Verständnisfragen diskutiert und die Ergebnisse der einzelnen Stationen (nach Losverfahren) präsentiert. Eine strukturierte Darstellung zum chemischen Gleichgewicht und MWG (Vorlage Arbeitsblatt Kontext) wird anschließend von jedem Schüler/ jeder Schülerin individuell angefertigt.

Literaturangaben

Kinetik und Mechanismus der Esterverseifung Nr. 1.27, Einstellung des chemischen Gleichgewichtes Nr. 2.1, Gleichgewichtseinstellung und -berechnung bei der Veresterung Nr. 2.28, Ermittlung des K_S-Wertes einer Säure Nr. 3.11, Verschiebung des Essigsäuregleichgewichtes Nr. 3.17, Berechnung einer Titrationskurve Nr. 3.22 in Materialien-Handbuch Kursunterricht Chemie Bd. 3, Aulis Verlag, Köln 1993

1.3 L Rund um das chemische Gleichgewicht – mit Ameisensäure und Essigsäure

Thematik
Unterrichtsmethode

(Fortsetzung)

	Station 1	**Stationen 3, 5**	**Stationen 2, 4, 6, 7**
Konzepte	Stoff – Teilchen Struktur – Eigenschaft Chemische Reaktion	Chemisches Gleichgewicht, Donator – Akzeptor, Prinzip *Le Châtelier*, MWG	Chemisches Gleichgewicht, Donator – Akzeptor, Prinzip *Le Châtelier*, MWG
Kompetenzbereiche	Erkenntnisgewinnung: Sch'/Sch – wenden ihr Fachwissen an, um Fragen aus dem Alltag fachlich richtig zu lösen und zu erklären. Fachwissen	Erkenntnisgewinnung: Sch'/Sch – wenden geeignete Modelle an zur Vorhersage, Beschreibung und Erklärung chemischer Sachverhalte und Reaktionen. Fachwissen	Erkenntnisgewinnung: Sch'/Sch – interpretieren chemische Reaktionen auf der Teilchenebene, – wenden mathematisch-chemische Gesetze an zur Lösung exemplarischer chemischer Fragestellungen. Fachwissen
	Kommunikation: Sch'/Sch – argumentieren sachlogisch und begründen schlüssig (auf Phänomen- und Teilchenebene) chemische Sachverhalte und Fragestellungen, – präsentieren ihre Arbeitsergebnisse fach- und adressatengerecht.		
Anforderungsbereiche	I, II	II, III	II, III

1.3 S Rund um das chemische Gleichgewicht – mit Ameisensäure und Essigsäure

Kontext

Ameisensäure und Essigsäure sind zwei sehr bekannte organische Säuren. Im Haushalt (Salate, Reinigung, Entkalkung ...) werden sie täglich benutzt. Ihre chemischen Eigenschaften sind sehr interessant und können mit einfachen Mitteln genau untersucht werden. Besonders Reaktionen in wässriger Lösung – so werden beide Säuren meistens im Haushalt eingesetzt –, die Reaktion mit Natronlauge und die Veresterung bzw. die Esterverseifung stehen im Fokus, hier unter Berücksichtigung und Anwendung der Konzepte chemisches Gleichgewicht, Donator – Akzeptor, *Le Châtelier* und MWG.

Station 1: Ameisensäure und Essigsäure im Alltag

Wo kommen Ameisensäure und Essigsäure in der Natur vor? Wie kann man sie herstellen? Welche Eigenschaften haben sie? Wofür werden sie im Haushalt verwendet?

Station 2: Untersuchung einer wässrigen Lösung von Ameisensäure unbekannter Konzentration

In der Chemie-Sammlung der Schule findet Ihre Lehrkraft eine unbeschriftete Flasche mit einer wässrigen, klaren Flüssigkeit. Vermutlich handelt es sich um eine wässrige Lösung von Ameisensäure. Sie sollen experimentell die Konzentration sowie die Säure ermitteln.

Station 3: Untersuchung einer wässrigen Lösung von Essigsäure bekannter Konzentration – kleines Farbenspiel zum chemischen Gleichgewicht

Versetzt man eine wässrige Lösung von Essigsäure mit verschiedenen, „geeigneten“ Salzlösungen, kann man die Konzentrationen der vorliegenden Ionen und Moleküle beeinflussen und somit das „Essigsäuregleichgewicht verschieben“. Mit einigen Tropfen Indikatorlösung machen Sie diese Reaktionen sichtbar.

Station 4: Titration von Essigsäure mit Natronlauge – genaue Analyse

Es gibt Computerprogramme, die den Verlauf von Titrationen vorhersagen können. „Simulieren“ Sie verschiedene Programm-Schritte!

Station 5: Quantitative Untersuchung der Veresterung von Essigsäure mit Ethanol und der Verseifung von Essigsäureethylester – überraschende (?) Entdeckungen

Die Veresterung von Essigsäure und ihre Umkehrreaktion, die Verseifung von Essigsäureethylester, werden unter gleichen Bedingungen gestartet und quantitativ verfolgt. Welche Ergebnisse erwarten Sie, wenn man bei beiden Reaktionen in verschiedenen Zeitabständen die Konzentration der Essigsäure untersucht?

Station 6: Untersuchung der Veresterung von Ameisensäure

Die Reaktion von Ameisensäure mit Methanol wird quantitativ untersucht,
um die Durchschnittsgeschwindigkeit dieser Reaktion und die Massenwirkungskonstante bestimmen zu können.

Zusatzstation 7: Kinetik und Mechanismus der Verseifung von Essigsäureethylester

In dieser Station wird aus experimentellen Daten die Reaktionsordnung der Verseifung bestimmt und mit dieser Kenntnis ein Reaktionsmechanismus entwickelt.

1.3 S Rund um das chemische Gleichgewicht – mit Ameisensäure und Essigsäure

Arbeitsblatt

Wo werden das **chemische Gleichgewicht** und **das Massenwirkungsgesetz** genutzt?
Stellen Sie die gewonnenen Ergebnisse aus der Bearbeitung der einzelnen Stationen hier übersichtlich dar.

Station 1: Ameisensäure und Essigsäure im Alltag

Station 2: Untersuchung einer wässrigen Lösung von Ameisensäure unbekannter Konzentration

Station 3: Untersuchung einer wässrigen Lösung von Essigsäure bekannter Konzentration – kleines Farbenspiel zum chemischen Gleichgewicht

Station 4: Titration von Essigsäure mit Natronlauge – genaue Analyse

Station 5: Quantitative Untersuchung der Veresterung von Essigsäure mit Ethanol und der Verseifung von Essigsäureethylester – überraschende (?) Entdeckungen

Station 6: Untersuchung der Veresterung von Ameisensäure

Zusatzstation 7: Kinetik und Mechanismus der Verseifung von Essigsäureethylester

1.3 S Rund um das chemische Gleichgewicht – mit Ameisensäure und Essigsäure

M1

Station 1: Ameisensäure und Essigsäure im Alltag

Ameisensäure und Essigsäure spielen in unserem Alltag eine relativ große Rolle und haben interessante chemische Eigenschaften. Einige werden im Folgenden und in den nächsten Stationen genauer untersucht.

Informieren Sie sich im Chemie-Buch (auch aus vergangenen Schuljahren) über die beiden Säuren Ameisensäure und Essigsäure (z. B. natürliches Vorkommen, Herstellung, Eigenschaften, Verwendung, typische Reaktionen) und beantworten Sie die folgenden Fragen.

Aufgaben

a) Ameisensäure kommt in der Natur vor. Nennen Sie ein Beispiel und entwickeln Sie eine Möglichkeit, die Säure dort nachzuweisen.

b) Marie möchte Apfelessig verwenden, um ihren Salat zu würzen. Leider hat sie keinen im Haus. Peter will ihr helfen und ihn selber herstellen. Wie sollte Peter vorgehen, wenn er frisch gepressten Apfelsaft hat?

c) Welcher Vorgang wird mit der Reaktionsgleichung

$CH_3CH_2OH + O_2 \rightarrow CH_3COOH + H_2O$ beschrieben?

d) Eine wässrige Lösung von Ameisensäure färbt das Indikatorpapier rot. Erklären Sie die Reaktion mithilfe eines Molekülmodells.

e) Im Laden kann man Essig und Essigessenz kaufen. Worin bestehen laut Etikett Gemeinsamkeiten und Unterschiede? Planen Sie ein Experiment, um den Unterschied experimentell zu veranschaulichen, und beschreiben Sie die erwarteten Beobachtungen.

f) Essigsäureethylester ist ein oft verwendetes Lösungsmittel und am charakteristischen Geruch zu erkennen. Wie gehen Sie vor, um diesen Stoff in der Schule herzustellen?

g) In vielen Haushalten findet man Böden und Fensterbänke aus Marmor, da sie sehr schön aussehen. Allerdings sollte man diese Steine nicht mit Essig reinigen.
Informieren Sie als Verkaufsleiter eines Fliesengeschäftes Ihre Kunden mit einem aussagekräftigen Informationsblatt.

h) In den Wasserleitungen einer verkalkten Kaffeemaschine hat sich sehr viel Kalk abgelagert, so dass nur noch wenig Wasser hindurch gelangen kann. Ein Hausrezept empfiehlt das Entkalken mit Essig und anschließendes Spülen mit Wasser. Erläutern Sie das Vorgehen! Wie können Sie überprüfen, dass sich nach dem Vorgang der Reinigung und Spülung kein Essig mehr in der Kaffeemaschine befindet?

1.3 S Rund um das chemische Gleichgewicht – mit Ameisensäure und Essigsäure

M2

Station 2: Untersuchung einer wässrigen Lösung von Ameisensäure unbekannter Konzentration

In der Chemie-Sammlung der Schule findet Ihre Lehrkraft eine unbeschriftete Flasche mit einer wässrigen, klaren Flüssigkeit. Eine Überprüfung mit Indikatorpapier zeigt, dass es sich um eine saure Lösung handelt. Vermutlich handelt es sich um eine wässrige Lösung von Ameisensäure.
Mithilfe der genaueren Ermittlung des pH-Wertes und der Titration der wässrigen Lösung sollen Sie sowohl die **Konzentration der Säure** ermitteln als auch den **K_S-Wert** zur genaueren Identifikation der Säure berechnen.

Geräte: Büretten, 10-mL-Pipetten, Weithals-Erlenmeyerkolben, Spritzflaschen mit dest. Wasser, Bechergläser, pH-Meter bzw. pH-Indikatorstäbchen

Chemikalien: Natronlauge (c = 0,1 mol/L), Phenolphthalein-Lösung (w < 1 %), wässrige Lösung von Ameisensäure unbekannter Stoffmengenkonzentration, pH-Meter bzw. pH-Indikatorstäbchen

Versuchsdurchführung
Mit dem pH-Meter bzw. pH-Indikatorstäbchen wird der pH-Wert der vorgegebenen Säure möglichst genau ermittelt.
In den Weithalserlenmeyerkolben werden 10 mL der Säure pipettiert und mit der eingestellten Natronlauge und einigen Tropfen der Phenolphthalein-Lösung als Indikator titriert. Die Titration wird dreimal durchgeführt.

K_S für einprotonige Säuren: $K_S = \dfrac{c(H^+) \cdot c(A^-)}{c(HA)}$

Aufgaben
a) Notieren Sie Ihre Beobachtungen.
b) Erläutern Sie die bei der Titration ablaufenden chemischen Reaktionen.
c) Berechnen Sie mit dem Mittelwert der verbrauchten Volumina an Natronlauge die Stoffmengenkonzentration der vorliegenden Säure.
d) Erklären Sie den Begriff „K_S-Wert“ einer Säure.
e) Ermitteln Sie aus dem gemessenen pH-Wert und der berechneten Stoffmengenkonzentration den K_S-Wert der Ameisensäure.
f) Vergleichen Sie Ihr Ergebnis mit dem Literaturwert und diskutieren Sie mögliche Abweichungen.

1.3 S Rund um das chemische Gleichgewicht – mit Ameisensäure und Essigsäure

M3

Station 3: Untersuchung einer wässrigen Lösung von Essigsäure bekannter Konzentration – kleines Farbenspiel zum chemischen Gleichgewicht

Versetzt man eine wässrige Lösung von Essigsäure mit verschiedenen, „geeigneten" Salzlösungen, kann man die Konzentrationen der vorliegenden Ionen und Moleküle beeinflussen und somit das „Essigsäuregleichgewicht verschieben". Mit einigen Tropfen Indikatorlösung werden diese Reaktionen sichtbar.

Geräte: drei kleine Bechergläser, drei Reagenzgläser

Chemikalien: Essigsäure-Lösung, c_0 = 0,1 mol/L, wässrige Bromphenolblau-Lösung, Natriumacetat, Kochsalz

Versuchdurchführung

Die drei Bechergläser A, B, C werden mit folgenden Substanzen gefüllt:

A Essigsäure-Lösung der Konzentration c_0 = 0,1 mol/L, die mit Bromphenolblau-Lösung angefärbt wurde (Umschlag im Bereich von pH = 3 bis 4,6 von gelb nach violett)

B festes Natriumacetat

C festes Kochsalz

Die Lösung aus Becherglas A – Lösung aus Essigsäure und Indikator – wird auf die drei Reagenzgläser verteilt. In den kleinen Bechergläsern B und C stellt man sehr konzentrierte wässrige Lösungen aus Natriumacetat bzw. Kochsalz her. Zu den drei Reagenzgläsern 1, 2, 3 mit Essigsäure und Indikator fügt man anschließend zu:

1) Natriumacetat-Lösung,
2) Kochsalz-Lösung,
3) eine entsprechende Portion Wasser.

Information

Essigsäure hat eine Protolysekonstante von $K_S = 1{,}75 \cdot 10^{-5}$ mol/L und einen sehr kleinen Protolysegrad.

Aufgaben

a) Berechnen Sie den pH-Wert der gegebenen Säure.
b) Welche Beobachtungen erwarten Sie in den Reagenzgläsern 1, 2 und 3? Erläutern Sie Ihre Erwartungen!
c) Führen Sie die Versuche durch und notieren Sie Ihre Beobachtungen.
d) Erläutern Sie die Beobachtungen bei den Versuchen. Wenden Sie dabei das Prinzip von *Le Châtelier* an.
e) Vergleichen Sie mit b.

1.3 S Rund um das chemische Gleichgewicht – mit Ameisensäure und Essigsäure

M4

Station 4: Titration von Essigsäure mit Natronlauge – genaue Analyse

Es gibt Computerprogramme, die den Verlauf von Titrationen – sogar im kontinuierlichen Ablauf – vorhersagen können. Bei der Angabe der vorgelegten Säure (Volumen und Konzentration der Lösung) und der titrierenden Lauge (Angabe der Konzentration) erhält man umgehend sowohl den Verbrauch an Lauge bis zum Äquivalenzpunkt als auch den gesamten Verlauf einer kleinschrittigen Titrationskurve.
„Simulieren" Sie ein solches Programm, indem Sie verschiedene Rechnungen des Computers durchführen!

Der Computer erhält folgende Informationen über die Eingabe:

Vorlage: Probelösung $V = 100$ mL der wässrigen Essigsäure-Lösung ($c(\text{HAc}) = 0{,}05$ mol/L),

Bürette: Maßlösung Natronlauge ($c(\text{NaOH}) = 1$ mol/L).

Weitere Informationen hat er gespeichert:

$\text{p}K_S(\text{HAc}) = 4{,}76$, $\text{p}K_B(\text{Ac}^-) = 9{,}24$,

$$K_S = \frac{c(\text{H}^+) \cdot c(\text{Ac}^-)}{c(\text{HAc})} \qquad K_B = \frac{c(\text{HAc}) \cdot c(\text{OH}^-)}{c(\text{Ac}^-)}$$

$$c(\text{H}_3\text{O}^+) \cdot c(\text{OH}^-) = K_W, \qquad \text{pH} + \text{pOH} = \text{p}K_W$$

Aufgaben

a) Berechnen Sie den pH-Wert der Essigsäure-Lösung vor der Titration.
b) Bestimmen Sie das Volumen der zugegebenen Natronlauge und den pH-Wert für den Äquivalenzpunkt.
c) Berechnen Sie den pH-Wert am Halbäquivalenzpunkt.
d) Ermitteln Sie den pH-Wert gegen Ende der Titration, und zwar nach Zugabe des gegenüber dem Äquivalenzpunkt doppelten Volumens an Natronlauge.
e) Stellen Sie die von a bis d berechneten Werte in einer $V(\text{NaOH})$/pH-Wert-Tabelle zusammen.
f) Ergänzen Sie die Tabelle, indem Sie von einer Probe Salzsäure mit gleichen Vorgaben wie die Essigsäure (Probelösung $V = 100$ mL, $c(\text{HCl}) = 0{,}05$ mol/L) ausgehen und den pH-Wert der Lösung bei Zugabe der entsprechenden Volumina Natronlauge berechnen.
g) Vergleichen Sie an einigen Stationen pH(HAc) mit pH(HCl) und skizzieren Sie die theoretisch zu erwartenden Titrationskurven auf Millimeterpapier. Beschriften Sie Ihre Zeichnung.

1.3 S Rund um das chemische Gleichgewicht – mit Ameisensäure und Essigsäure

M5

Station 5: Quantitative Untersuchung der Veresterung von Essigsäure mit Ethanol und der Verseifung von Essigsäureethylester – überraschende (?) Entdeckungen

Sie kennen die säurekatalysierte Veresterung von Essigsäure mit Ethanol und ihre Umkehrreaktion, die Verseifung von Essigsäureethylester. Im Folgenden werden beide Reaktionen genauer untersucht, indem man sie unter denselben Bedingungen startet und ablaufen lässt und jeweils die Konzentration der Essigsäure über längere Zeit durch Titration verfolgt.
Im Ansatz I nimmt man 1 mol Ethanol und 1 mol Essigsäure in wasserfreier Form (hier in Aceton mit Schwefelsäure), zusammen V_0 = 181 mL.
Im Ansatz II nimmt man 1 mol Essigsäureethylester und 1 mol Wasser (in Aceton mit Schwefelsäure), zusammen V_0 = 181 mL.
Die Reaktionen finden in Zweihalskolben mit Rückflusskühler im Ölbad unter Sieden statt.

Zu verschiedenen Zeitpunkten entnimmt man Proben von V = 5 mL, schreckt sie im Eiswasser-Bad ab und titriert sie mit Natronlauge der Konzentration c = 1 mol/L. Dabei erhält man die nachfolgenden Messwerte, wenn der Einfluss der Schwefelsäure bereits korrigiert ist (Abkürzung HAc für Essigsäure).

Zeit	***t*/min**	10	20	30	40	50	60
Ansatz I	***V*(NaOH)/mL**	17,8	14,9	13,3	12,35	11,6	11,2
Ansatz I	***c*(HAc)/mol/L**						
Ansatz II	***V*(NaOH)/mL**	1,2	2,1	2,95	3,75	4,5	5,25
Ansatz II	***c*(HAc)/mol/L**						

Zeit	***t*/min**	80	110	140	170	200	230
Ansatz I	***V*(NaOH)/mL**	10,25	9,9	9,75	9,55	9,5	9,55
Ansatz I	***c*(HAc)/mol/L**						
Ansatz II	***V*(NaOH)/mL**	6,6	8,0	8,9	9,25	9,5	9,5
Ansatz II	***c*(HAc)/mol/L**						

Aufgaben

a) Zeichnen Sie eine Skizze zum Versuch. Erläutern Sie die stattfindenden Reaktionen in Ansatz I und Ansatz II mit Angabe der jeweiligen Reaktionsgleichung.
b) In beiden Ansätzen wird von jeweils 1 mol der Edukte ausgegangen. Die Stoffmenge der vorhandenen Essigsäure wird mittels Titration bestimmt. Welche Stoffmenge von Essigsäure erwarten Sie in beiden Ansätzen jeweils nach a) 0 min b) 10 min c) einer Reaktionsdauer von 4 h? Begründen Sie Ihre Vermutungen.
c) Berechnen Sie zu den verschiedenen Messwerten in der Tabelle die jeweilige Konzentration von Essigsäure und ergänzen Sie die Tabelle.
d) Beschreiben Sie Anfangs- und Endpunkt für jede Zeitmessung und begründen Sie, warum die Versuchsproben jeweils abgeschreckt werden müssen.
e) Zeichnen Sie zwei Graphen – jeweils einen für jeden Ansatz – in ein Koordinatensystem, indem Sie die Essigsäure-Konzentration gegen die Reaktionszeit auftragen, und interpretieren Sie den Verlauf!
f) Berechnen Sie die Konzentrationen der Reaktionspartner im „Endzustand“! Vergleichen Sie diese Ergebnisse mit Ihren Vermutungen in Aufgabe b.

1.3 S Rund um das chemische Gleichgewicht – mit Ameisensäure und Essigsäure

M6

Station 6: Untersuchung der Veresterung von Ameisensäure

Die Reaktion von Ameisensäure mit Methanol soll quantitativ untersucht und berechnet werden, um die Durchschnittsgeschwindigkeit dieser Reaktion und die Massenwirkungskonstante K_c bestimmen zu können.

Für die Durchschnittsgeschwindigkeit in einem Zeitintervall Δt gilt die Formel

$$\bar{v} = \frac{\Delta c}{\Delta t}$$

Für K_c gilt $$K_c = \frac{c(\text{Prod. I}) \cdot c(\text{Prod. II}) \cdot \ldots}{c(\text{Edukt I}) \cdot c(\text{Edukt II}) \cdot \ldots}$$

In einem Rundkolben sind $n = 0{,}5$ mol Methanol und $n = 0{,}5$ mol Methansäure (Ameisensäure) mit wenig konzentrierter Schwefelsäure ($V = 0{,}5$ mL) gemischt und werden bei konstanter Temperatur gehalten.
Zu bestimmten Zeiten entnimmt man dieser Mischung Proben von 3 mL und titriert mit Natronlauge der Konzentration c(NaOH) = 1 mol/L. Das Ergebnis ist in der Tabelle wiedergegeben.
Der Anteil der Schwefelsäure am Natronlauge-Verbrauch wurde in jeder Probe bei Vorversuchen mit $V = 1{,}3$ mL bestimmt. Das Gesamtvolumen der Mischung betrug $V = 38{,}6$ mL.

t/min	2	5	10	15	20	30	40
V(Natronlauge)/mL	28,2	22,0	21,0	20,3	20,2	19,9	19,9

Aufgaben

a) Erläutern Sie die ablaufende Reaktion zwischen Ameisensäure und Methanol.

b) Berechnen Sie die Stoffmengenkonzentration der Ameisensäure zu den angegebenen Zeitpunkten sowie zum Zeitpunkt $t = 0$ min.

c) Stellen Sie die Ergebnisse grafisch dar, indem Sie die Konzentration c(Ameisensäure) in Abhängigkeit von der Zeit t auftragen.

d) Ermitteln Sie die Durchschnittsgeschwindigkeit der Reaktion in den Zeitintervallen $t_1 = 0$ min bis $t_2 =$ 2 min sowie $t_3 = 15$ min bis $t_4 = 20$ min.

e) Erläutern Sie den Verlauf des Graphen. Gehen Sie dabei auch auf Modellvorstellungen im molekularen Bereich ein.

f) Berechnen Sie die Massenwirkungskonstante K_c für diese Reaktion.

1.3 S Rund um das chemische Gleichgewicht – mit Ameisensäure und Essigsäure

M7

Zusatzstation 7: Kinetik und Mechanismus der Verseifung von Essigsäureethylester

In dieser Station wird aus experimentellen Daten die Reaktionsordnung der Esterverseifung bestimmt und mit dieser Kenntnis ein Reaktionsmechanismus entwickelt.

Um einen Mechanismus der Essigsäureethylester-Verseifung experimentell zu untermauern, wird eine kinetische Messung durchgeführt. Hierbei wird die elektrische Leitfähigkeit des Reaktionsgemisches (Essigsäureethylester und Natronlauge) verfolgt und der Leitwert G bestimmt (er ist definiert als Kehrwert des elektrischen Widerstandes). Über die Abnahme des Leitwertes im Verlauf der Reaktion kann die Konzentration der Natronlauge und ihre Veränderung verfolgt werden.
Um zu entscheiden, ob die stattfindende Reaktion nach dem kinetischen Gesetz 1. oder 2. Ordnung verläuft, versucht man, lineare Beziehungen zwischen Konzentration und Reaktionszeiten herzustellen. Ist $ln(c(OH^-)) \sim t$, handelt es sich um eine Reaktion 1. Ordnung, im Falle von $1/c(OH^-) \sim t$ liegt eine Reaktion 2. Ordnung vor. (Da die Konzentration des Ester proportional zur Konzentration der Natronlauge ist, kann man die Integrationsmethode mit den Werten für $c(OH^-)$ durchführen.) Über die so ermittelte Reaktionsordnung erhält man Auskunft, ob nur ein oder ob zwei Edukt-Teilchen am geschwindigkeitsbestimmenden Schritt beteiligt sind (mono- oder bimolekulare Reaktion).

Man gibt zum Zeitpunkt $t = 0$ zu 100 mL Natronlauge der Konzentration $c(NaOH) = 0{,}02$ mol/L eine Stoffportion von 100 mL Essigsäureethylester und misst mit einem Leitfähigkeitsprüfer den Leitwert G als Funktion der Zeit. Man erhält folgende Werte (Tabelle), wobei der Endwert nach Beendigung der Reaktion gemessen wurde.

t/min	0	5	10	15	20	25	30	62	Endwert
$G/10^{-3} \cdot \Omega^{-1}$	5,25	4,62	4,20	3,85	3,60	3,40	3,25	2,70	1,80

Es gilt: $c(NaOH) \sim (G - G_{End})$

Aufgaben

a) Erläutern Sie die stattfindende Reaktion und überlegen Sie, welche Teilchen zum Leitwert beitragen.
b) Begründen Sie, warum zum Zeitpunkt $t = 0$ der Wert $c(NaOH) = 0{,}01$ mol/L beträgt.
Ermitteln Sie mit den Angaben bei $t = 0$ den Proportionalitätsfaktor für die Gleichung $c(NaOH) = k \cdot (G - G_{End})$.
c) Berechnen Sie die Natronlauge-Konzentrationen zu den weiteren in der Tabelle angegebenen Zeitpunkten.
d) Tragen Sie in einem Koordinatensystem die Kehrwerte der Natronlauge-Konzentration $1/c(NaOH)$ gegen die Zeit t/min auf. Begründen Sie mit der Integrationsmethode, warum hier eine Reaktion 2. Ordnung vorliegt.
e) Ermitteln Sie die Molekularität des geschwindigkeitsbestimmenden ersten Reaktionsschrittes und leiten Sie hieraus einen Mechanismus für die Reaktion her.

1.3 L Rund um das chemische Gleichgewicht – mit Ameisensäure und Essigsäure

Erwartungshorizont

Station 1

zu a) Wenn Ameisen über ein angefeuchtetes Indikatorpapier krabbeln, färbt es sich rot.

zu b) Lässt man frisch gepressten Apfelsaft unter Luftabschluss etwas länger stehen, gärt er, es bildet sich Ethanol (Alkohol); Apfelwein ist entstanden. Lässt man Apfelwein an der Luft stehen, wird er sauer: Man erhält Apfelessig, da Ethanol mit Sauerstoff zu Essigsäure und Wasser reagiert.

zu c) Die Reaktionsgleichung beschreibt die Reaktion von Ethanol an der Luft zu Essigsäure (s. b).

zu d) Ameisensäure reagiert in wässriger Lösung als Säure. Ameisensäure-Moleküle geben jeweils ein Proton $H^+(aq)$ ab.

zu e) Essig und Essigessenz sind beides wässrige Lösungen von Essigsäure. Unterschiede bestehen allerdings in der Konzentration. Essig ist eine 5 %-ige Lösung von Essigsäure in Wasser, Essigessenz enthält ca. 25 % Essigsäure.
Experimentell veranschaulichen kann man den Unterschied z. B. durch Titration jeweils einer gleichen Menge Flüssigkeit mit Natronlauge nach Zugabe eines geeigneten Indikators. Bei der Titration der Essigessenz-Portion wird der Indikator erst nach Zugabe eines ca. fünffachen Volumens an Natronlauge im Vergleich zur Titration der Essig-Portion umschlagen.

zu f) Eine kleine Portion Essigsäure und Ethanol werden mit ein paar Tropfen Schwefelsäure und einem Siedestein im Reagenzglas versetzt und über dem Bunsenbrenner erhitzt. Anschließend gibt man das Reaktionsgemisch in ein Glas mit Wasser. Der in Wasser unlösliche Ester schwimmt auf der Oberfläche und ist an seinem Geruch zu erkennen; die restlichen E- und Produkte lösen sich in der wässrigen Phase.

zu g) Essigsäure reagiert mit Marmor zu Calciumacetat, Wasser und Kohlenstoffdioxid.
$2\ CH_3COOH + CaCO_3 \rightarrow Ca(CH_3COO)_2 + H_2O + CO_2$

zu h) Essigsäure reagiert mit Kalk (s. g). Das gebildete Calciumacetat löst sich leicht in Wasser, die Leitungen werden wieder frei. Spülen mit Wasser ist daher notwendig, auch um überschüssige Essigsäure zu entfernen. Mit einem pH-Papier kann man im Spülwasser prüfen, ob noch Essigsäure enthalten ist.

Station 2

Vorbereitung der Versuche:

Es werden z. B. 4,603 g Ameisensäure mit destilliertem Wasser auf insgesamt 1 L Lösung aufgefüllt, so dass die Säure eine Stoffmengenkonzentration von c = 0,1 mol/L hat.

zu a) Der pH-Wert der Säure soll z. B. 2,5 betragen.
Nach der Zugabe von rund 10 mL Natronlauge zur vorliegenden Probe mit Indikator färbt sich die Lösung rosa.

1.3 L Rund um das chemische Gleichgewicht – mit Ameisensäure und Essigsäure

Erwartungshorizont

Station 2 (Fortsetzung)

zu b) Ameisensäure reagiert mit Natronlauge zu Natriumformiat und Wasser:

$HCOOH + NaOH \rightarrow HCOONa + H_2O$

Wenn alle Ameisensäure-Moleküle reagiert haben, reagieren die zugegebenen Hydroxid-Ionen der Natronlauge nicht mehr, der Indikator Phenolphthalein nimmt eine rosa Farbe an.

zu c) Für die Titration der Säure werden ca. 10 mL Natronlauge verbraucht. Bei drei Titrationen sollte sinnvoll ein Mittelwert gebildet werden. In der vorliegenden Modellrechnung wird ein Verbrauch an Natronlauge von 10,1 mL angenommen.

Nach der Reaktionsgleichung gilt für die Stoffmengen: $n(HCOOH) = n(NaOH)$.

Daraus ergibt sich

$c(HCOOH) \cdot V(HCOOH) = c(NaOH) \cdot V(NaOH)$, also

$c(HCOOH) \cdot 10\ mL = 0{,}1\ mol/L \cdot 10{,}1\ mL$, und damit

$c(HCOOH) = 0{,}1\ mol/L$.

Die Säurelösung hat also eine Stoffmengenkonzentration von $c = 0{,}1\ mol/L$.

zu d) Die Protolyse einer Säure ist eine Gleichgewichtsreaktion. Bei einer einprotonigen Säure lautet die Reaktionsgleichung

$HA \rightleftharpoons H^+(aq) + A^-(aq)$

Im Gleichgewicht ist der Quotient aus dem Produkt der Konzentration der Produkte und der Konzentration des Edukts konstant. Diesen Zahlenwert nennt man K_S-Wert.

zu e) Der pH-Wert der Säure wird zu etwa pH = 2,5 bestimmt.

$$K_S = \frac{c(H^+) \cdot c(A^-)}{c(HA)}.$$

Da $c(H^+) = c(A^-)$ ist und – vereinfacht für schwache Säuren – $c(HA) \approx c_0(HA) = 0{,}1\ mol/L$ (s. c), ergibt sich nach dem Einsetzen

$$K_S = \frac{c^2(H^+)}{c_0(HA)} = \frac{(1 \cdot 10^{-2{,}5}\ mol/L)^2}{0{,}1\ mol/L} = 1 \cdot 10^{-4}\ mol/L.$$

Der K_S-Wert der unbekannten Säure beträgt also $1 \cdot 10^{-4}$ mol/L, also $pK_S = 4$.

zu f) Der Literaturwert für Ameisensäure beträgt $pK_S = 3{,}77$. Abweichungen des experimentell ermittelten Wertes liegen insbesondere an der relativ ungenauen pH-Wert-Bestimmung.

Station 3

zu a) Essigsäure-Moleküle können in Wasser Protonen $H^+(aq)$ abgeben. Mit einer verkürzten Schreibweise (HAc steht für Essigsäure) kann man für die Reaktionsgleichung und die Säurekonstante notieren:

$$HAc\ (aq) \rightleftharpoons H^+(aq) + Ac^-(aq) \quad (1)$$

$$K_S = \frac{c(H^+) \cdot c(A^-)}{c(HA)} \quad (2)$$

1.3 L Rund um das chemische Gleichgewicht – mit Ameisensäure und Essigsäure

Erwartungshorizont

Station 3 (Fortsetzung)

zu a) Wegen des sehr kleinen Protolysegrades kann der Nenner des Massenwirkungsgesetzes praktisch mit $c_0 = 0{,}1$ mol/L gleichgesetzt werden.

Aus $1{,}75 \cdot 10^{-5}\ \text{mol/L} = \dfrac{(c(H^+))^2}{0{,}1\ \text{mol/L}}$

ergibt sich für $c(H^+)$ der Wert $1{,}323 \cdot 10^{-3}$ mol/L und daraus ein pH-Wert von 2,88. Dieses Ergebnis steht im Einklang mit einer Gelbfärbung des Indikators.

zu c) 1) Farbänderung nach violett, 2) keine Änderung sichtbar, 3) keine Änderung sichtbar.

zu d) Nur im Versuch 1) mit Natriumacetat zeigt sich eine Farbänderung nach violett und damit eine Erhöhung des pH-Wertes. Für die Säurekonstante und das Gleichgewicht gelten (1) und (2). Durch Zugabe von Acetat-Ionen wird deren Konzentration auf der rechten Seite bei (1) erhöht und daher das Gleichgewicht nach dem Prinzip von *Le Châtelier* nach links verschoben. Also wird die Konzentration der undissoziierten Essigsäure größer und die Konzentration der Protonen kleiner. Damit steigt der pH-Wert, der Indikator ändert seine Farbe.
Durch Kochsalz und Wasser wird die Lösung praktisch nur verdünnt, da Natrium- bzw. Chlorid-Ionen nicht im Gleichgewicht vorhanden sind und daher keine gleichionigen Zusätze bilden. Durch die Verdünnung tritt eine Konzentrationsänderung auf, die nur zu einer geringfügigen Verschiebung des Gleichgewichts führt. Deshalb treten hier keine bemerkbaren Indikator-Farbänderungen auf.

Station 4

zu a) $HAc\ (aq) \rightleftharpoons H^+(aq) + Ac^-(aq)$
Wegen der geringen Protolyse der Essigsäure kann $c(HAc) = c_0(HAc) = 0{,}05$ mol/L gesetzt werden. Aus der Reaktionsgleichung folgt $c(H^+) = c(Ac^-)$.
Einsetzen in die Gleichung K_S ergibt

$$10^{-4{,}76}\ \text{mol/L} = \frac{(c(H^+))^2}{0{,}05\ \text{mol/L}}$$

$c(H^+) = 9{,}32 \cdot 10^{-4}$ mol/L und damit pH = 3,03.
Vor der Titration hat die Essigsäure-Lösung einen pH-Wert von 3,03.

zu b) Die Reaktionsgleichung der Neutralisationsreaktion lautet

$$HAc(aq) + NaOH(aq) \rightarrow H_2O + NaAc(aq).$$

Damit gilt $n(HAc) = n(NaOH)$.
Da $n(HAc) = c \cdot V = 0{,}05\ \text{mol/L} \cdot 0{,}1\ \text{L} = 0{,}005$ mol ist, folgt
$V(NaOH) = n(NaOH) / c(NaOH) = 0{,}005\ \text{mol} / 1\ \text{mol/L} = 0{,}005$ L.
Bis zum Äquivalenzpunkt müssen also 5 mL Natronlauge hinzugefügt werden.

1.3 L Rund um das chemische Gleichgewicht – mit Ameisensäure und Essigsäure

Erwartungshorizont

Station 4 (Fortsetzung)

zu b) Am Äquivalenzpunkt liegt eine Natriumacetat-Lösung mit einem Gesamtvolumen von $V(\text{NaAc}) = 105\ \text{mL} = 0{,}105\ \text{L}$ vor. Die Stoffmengenkonzentration beträgt

$$c(\text{NaAc}) = \frac{n(\text{NaAc})}{V(\text{NaAc})} = \frac{0{,}005\ \text{mol}}{0{,}105\ \text{L}} = 0{,}048\ \text{mol/L}$$

Das Acetat-Ion dieses Salzes protolysiert mit Wasser

$Ac^-(aq) + H_2O \rightleftharpoons HAc + OH^-$

$$K_B = \frac{c(\text{HAc}) \cdot c(\text{OH}^-)}{c(\text{Ac}^-)} \qquad (1)$$

Da $c(\text{HAc}) = c(\text{OH}^-)$ ist und vereinfacht $c(\text{Ac}^-) = c_0(\text{Ac}^-) = 0{,}048\ \text{mol/L}$ gesetzt werden kann, ergibt sich

$$10^{-9{,}24}\ \text{mol/L} = \frac{(c(\text{OH}^-))^2}{0{,}048\ \text{mol/L}}$$

$c(\text{OH}^-) = 5{,}26 \cdot 10^{-6}\ \text{mol/L}$ und damit pOH = 5,28, also pH = 14 – pOH = 8,72.
Am Äquivalenzpunkt beträgt der pH-Wert 8,72.

zu c) Am Halbäquivalenzpunkt, d. h. bei einer Natronlauge-Zugabe von 2,5 mL, gilt

$$c(\text{HAc}) = c(\text{Ac}^-).$$

Die Gleichung (1) vereinfacht sich in diesem Fall zu $K_B = c(\text{OH}^-)$ oder $pK_B = \text{pOH}$ und damit gilt für den pH-Wert pH = 14 – pOH = 14 – 9,24 = 4,76.
Am Halbäquivalenzpunkt beträgt der pH-Wert somit 4,76.

zu d) Da die Essigsäure-Lösung bereits am Äquivalenzpunkt neutralisiert ist, muss $c(\text{OH}^-)$ der zusätzlich zugegebenen 5 mL Natronlauge berechnet werden. Für die Stoffmenge gilt

$$n(\text{NaOH}) = c \cdot V = 1\ \text{mol/L} \cdot 0{,}005\ \text{L} = 0{,}005\ \text{mol}.$$

Das neue Gesamtvolumen nach Zugabe von nunmehr insgesamt 10 mL Natronlauge beträgt 110 mL. Da Natronlauge eine starke Base ist und praktisch vollständig dissoziiert, gilt

$$c(\text{NaOH}) = c(\text{OH}^-) = 0{,}005\ \text{mol} / 0{,}110\text{L} = 0{,}045\ \text{mol/L}.$$

Dies ergibt pOH = 1,34 und damit pH = 14 – 1,34 = 12,66.
Der pH-Wert beträgt am Ende der Titration 12,66.

zu e)

$V(\text{NaOH})$/mL	0	2,5	5	10
pH-Wert (HAc)	3,03	4,76	8,72	12,66

zu f) Für die Salzsäure, eine starke Säure, erhält man

$$HCl(aq) \rightleftharpoons H^+(aq) + Cl^-(aq)$$

$V(\text{NaOH}) = 0\ \text{mL}$, also gilt

$$c(H^+) = c_0(\text{HCl}) = 0{,}05\ \text{mol/L}$$

$$\text{pH} = -\lg\{c(H^+)\} = 1{,}3.$$

1.3 L Rund um das chemische Gleichgewicht – mit Ameisensäure und Essigsäure

Erwartungshorizont

Station 4 (Fortsetzung)

zu f) V(NaOH) = 2,5 mL, die Salzsäure ist zur Hälfte neutralisiert, also gilt

$$c(H^+) = \tfrac{1}{2}\, c_0(HCl) = 0{,}025 \text{ mol/L}$$
$$pH = -\lg\{c(H^+)\} = 1{,}6.$$

V(NaOH) = 5 mL, die Salzsäure ist neutralisiert, also gilt

$$c(H^+) = c(OH^-) = 10^{-7} \text{ mol/L}$$
$$pH = -\lg\{c(H^+)\} = 7.$$

V(NaOH) = 10 mL, also n(NaOH) = 0,01 mol, eine Hälfte neutralisiert, die zweite Hälfte als Natronlauge, also gilt

$$c(OH^-) = 0{,}005 \text{ mol} / 0{,}110 \text{ L} = 0{,}045 \text{ mol/L}$$
$$pH = 14 - pOH = 12{,}66.$$

V(NaOH)/mL	0	2,5	5	10
pH-Wert (HAc)	3,03	4,76	8,72	12,66
pH-Wert (HCl)	1,3	1,6	7	12,66
	(I)	(II)	(III)	(IV)

zu g) Die Tabelle zeigt an den deutlich erkennbaren unterschiedlichen pH-Werten der Ausgangslösungen, dass eine schwache Säure (HAc) und eine starke Säure (HCl) vorliegen (I). Bei (II), am Halbäquivalenzpunkt, ist der pH-Wert (HAc) identisch mit dem K_S-Wert; der pH-Wert der Salzsäure (HCl) liegt dagegen noch stark im sauren Bereich. Der Äquivalenzpunkt (III) ist für die starke Salzsäure zugleich der Neutralpunkt; bei der schwachen Essigsäure liegt er schon im alkalischen Bereich. Bei (IV) sind die pH-Werte gleich, es handelt sich in beiden Fällen um Natronlauge.

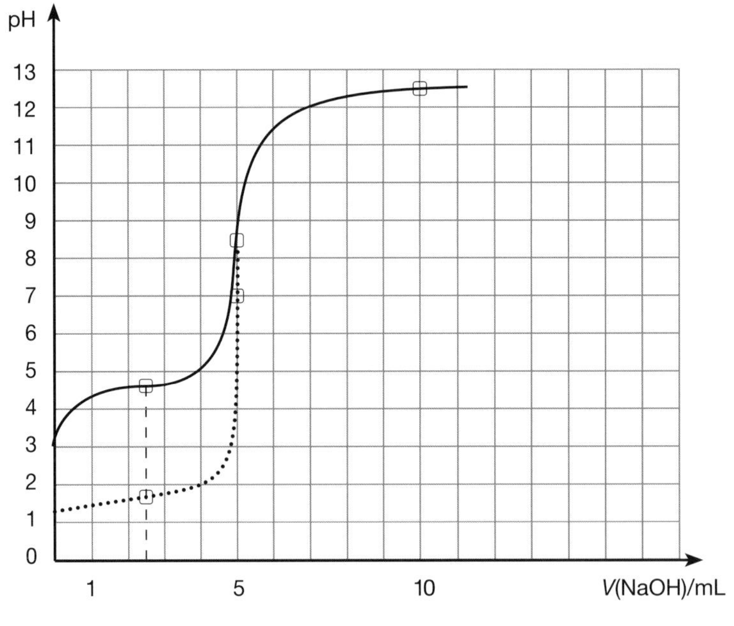

1.3 L Rund um das chemische Gleichgewicht – mit Ameisensäure und Essigsäure

Erwartungshorizont

(Fortsetzung)

Station 5

zu a) Versuchsaufbau

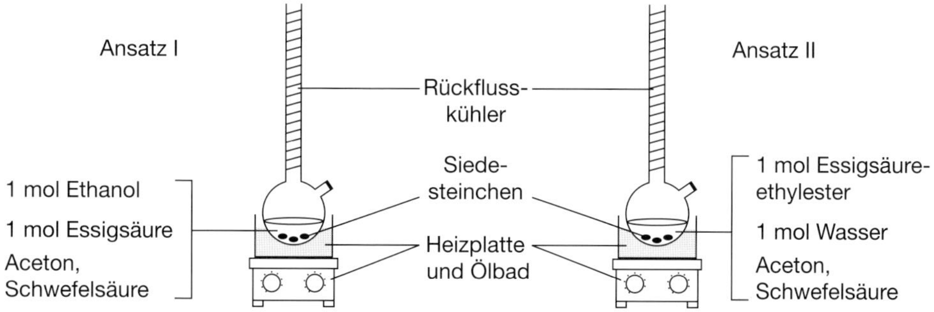

Ansatz I: Essigsäure reagiert mit Ethanol zu Essigsäureethylester und Wasser.

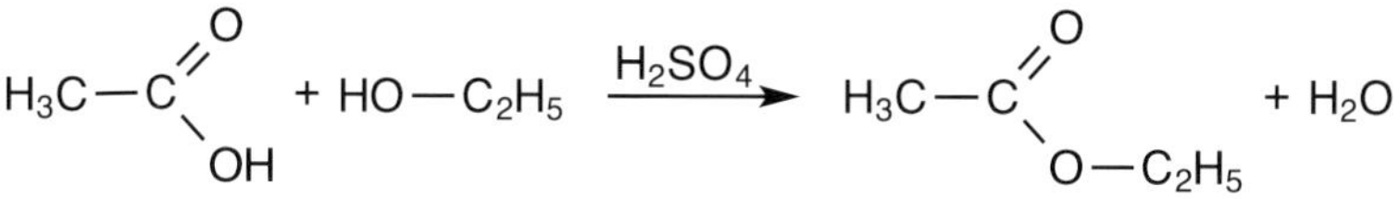

Ansatz II: Essigsäureethylester reagiert mit Wasser zu Essigsäure und Ethanol.

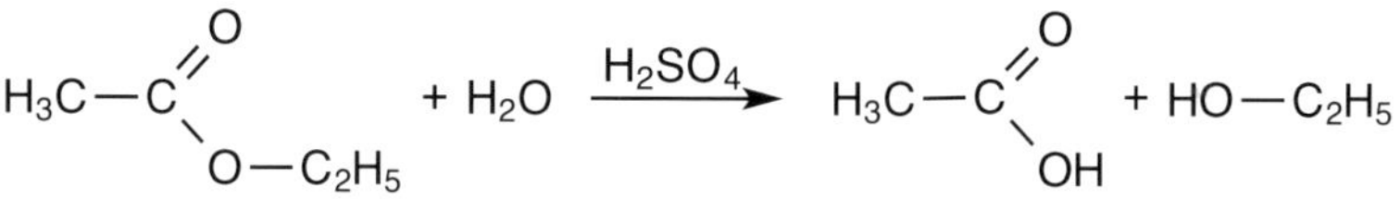

Schwefelsäure ist jeweils der Katalysator.

zu b) Abhängig von den individuellen Voraussetzungen sind folgende Erwartungen der Schüler/-innen möglich, ausgehend von vollständig ablaufenden Reaktionen:

	t = 0 min	t = 10 min	t = 4 h
Ansatz I	1 mol Essigsäure	<1 mol Essigsäure	0 mol Essigsäure
Ansatz II	0 mol Essigsäure	> 0 mol Essigsäure	1 mol Essigsäure

zu c) Für den ersten Messwert errechnet man

$$c(\mathrm{HAc}) = n(\mathrm{HAc})/V = n(\mathrm{NaOH})/5\ \mathrm{mL} = \frac{V(\mathrm{Natronlauge}) \cdot c(\mathrm{NaOH})}{5\ \mathrm{mL}} =$$

$$\frac{17{,}8\ \mathrm{mL} \cdot 1\ \mathrm{mol/L}}{5\ \mathrm{mL}} = 3{,}56\ \mathrm{mol/L}$$

Zeit	t/min	10	20	30	40	50	60	80	110	140	170	200	230
Ansatz I	c(HAc)/mol/L	3,56	2,98	2,66	2,47	2,32	2,24	2,05	1,98	1,95	1,91	1,90	1,91
Ansatz II	c(HAc)/mol/L	0,24	0,42	0,59	0,75	0,90	1,05	1,32	1,6	1,78	1,85	1,90	1,90

1.3 L Rund um das chemische Gleichgewicht – mit Ameisensäure und Essigsäure

Erwartungshorizont

Station 5 (Fortsetzung)

zu d) Anfangspunkt: Die Reaktion beginnt jeweils dann, wenn beide Edukte bei der beabsichtigten Reaktionstemperatur zusammengegeben werden. Ab jetzt läuft die Zeituhr. Endpunkt: Ein Zeitintervall gilt als beendet, wenn die Probe im Eiswasser-Bad abgeschreckt wird. Das Reaktionsgemisch wird bei dieser tiefen Temperatur „eingefroren“ und man kann die Säurekonzentration für diesen Zeitpunkt bestimmen.

zu e)

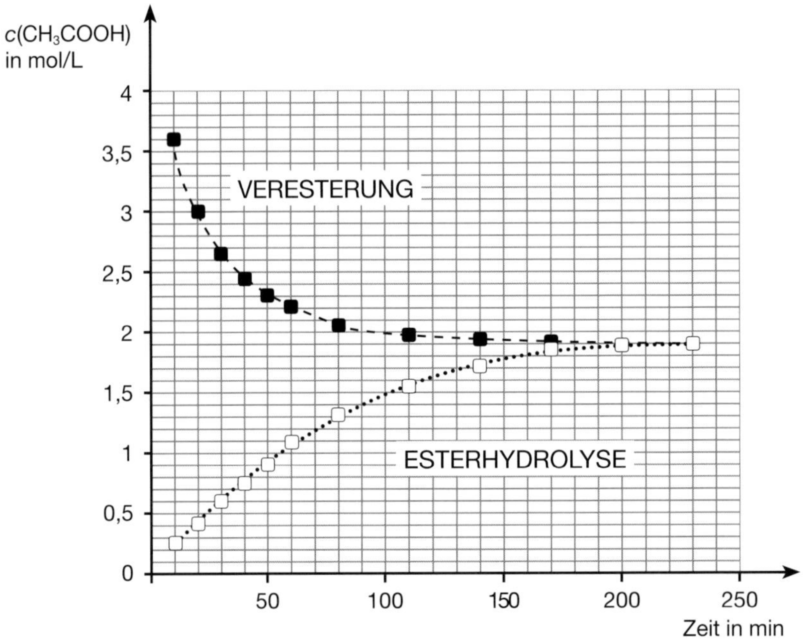

Die Konzentrationen der Essigsäure und damit auch der übrigen Reaktionspartner ändern sich im Verlauf der Reaktionen. Nach wenig mehr als drei Stunden erhält man aus beiden Ansätzen die gleichen Mischungen, die sich dann auch in ihren Konzentrationen nicht mehr verändern; sie enthalten jeweils sowohl die Edukte wie die Produkte.

zu f) In beiden Ansätzen befinden sich zu Beginn jeweils n_0 = 1 mol der Edukte; das Volumen beträgt V_0 = 181 mL (bei Ansatz I 58 mL Ethanol, 57 mL Essigsäure, 66 mL Aceton, 0,4 mL konz. Schwefelsäure; bei Ansatz II 98 mL Essigsäureethylester, 18 mL Wasser, 65 mL Aceton, 0,6 mL konz. Schwefelsäure). Demnach beträgt die Anfangskonzentration jeweils c_0 = 1 mol / 181 mL = 5,5 mol/L. Der „Endzustand“ ist in beiden Reaktionsgefäßen gleich. Hier gilt

c(HAc) = 1,9 mol/L, folglich *c*(Ethanol) = 1,9 mol/L und

c(Ester) = *c*(Wasser) = (5,5 – 1,9) mol/L = 3,6 mol/L.

Im Gegensatz zu den Vermutungen (b) verlaufen die Reaktionen nicht vollständig. Die Konzentrationen der beteiligten Stoffe sind im Endzustand gleich, unabhängig vom Ansatz. Es hat sich jeweils das gleiche Gleichgewicht eingestellt.

1.3 L Rund um das chemische Gleichgewicht – mit Ameisensäure und Essigsäure

Erwartungshorizont

(Fortsetzung)

Station 6

zu a) Ameisensäure reagiert mit Methanol zu Ameisensäuremethylester und Wasser. Schwefelsäure ist der Katalysator der Veresterung.

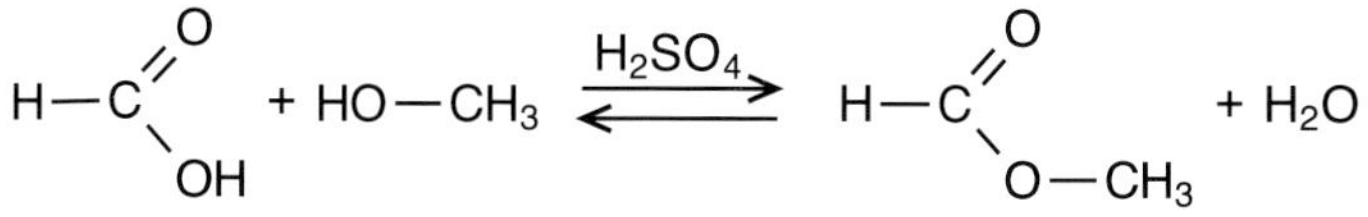

zu b) Zum Zeitpunkt t = 0 min beträgt die Konzentration an Ameisensäure c(Ameisensäure) = n/V = 0,5 mol/0,0386 L = 12,95 mol/L.

Zum Zeitpunkt t = 2 min berechnet man die Konzentration an Ameisensäure mit c(Ameisensäure) = n / V = n(NaoH) / 3 mL = c(NaOH) · (V(NaOH) – 1,3 mL) / 3 mL = 1 mol/L · (28,2 mL – 1,3 mL) / 3 mL und erhält folgende Ergebnisse:

t/min	0	2	5	10	15	20	30	40
c(Ameisensäure)/mol/L	12,95	8,97	6,9	6,57	6,33	6,3	6,2	6,2

zu c)

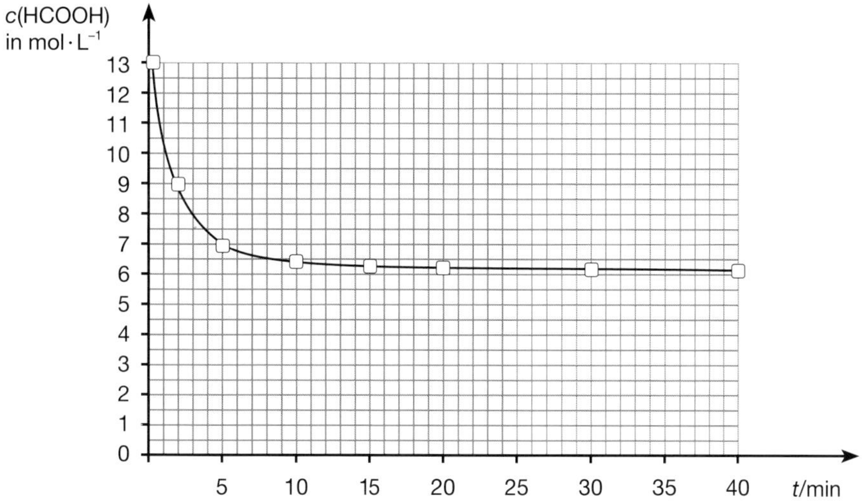

zu d)

$$\bar{v} = \frac{c_2 - c_1}{t_2 - t_1} = \frac{8{,}97 \text{ mol} \cdot \text{L}^{-1} - 12{,}95 \text{ mol} \cdot \text{L}^{-1}}{2 \text{ min} - 0 \text{ min}} = -1{,}99 \text{ mol} \cdot \text{L}^{-1} \cdot \text{min}^{-1}$$

$$\bar{v} = \frac{c_4 - c_3}{t_4 - t_3} = \frac{6{,}3 \text{ mol} \cdot \text{L}^{-1} - 6{,}33 \text{ mol} \cdot \text{L}^{-1}}{20 \text{ min} - 15 \text{ min}} = -0{,}01 \text{ mol} \cdot \text{L}^{-1} \cdot \text{min}^{-1}$$

Die Durchschnittsgeschwindigkeit entspricht den Sekantensteigungen in den jeweiligen Zeitintervallen. Dies Steigungen haben – wie am Graphen zu sehen – ein negatives Vorzeichen, d. h. Abnahme der Konzentration eines Eduktes. An den Zahlenwerten erkennt man die größere Reaktionsgeschwindigkeit zu Beginn und die schon viel kleinere nach 15 Minuten.

1.3 L Rund um das chemische Gleichgewicht – mit Ameisensäure und Essigsäure

Erwartungshorizont

Station 6 (Fortsetzung)

zu e) Die Stoffmengenkonzentration der Ameisensäure (und damit auch die des Methanols) nimmt im Verlauf der Reaktion ab. Damit verringert sich ebenfalls die Wahrscheinlichkeit des Zusammenstoßes zwischen Ameisensäure- und Methanol-Molekülen: Die Reaktionsgeschwindigkeit wird kleiner. Vom Zeitpunkt $t = 30$ min an bleibt die Konzentration der Ameisensäure konstant. Es reagieren also gleich viele Ameisensäure- und Methanol-Moleküle zu Ester und Wasser wie Ester- und Wasser-Moleküle zu Alkohol und Säure reagieren: Die Geschwindigkeit der Hinreaktion ist genauso groß wie die Geschwindigkeit der Rückreaktion. Es hat sich ein dynamisches Gleichgewicht eingestellt.

zu f) Zur Berechnung der Massenwirkungskonstante K_C benötigt man die Stoffmengenkonzentrationen der Edukte und Produkte im Gleichgewicht:
$c(\text{Säure}) = c(\text{Alkohol}) = 6{,}2$ mol/L,
$c(\text{Ester}) = c(\text{Wasser}) = 12{,}95$ mol/L – 6,2 mol/L = 6,75 mol/L.

$$K_C = \frac{c(\text{Ester}) \cdot c(\text{Wasser})}{c(\text{Säure}) \cdot c(\text{Alkohol})} = \frac{6{,}75 \text{ mol/L} \cdot 6{,}75 \text{ mol/L}}{6{,}2 \text{ mol/L} \cdot 6{,}2 \text{ mol/L}} = 1{,}19$$

Die Massenwirkungskonstante K_C hat somit den Wert 1,19.

Station 7

zu a) Essigsäureethylester reagiert bei dieser Verseifung mit Natronlauge zu Natriumacetat und Ethanol:

$$CH_3COOC_2H_5 + NaOH \longrightarrow CH_3COONa + C_2H_5OH$$

Folgende Ionen tragen zum Leitwert bei: Natrium-Ionen (Na^+), Hydroxid-Ionen (OH^-) und Acetat-Ionen (CH_3COO^-). Hiervon haben die Hydroxid-Ionen die weitaus größte Ionenleitfähigkeit.

zu b) Zum Zeitpunkt $t = 0$ hat man eine Stoffmenge von Natriumhydroxid

$$n(NaOH) = c(NaOH) \cdot V = 0{,}02 \text{ mol/L} \cdot 100 \text{ mL} = 0{,}002 \text{ mol}$$

in einem Gesamtvolumen von 200 mL Flüssigkeit. Hieraus resultiert

$$c(NaOH) = 0{,}002 \text{ mol}/0{,}2\text{L} = 0{,}01 \text{ mol/L}.$$

Da gilt $c(NaOH) \sim (G - G_{End})$, heißt das zum Zeitpunkt $t = 0$

$$c(NaOH) = k \cdot (5{,}25 \cdot 10^{-3} - 1{,}80 \cdot 10^{-3}) \cdot \Omega^{-1}, \text{ also } 0{,}01 \text{ mol/L} = k \cdot 3{,}45 \cdot 10^{-3}\ \Omega^{-1}.$$

Damit erhält man für den Proportionalitätsfaktor $k = 2{,}9\ \Omega \cdot \text{mol/L}$.
Dann lassen sich die weiteren Natronlauge-Konzentrationen mit der Gleichung

$$c(NaOH) = 2{,}9\ \Omega \cdot \text{mol/L} \cdot (G - 1{,}80 \cdot 10^{-3}\ \Omega^{-1})$$

berechnen. Man erhält

t/min	0	5	10	15	20	25	30	62
c/mol/L	0,01	0,00817	0,00696	0,00594	0,00522	0,00464	0,0042	0,00261

1.3 L Rund um das chemische Gleichgewicht – mit Ameisensäure und Essigsäure

Erwartungshorizont

Station 7 (Fortsetzung)

zu c)

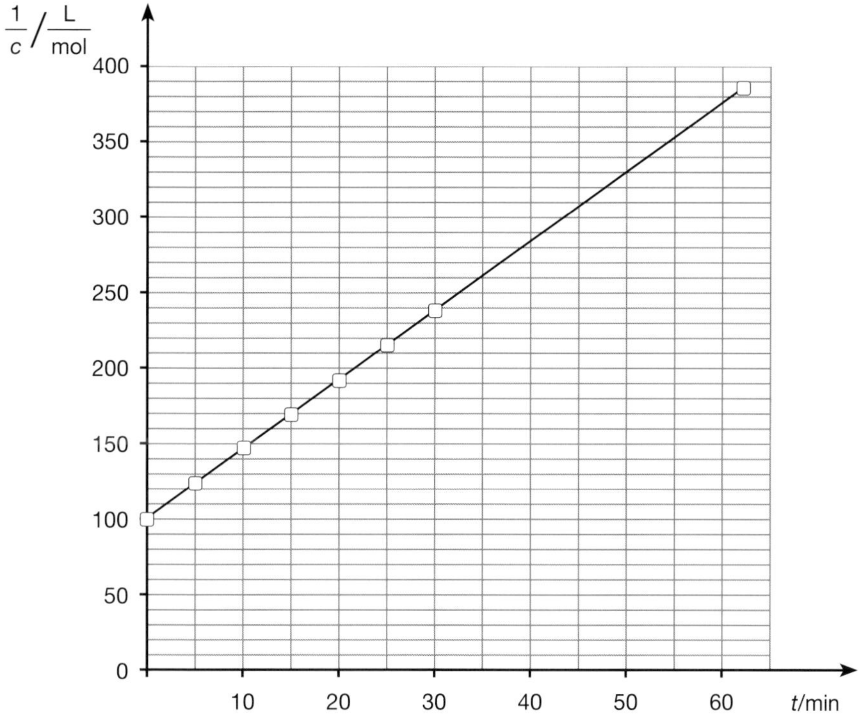

Die betrachtete Reaktion ist 2. Ordnung, da man beim Auftragen von 1/*c* gegen *t* eine Gerade erhält (s. grafische Darstellung) und damit die Bedingung *1/c* ~ *t* erfüllt wird.

Integrationsmethode:

Für eine Reaktion 2. Ordnung gilt $v = k \cdot c^2$, also $-\frac{dc}{dt} = k \cdot c^2$.

Durch Umformen ergibt sich $-\frac{dc}{c^2} = k\, dt$.

Durch Integration erhält man $\frac{1}{c} - \frac{1}{c_0} = k \cdot t$, also $\frac{1}{c} = \frac{1}{c_0} + k \cdot t$, also *1/c* ~ *t*.

zu d) Wenn die Reaktion 2. Ordnung ist, dann ist der geschwindigkeitsbestimmende erste Schritt bimolekular. Hieraus folgt für den Mechanismus:

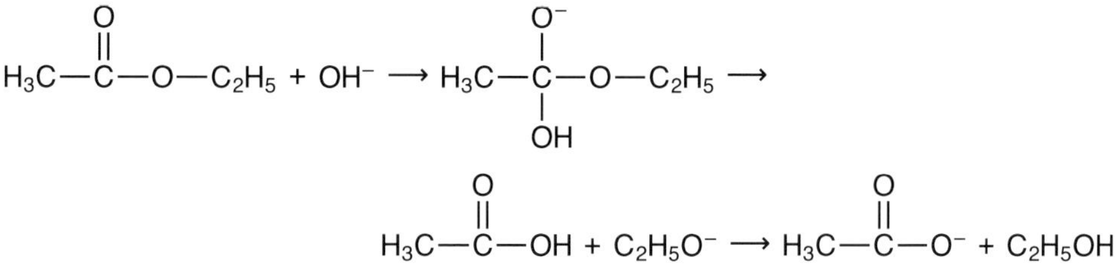

2.1 L Schülervorstellungen „Salzlösungen“

Thematik
Unterrichtsmethode

Grundlagen: Teilchen-Vorstellung, Ionentheorie

Hintergrund: Obwohl Salzlösungen bereits im Mittelstufenunterricht thematisiert werden, haben viele Oberstufenschüler keine Vorstellung vom ionischen „Aufbau“ dieser Lösungen. Viele Schüler gehen davon aus, eine Natriumchlorid-Lösung beinhalte NaCl-Moleküle; andere stellen sich vor, Natriumchlorid reagiere mit Wasser zu Natriumhydroxid und Chlorwasserstoff. Die häufigsten Schülervorstellungen sind in Aufgabe 1 wiedergegeben.
Die vorliegenden Materialien sollen helfen, die „falschen“ Vorstellungen der Schüler zu verändern und das wissenschaftliche Konzept der ionischen Lösung am Beispiel von Natriumchlorid zu festigen.

Methodischer Vorschlag:
Unterrichtskonzeption „choice2learn“; Zeitrahmen: Doppelstunde
I) Unterrichtsgespräch *(Kontextualisierung)*
II) Einzelarbeit *(Positionierung)*
III) Kleingruppenarbeit *(Polarisierung/Diskurs/Lernimpulsphase)*
IV) Unterrichtsgespräch *(Reflexion)*
V) Partnerarbeit *(Anwendung)*

Durchführung: Kontext mit Aufgabe 1, M 1, M 2, M 3, M 4
Der Kontext kann im Rahmen eines Unterrichtsgesprächs thematisiert oder den Schülern schriftlich an die Hand gegeben werden. Anschließend bearbeitet jeder Schüler Aufgabe 1 in Einzelarbeit, um sich der eigenen Vorstellung zum Aspekt „Aufbau einer Natriumchloridlösung“ bewusst zu werden. Für die Lehrkraft bleibt anonym, welcher Schüler sich für welche Antwort entscheidet.
Der Sinn der folgenden Kleingruppenarbeit liegt darin, „falsche“ Vorstellungen im Hinblick auf das wissenschaftlich gültige Konzept zu verändern. Dazu sollen Schüler mit unterschiedlichen Vorstellungen zusammenarbeiten. Die Gruppenbildung wird in M 1 beschrieben. M 1 enthält zudem die Arbeitsaufträge und kann als Folie aufgelegt oder als Kopie an die Gruppen verteilt werden.
Ziel der Gruppenarbeit ist es herauszufinden, bei welcher Auswahlantwort von Aufgabe 1 es sich um die wissenschaftlich richtige Lösung handelt. Dazu müssen unterschiedliche Standpunkte ausgetauscht und eigene Positionen begründet werden. Unterstützt wird die Gruppenarbeit durch einen Argumentationsbogen (M 2), in den die Schüler Argumente eintragen können, die für oder gegen eine Auswahlantwort sprechen.
Im Rahmen der Gruppenarbeit können die Schüler schrittweise sechs Lernimpulse hinzuziehen, aus denen sich stützende oder widersprechende Aussagen zu einzelnen Auswahlantworten von Aufgabe 1 ableiten lassen (M 3). Die sechs Lernimpulskarten werden dazu einzeln kopiert und auf jedem Gruppentisch mit verdeckter Schrift bereitgelegt, dazu Materialien für Testexperimente bei Lernimpuls 3, 4 und 5, 6.
Die Überlegungen der Gruppen werden im Plenum präsentiert. Das wissenschaftliche Konzept wird in einer abschließenden Partnerarbeit (M 4) noch einmal in einem anderen Zusammenhang angewendet bzw. um einen neuen Aspekt erweitert.

2.1 L Schülervorstellungen „Salzlösungen“

Thematik
Unterrichtsmethode

Literaturangaben

Ionenbildung durch Strom? – Eine an Schülervorstellungen orientierte und chemiegeschichtlich motivierte Unterrichtskonzeption, *A. Marohn*, Chemkon 15 (2), 2008, S. 1–13
Falschvorstellungen von Schülern in der Elektrochemie – Eine empirische Untersuchung, *A. Marohn*, Dissertation, Universität Dortmund, 1999
„Choice2learn“ – Schülervorstellungen individuell erkennen und verändern, *A. Marohn*, PdN-Chemie in der Schule 58 (8), 2009, S. 25–29
„Choice2learn“ – eine Konzeption zur Exploration und Veränderung von Lernervorstellungen im naturwissenschaftlichen Unterricht, *A. Marohn*, ZfDN 14, 2008, S. 57–83

<table>
<tr><th>Teilaufträge</th><th>Aufgabe 1</th><th>Lernimpulse, Aufgabe 2</th></tr>
<tr><td>Konzepte</td><td>Stoff – Teilchen</td><td>Stoff – Teilchen
Struktur – Eigenschaft
Säure – Base</td></tr>
<tr><td rowspan="8">Kompetenz-bereiche</td><td colspan="2">Fachwissen</td></tr>
<tr><td colspan="2">Erkenntnisgewinnung: Sch’/Sch
– interpretieren chemische Sachverhalte auf der Teilchenebene,</td></tr>
<tr><td></td><td>– wenden Modelle zur Beschreibung und Erklärung chemischer Sachverhalte an.</td></tr>
<tr><td colspan="2">Kommunikation: Sch’/Sch
– beschreiben und veranschaulichen konkrete chemische Sachverhalte unter Nutzung der Fachsprache,</td></tr>
<tr><td></td><td>– argumentieren sachlogisch und begründen schlüssig chemische Sachverhalte und Fragestellungen,
– präsentieren chemisches Wissen, eigene Standpunkte und Überlegungen.</td></tr>
<tr><td colspan="2">Reflexion/Bewertung: Sch’/Sch
– betrachten Aussagen aus unterschiedlichen Perspektiven und bewerten sie sachgerecht auf der Grundlage chemischer Kenntnisse.</td></tr>
<tr><td>Anforderungs-bereiche</td><td>I, II</td><td>II, III</td></tr>
</table>

2.1 S Salzlösungen *Kontext*

Auf wohl jeder Nudelpackung steht der Tipp, eine Prise Salz in das Nudelwasser zu geben. Folgt man dem Tipp und beobachtet das anfangs feste Salz, so bemerkt man, dass es mit der Zeit nicht mehr sichtbar ist – es löst sich im Wasser.

Aber was passiert genau, wenn sich das Salz im Nudelwasser löst?

Diagnoseaufgabe (Aufgabe 1)

Codierung:

Buchstabe	Buchstabe	Zahl

Ein Natriumchloridkristall (NaCl) wird vollständig in Wasser (H_2O) gelöst. Die entstehende Natriumchloridlösung enthält …

[A] NaCl-Moleküle
[B] Na-Atome und Cl-Atome
[C] Na^+-Ionen und Cl^--Ionen
[D] NaOH-Moleküle und HCl-Moleküle
[E] Na^+-Ionen, OH^--Ionen und H_2-Moleküle

Bitte begründen Sie Ihre Antwort!

2.1 S Salzlösungen *M1*

Arbeitsaufträge

Einzelarbeit
Bearbeiten Sie Aufgabe 1 und begründen Sie Ihre Entscheidung kurz in schriftlicher Form. Kennzeichnen Sie das Aufgabenblatt durch eine Codierung.

Gruppenbildung (durch Lehrkraft)
Sammeln Sie alle Antwortzettel ein und ordnen Sie sie anhand der angekreuzten Auswahlantworten (A, B, C, D oder E) auf fünf Stapeln. Sortieren Sie die Zettel anschließend zu kleinen Gruppen, so dass Befürworter verschiedener Auswahlantworten in einer Gruppe zusammenkommen. Die Mitglieder einer Gruppe werden anhand der Codierung aufgerufen und setzen sich zusammen.

Gruppenarbeit
Ziel Ihrer Gruppenarbeit ist es herauszufinden, bei welcher Auswahlantwort es sich um die wissenschaftlich richtige Aussage handelt.

a) Polarisierung
- Stellen Sie zu Beginn den anderen Gruppenmitgliedern vor, für welche Auswahlantwort Sie sich entschieden haben, und begründen Sie Ihre Entscheidung.
- Tragen Sie Argumente, die für oder gegen eine Auswahlantwort sprechen, in den **Argumentationsbogen** ein.

b) Diskurs
- Gehen Sie im Gespräch auf jede Überlegung eines Gruppenmitglieds ein, indem Sie sie weiterdenken oder widerlegen.

c) Lernimpulsphase
- Können Sie die Frage nicht endgültig klären, so ziehen Sie anschließend die bereitliegenden **Lernimpulse** hinzu. Die Reihenfolge der Impulse ist vorgegeben. Aus jedem Impuls lassen sich Widersprüche oder stützende Aussagen zu einzelnen Auswahlantworten ableiten.
- Tragen Sie Ihre Überlegungen wiederum in den Argumentationsbogen ein.
- **Einigen** Sie sich abschließend auf eine Auswahlantwort.

Unterrichtsgespräch
Stellen Sie die Überlegungen Ihrer Gruppe und Ihr Ergebnis dem Plenum vor. Offene Fragen können gemeinsam geklärt werden.

Partnerarbeit
Bearbeiten Sie Aufgabe 2 erst in Einzelarbeit und besprechen Sie die Aufgabe dann mit Ihrem Partner.

2.1 S Salzlösungen

M2

Argumentationsbogen

Argument	spricht für die Auswahlantwort(en)	spricht gegen die Auswahlantwort(en)	Bewertung des Arguments stark + mittel o schwach –

2.1 S Salzlösungen *M3*

Lernimpuls 1

Wird ein Stoff in Wasser gelöst, dann gefriert die Lösung nicht mehr wie reines Wasser bei 0 °C, sondern bei tieferer Temperatur.
Im Winter macht man sich dieses Phänomen zunutze, indem man Salz streut. Die Straßen frieren dann erst bei tieferer Außentemperatur zu.
Um wie viel Grad die Gefriertemperatur erniedrigt wird, hängt nicht von der **Art** der gelösten Teilchen ab, sondern nur von ihrer **Anzahl**.

In der folgenden Tabelle stehen die Gefrierpunkte von Wasser in Abhängigkeit von der Stoffmenge der in einem Kilogramm Wasser gelösten Teilchen.

Stoffmenge gelöster Teilchen in mol	Gefrierpunkt der Flüssigkeit in °C
0	0
1	–1,86
2	–3,72
3	–5,58

Wird 1 mol Natriumchlorid in Wasser gelöst, gefriert die Lösung bei –3,72 °C.

Welche Auswahlantworten werden durch diese Informationen gestärkt und welche geschwächt?

Lernimpuls 2

Welche Eigenschaften von elementarem (atomarem) Natrium sind Ihnen bekannt?

Welche Schlussfolgerung ziehen Sie aus diesen Eigenschaften im Hinblick auf die Auswahlantworten?

Lernimpuls 3

Durch welche Methode lässt sich testen, ob in einer Lösung Ionen vorliegen?

Lernimpuls 4

Nur Lösungen, die Ionen enthalten, leiten den elektrischen Strom. Testen Sie die Leitfähigkeit der bereitstehenden Natriumchlorid-Lösung mithilfe der beiliegenden Materialien.

Was bedeuten die Erkenntnisse im Hinblick auf die Auswahlantworten?

2.1 S Salzlösungen *M3*

(Fortsetzung)

Lernimpuls 5

Durch welche Methoden kann man prüfen, ob sich beim Auflösen des Natriumchloridkristalls OH^--Ionen und H_2-Moleküle bilden?

Lernimpuls 6

Liegt in einer Lösung ein Überschuss an OH^--Ionen vor, so kann er mithilfe von pH-Papier nachgewiesen werden. Entstehender Wasserstoff (H_2) steigt in Form von Gasbläschen auf.

Führen Sie die entsprechenden Überprüfungsexperimente durch.

Was bedeuten die Erkenntnisse im Hinblick auf die Auswahlantworten?

2.1 S Salzlösungen *M4*

Anwendungs-/Erweiterungsaufgabe (Aufgabe 2)

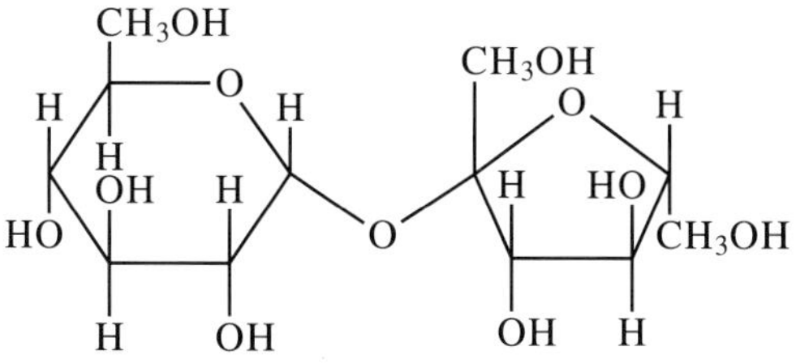

Haushaltszucker (Saccharose)

Zeichnen und beschreiben Sie die Vorgänge, die beim Lösen von Zucker in Wasser auf der Teilchenebene ablaufen!

Begründung meiner Auswahlantwort:

Auswertung mit meinem Partner:

2.1 L Schülervorstellungen „Salzlösungen" *Erwartungshorizont*

Im Rahmen der Kleingruppenarbeit können die Schüler schrittweise Lernimpulse hinzuziehen, aus denen sich Widersprüche oder stützende Aussagen zu den verschiedenen Auswahlantworten von Aufgabe 1 ableiten lassen.

Lernimpuls 1 beinhaltet Informationen über die Erniedrigung der Gefriertemperatur von Wasser, wie man sie sich beim Salzstreuen im Winter zunutze macht. Aus dem für Natriumchlorid gegebenen Wert lässt sich ableiten, dass sich beim Lösen von einem Mol Natriumchlorid zwei Mol Teilchen in der Lösung ausbilden müssen – andernfalls wäre die Erniedrigung um –3,72 °C nicht zu erklären. Auswahlantwort A (NaCl-Moleküle) kann somit ausgeschlossen werden, da sich in diesem Fall die Gefriertemperatur nur um die Hälfte des Wertes verringern würde. In der Chemiegeschichte galten die Experimente *van't Hoffs* zur Gefrierpunkterniedrigung tatsächlich als erster experimenteller Beleg für die *Arrhenius*'sche Dissoziationstheorie.

Lernimpuls 2 dient dazu, Auswahlantwort B auszuschließen: Wie die Schüler im Mittelstufenunterricht erfahren haben, reagiert elementares Natrium ausgesprochen heftig mit Wasser; eine Existenz von Natrium-Atomen in der Natriumchlorid-Lösung ist daher kaum denkbar.

Die **Lernimpulse 3** und **4** vermitteln über ein Experiment, dass eine Natriumchlorid-Lösung den elektrischen Strom leitet und somit Ionen enthalten muss. Neben den Auswahlantworten A und B lässt sich damit auch Antwort D ausschließen.

Lernimpuls 5 regt dazu an, über eine mögliche experimentelle Überprüfung von Auswahlantwort E nachzudenken. Die pH-Wert-Messung sowie das Fehlen von Wasserstoffbläschen bei der Herstellung einer Natriumchlorid-Lösung in **Lernimpuls 6** verdeutlichen, dass auch Antwort E nicht zutreffen kann.
Die folgende Tabelle zeigt beispielhaft den ausgefüllten Argumentationsbogen einer Kleingruppe der Jahrgangsstufe 11. Man erkennt, dass zu Beginn der Kleingruppenarbeit (Polarisierungsphase) einige Schüler von falschen Auswahlantworten überzeugt waren. In der Lernimpulsphase treten dagegen verstärkt Argumente auf, die gegen die falschen Auswahlantworten bzw. für die richtige Antwort C sprechen.

2.1 L Schülervorstellungen „Salzlösungen“ *Erwartungshorizont*

(Fortsetzung)

Argument	spricht für die Auswahlantwort(en):	spricht gegen die Auswahlantwort(en):	Bewertung des Arguments stark + mittel o schwach –
Die folgenden Argumente wurden vor dem Hinzuziehen der Lernimpulse eingetragen			
lösen = trennen ⇒ die Na- und Cl-Atome trennen sich.	B		o
Beim Lösen vermischen sich immer die Moleküle von Stoff und Lösungsmittel.	A		+
Salze = Ionenverbindungen. Das Ionengitter wird im Wasser aufgespalten.	C		+
Salz + Wasser → Säure + Lauge (hab ich, glaube ich, so gelernt) $NaCl + H_2O \rightarrow HCl + NaOH$	D		o
Die folgenden Argumente wurden während der Lernimpulsphase eingetragen			
Aus einem NaCl müssen zwei Teilchen entstehen (sonst wäre Gefrierpunkt bei −1,86 °C).		A E (?)	+
Natrium reagiert mit Wasser („saust herum“).		B	+
Die Lösung leitet Strom ⇒ enthält Ionen.	C, E	A, B, D	+
Lösung ist neutral (pH-Papier).		E	+

Die im Rahmen der Partnerarbeit eingesetzte **Aufgabe 2** dient dazu, den Lösungsbegriff zu erweitern. Das Beispiel „Zuckerlösung“ soll dazu führen, die Lösung einer Molekülverbindung von der Lösung einer ionischen Verbindung abzugrenzen. Während bei ionischen Verbindungen der Gitterverband unter Bildung hydratisierter Ionen aufgelöst wird, bleiben die Zucker-Moleküle beim Lösevorgang erhalten; sie vermischen sich unter Ausbildung von Wasserstoffbrücken-Bindungen mit den Wasser-Molekülen. Gerade bei komplexeren Molekülverbindungen gehen jedoch viele Schüler davon aus, dass diese sich beim Lösevorgang in kleinere Bausteine spalten – die Aufgabe greift damit eine weitere typische Schülervorstellung auf.

2.2 L Gehalt einer Vitamin-C-Tablette

Thematik
Unterrichtsmethode

Grundlagen: Säure-Base-Titrationen, Redoxtitrationen, Redoxgleichungen, Konzentrationsrechnungen, Größengleichungen

Methodischer Vorschlag: Gruppenpuzzle

Durchführung: Kontext, M (methodisches Vorgehen), Arbeitsmaterial für die Gruppen A bis D
Die Erarbeitung der vier Analysenverfahren erfolgt in einem Gruppenpuzzle (M). In einer ersten Erarbeitungsrunde bilden sich Tischgruppen aus vier Schülern. Jeder Schüler erarbeitet anhand des einführenden Kontextes und des Arbeitsmaterials individuell jeweils ein Analyseverfahren. Für jedes Analyseverfahren wird eine Expertengruppe gebildet (A, B, C, D). Darin besprechen die themenbezogenen Experten offene Fragen und erklären sich gegenseitig die Ergebnisse der Teilaufgaben. In der folgenden Unterrichtsrunde in gleicher Zusammensetzung wie die Erarbeitungsrunde erklärt jeder Experte den anderen Schülern das jeweilige Verfahren.

Literaturangaben

Vitamin-C-Analytik, Nr. 1.28 in Materialien-Handbuch Kursunterricht Chemie Bd. 7, Aulis Verlag, Köln 2000
Ascorbinsäure – Quantitative Untersuchung von Vitamin C und Vitamin-C-haltigen Stoffen einschließlich qualitativer Schulversuche, *P. J. de Rijke, W. van der Veer*, Praxis (Chemie) 41 (1992) H. 4, S. 21–31

Zur Erweiterung
Materialien-Handbuch Bd. 5: 4.18 (Vitamine), Bd. 7: 1.29 (Viamin C in Fruchtsaft), Bd. 10/I: 5.5 (Vitamin C mit Tillmanns Reagenz), Bd. 10/II: 4.16 (Vitamin C in Retard-Kapseln)

Gruppe	**Gruppe 1**	**Gruppen 2, 3, 4**
Konzepte	Donator – Akzeptor (Säure–Base), Maßanalytische Untersuchungen	Donator – Akzeptor (Redox), Maßanalytische Untersuchungen
Kompetenzbereiche	Fachwissen: Sch'/Sch – strukturieren und vernetzen erworbenes Wissen über chemische Reaktionen und chemierelevante Größen. Kommunikation: Sch'/Sch – planen, strukturieren, kommunizieren und reflektieren im Team, – recherchieren zu chemischen Sachverhalten, – beschreiben und erklären in strukturierter sprachlicher Darstellung. Erkenntnisgewinnung Bewerten	
Anforderungsbereiche	I, II, III	I, II, III

2.2 S Gehalt einer Vitamin-C-Tablette *Kontext*

Ascorbinsäure (Vitamin C) ist ein Wirkstoff, der vom menschlichen Körper dringend benötigt wird. Vitamin C wirkt entzündungs- und blutungshemmend, es fördert die Abwehrkräfte des Körpers und vermag Enzyme zu aktivieren.
Der Bedarf an Ascorbinsäure beträgt ca. 100 mg pro Tag. Der Bedarf kann durch die tägliche Nahrung gedeckt werden. In größeren Mengen kommt Vitamin C in frischem Gemüse (z. B. Spinat, Kohl, Tomaten) und vielen Früchten (Sanddorn, schwarze Johannisbeeren, Hagebutten, Zitrusfrüchte etc.) vor. Bei Unterversorgung mit Vitamin C kommt es zu Mangelerscheinungen: Müdigkeit, Zahnfleisch- und Unterhautblutungen, Gelenk- und Knochenschmerzen (Skorbut). Auch die Anfälligkeit für Infektionen steigt. Viele Menschen stellen daher die ausreichende Versorgung mit Ascorbinsäure durch im Handel erhältliche Vitamin-C-Präparate sicher. Hierbei kann es sich um Fruchtbonbons mit Vitamin C handeln, um Brausetabletten mit Vitamin C oder auch um Vitamin-C-Kapseln, um nur einige Möglichkeiten zu nennen. Damit eine optimale Versorgung mit Vitamin C gewährleistet ist, muss der Ascorbinsäuregehalt des Präparats ermittelt werden, um die Dosierung passend vorzunehmen.

Zur Analyse können vier verschiedene titrimetrische Verfahren verwendet werden.

Verfahren 1: Titration mit Natronlauge **(A)**

Verfahren 2: Titration mit Iod-Lösung **(B)**

Verfahren 3: Titration mit Kaliumiodat-Lösung **(C)**

Verfahren 4: Titration mit Natriumthiosulfat-Lösung **(D)**

2.2 S Gehalt einer Vitamin-C-Tablette *M*

Methodisches Vorgehen

Die Erarbeitung der vier Analyseverfahren erfolgt in einem Gruppenpuzzle.

Erarbeitungsrunde: Die Lerngruppe teilt sich in Gruppen zu jeweils vier Schülern auf. Jeder Schüler einer Gruppe wählt individuell, in Verbindung mit dem einführenden Kontext, ein Analyseverfahren für Vitamin C. In jeder Gruppe befindet sich jeweils ein Vertreter für die vier verschiedenen Analyseverfahren.

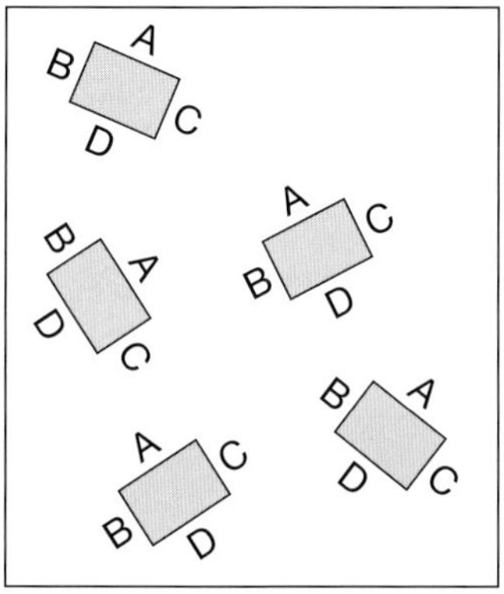

Expertenrunde: In einer anschließenden Expertenrunde treffen sich die Schüler, die das gleiche Analyseverfahren bearbeiten. Sie besprechen das Analyseverfahren, beantworten sich gegenseitig offene Fragen und helfen einander, sich zu Experten zu machen.

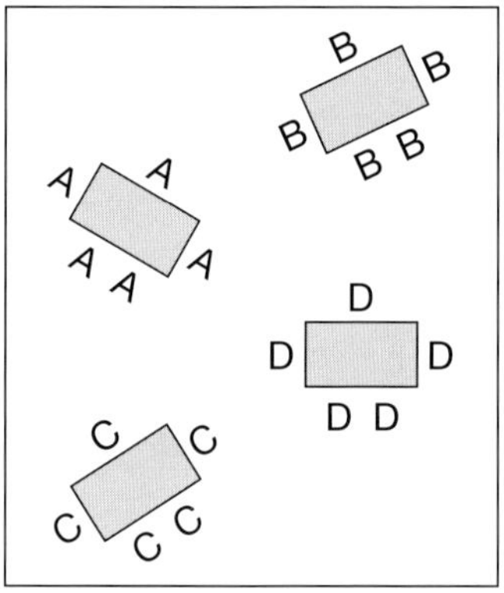

Unterrichtsrunde: In einer abschließenden Unterrichtsrunde begeben sich die Schüler wieder in die ursprünglichen Gruppen der Erarbeitungsrunde. Sie erklären den Mitgliedern der Gruppe das Analyseverfahren, für das sie Experte sind. Sie beantworten Fragen und stellen evtl. selbst Kontrollfragen.

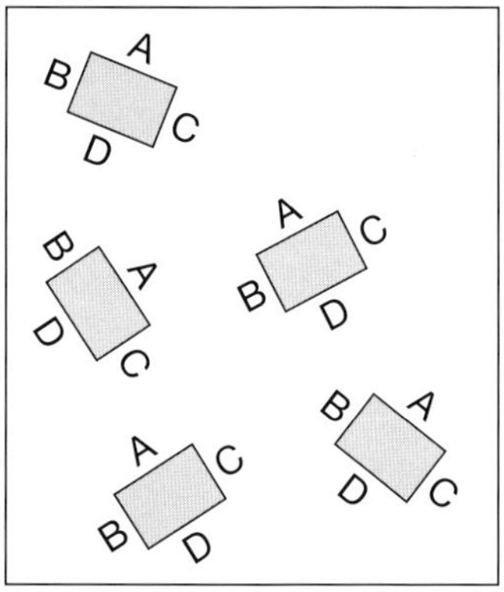

Methodische Varianten: Im Anschluss an die Unterrichtsrunde kann noch ein Plenum stattfinden, in dem in den Gruppen offen gebliebene Fragen diskutiert werden. Teilaufgabe d kann insgesamt im Plenum und nicht in den Gruppen diskutiert werden.

2.2 S Gehalt einer Vitamin-C-Tablette *Material A*

Gruppe A: Titration der Lösung von Vitamin-C-Tabletten mit Natronlauge

1 Tablette (4 g) enthält eine unbekannte Menge Vitamin C.
Weitere Zutaten: Zuckeraustauschstoff Sorbit, künstlicher Süßstoff Cyclamat, künstlicher Süßstoff Saccharin, natürliche Aromastoffe, Citronensäure, Natriumhydrogencarbonat, Farbstoff Riboflavin.
Die Bestimmung des Vitamin-C-Gehalts erfolgt durch eine Titration mit Natronlauge.

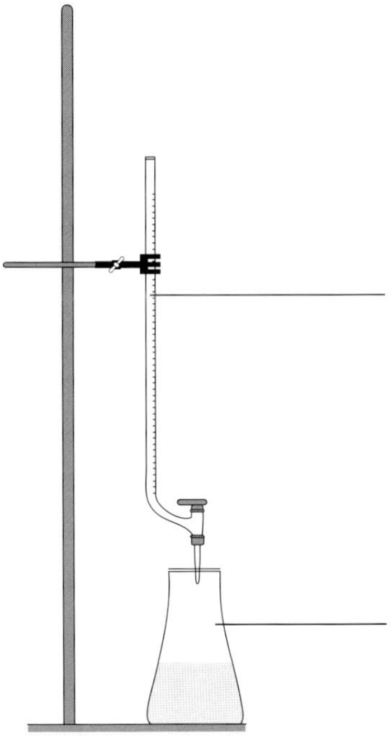

Der Verbrauch an Natronlauge bis zum Farbumschlag beträgt 12,8 mL.

Summenformel der schwachen, einbasigen Säure Vitamin C (Ascorbinsäure): $C_6H_8O_6$

Für weitere Informationen zu den Zusatzstoffen der Vitamin-C-Tablette steht bei Bedarf das Internet zur Verfügung.

Aufgaben

a) Geben Sie die bei der Titration ablaufende Reaktionsgleichung an und erklären Sie, wie sich der Endpunkt der Titration einstellt und erkennbar zeigt.
b) Berechnen Sie den Vitamin-C-Gehalt einer Vitamin-C-Tablette in Gramm und geben Sie den Tagesbedarf an Vitamin-C-Tabletten an.
c) Diskutieren Sie mögliche Beeinträchtigungen der Genauigkeit des Verfahrens durch die Zusatzstoffe in der Vitamin-C-Tablette.
d) Beurteilen Sie den Sinn der Einnahme von Vitamin-C-Tabletten im Alltag.

2.2 S Gehalt einer Vitamin-C-Tablette *Material B*

Gruppe B: Titration der Lösung von Vitamin-C-Tabletten mit Iod-Lösung

1 Tablette (4 g) enthält eine unbekannte Menge Vitamin C.
Weitere Zutaten: Zuckeraustauschstoff Sorbit, künstlicher Süßstoff Cyclamat, künstlicher Süßstoff Saccharin, natürliche Aromastoffe, Citronensäure, Natriumhydrogencarbonat, Farbstoff Riboflavin.
Die Bestimmung des Vitamin-C-Gehalts erfolgt durch eine Titration mit Iod-Lösung.

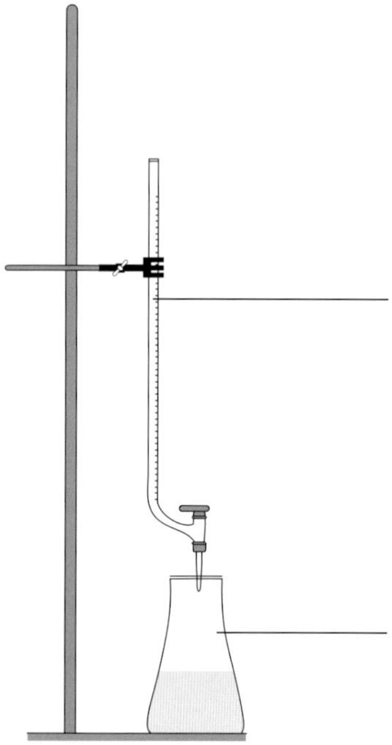

Der Verbrauch an Iod-Lösung bis zum Farbumschlag beträgt 51,1 mL.

Weitere Informationen:
Summenformel von Vitamin C (Ascorbinsäure): $C_6H_8O_6$
Ascorbinsäure wird leicht durch Oxidationsmittel zu Dehydroascorbinsäure ($C_6H_6O_6$) oxidiert.

Für weitere Informationen zu den Zusatzstoffen der Vitamin-C-Tablette steht bei Bedarf das Internet zur Verfügung.

Aufgaben

a) Geben Sie die bei der Titration ablaufende Reaktionsgleichung an und erklären Sie, wie sich der Endpunkt der Titration einstellt und erkennbar zeigt.
b) Berechnen Sie den Vitamin-C-Gehalt einer Vitamin-C-Tablette in Gramm und geben Sie den Tagesbedarf an Vitamin-C-Tabletten an.
c) Diskutieren Sie mögliche Beeinträchtigungen der Genauigkeit des Verfahrens durch die Zusatzstoffe in der Vitamin-C-Tablette.
d) Beurteilen Sie den Sinn der Einnahme von Vitamin-C-Tabletten im Alltag.

2.2 S Gehalt einer Vitamin-C-Tablette *Material C*

Gruppe C: Titration der Lösung von Vitamin-C-Tabletten mit Kaliumiodat-Lösung

1 Tablette (4 g) enthält eine unbekannte Menge Vitamin C.
Weitere Zutaten: Zuckeraustauschstoff Sorbit, künstlicher Süßstoff Cyclamat, künstlicher Süßstoff Saccharin, natürliche Aromastoffe, Citronensäure, Natriumhydrogencarbonat, Farbstoff Riboflavin.
Die Bestimmung des Vitamin-C-Gehalts erfolgt durch eine Titration mit Kaliumiodat-Lösung.

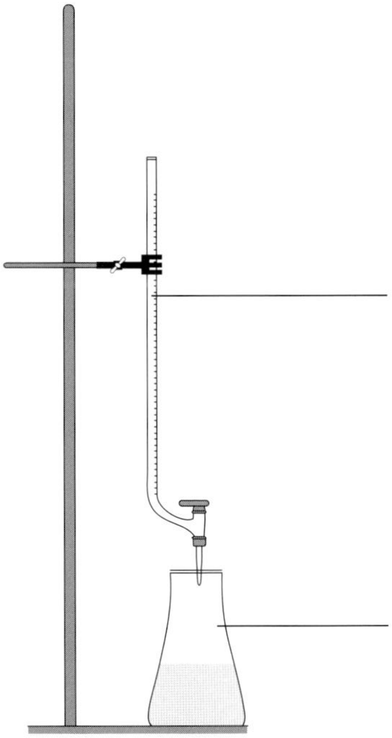

Der Verbrauch an Kaliumiodat-Lösung bis zum Farbumschlag beträgt 14,2 mL.

Weitere Informationen:
Summenformel von Vitamin C (Ascorbinsäure): $C_6H_8O_6$
Ascorbinsäure wird leicht durch Oxidationsmittel zu Dehydroascorbinsäure ($C_6H_6O_6$) oxidiert.

Für weitere Informationen zu den Zusatzstoffen der Vitamin-C-Tablette steht bei Bedarf das Internet zur Verfügung.

Aufgaben

a) Geben Sie die bei der Titration ablaufende Reaktionsgleichung an und erklären Sie, wie sich der Endpunkt der Titration einstellt und erkennbar zeigt.
b) Berechnen Sie den Vitamin-C-Gehalt einer Vitamin-C-Tablette in Gramm und geben Sie den Tagesbedarf an Vitamin-C-Tabletten an.
c) Diskutieren Sie mögliche Beeinträchtigungen der Genauigkeit des Verfahrens durch die Zusatzstoffe in der Vitamin-C-Tablette.
d) Beurteilen Sie den Sinn der Einnahme von Vitamin-C-Tabletten im Alltag.

2.2 S Gehalt einer Vitamin-C-Tablette *Material D*

Gruppe D: Titration der Lösung von Vitamin-C-Tabletten mit Natriumthiosulfat-Lösung

1 Tablette (4 g) enthält eine unbekannte Menge Vitamin C.
Weitere Zutaten: Zuckeraustauschstoff Sorbit, künstlicher Süßstoff Cyclamat, künstlicher Süßstoff Saccharin, natürliche Aromastoffe, Citronensäure, Natriumhydrogencarbonat, Farbstoff Riboflavin.
Die Bestimmung des Vitamin-C-Gehalts erfolgt durch eine Titration mit Natriumthiosulfat-Lösung.

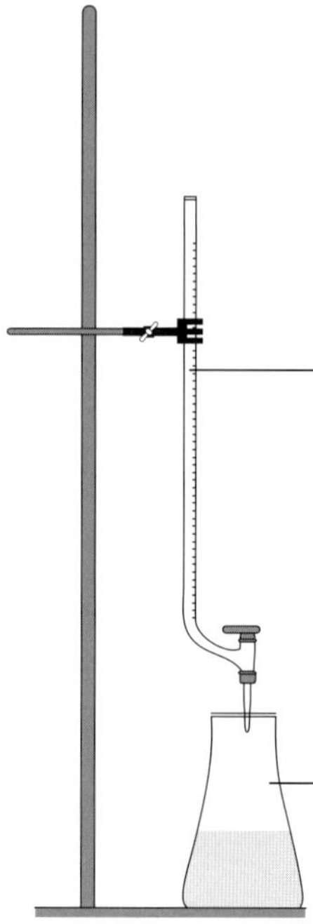

Der Verbrauch an Natriumthiosulfat-Lösung bis zum Farbumschlag beträgt 37,2 mL.

Weitere Informationen:
Summenformel von Vitamin C (Ascorbinsäure): $C_6H_8O_6$
Ascorbinsäure wird leicht durch Oxidationsmittel zu Dehydroascorbinsäure ($C_6H_6O_6$) oxidiert.

Für weitere Informationen zu den Zusatzstoffen der Vitamin-C-Tablette steht bei Bedarf das Internet zur Verfügung.

Aufgaben

a) Geben Sie die bei der Titration ablaufende Reaktionsgleichung an und erklären Sie, wie sich der Endpunkt der Titration einstellt und erkennbar zeigt.
b) Berechnen Sie den Vitamin-C-Gehalt einer Vitamin-C-Tablette in Gramm und geben Sie den Tagesbedarf an Vitamin-C-Tabletten an.
c) Diskutieren Sie mögliche Beeinträchtigungen der Genauigkeit des Verfahrens durch die Zusatzstoffe in der Vitamin-C-Tablette.
d) Beurteilen Sie den Sinn der Einnahme von Vitamin-C-Tabletten im Alltag.

2.2 L Gehalt einer Vitamin-C-Tablette *Erwartungshorizont*

Gruppe A

zu a) $C_6H_8O_6 + OH^- \rightarrow C_6H_7O_6^- + H_2O$

Endpunkt der Titration: Die Ascorbinsäure wurde vollständig durch die Natronlauge neutralisiert. Der Farbumschlag des Indikators von farblos nach pink zeigt den Endpunkt der Titration an.

zu b) Verbrauch Natronlauge: V(Natronlauge) = 12,8 mL

=> Stoffmenge des verbrauchten Natriumhydroxids:

$$n(\text{NaOH}) = 0{,}0128 \text{ L} \cdot 0{,}1 \text{ mol} \cdot \text{L}^{-1} = 0{,}00128 \text{ mol}$$

Natronlauge und Ascorbinsäure reagieren im Stoffmengenverhältnis 1 : 1

=> Stoffmenge Ascorbinsäure in einer Tablette: 0,00128 mol

$$M(C_6H_8O_6) = 176 \text{ g} \cdot \text{mol}^{-1}$$

=> Stoffportion Ascorbinsäure in einer Tablette: $0{,}00128 \text{ mol} \cdot 176 \text{ g} \cdot \text{mol}^{-1} = 0{,}225 \text{ g}$

=> Es reicht die Einnahme einer halben Tablette pro Tag.

zu c) Die Gegenwart von Citronensäure (Säure) und Natriumhydrogencarbonat (Base) wird sich auf das Ergebnis der Säure-Base-Titration (Verfahren A) negativ auswirken. Je nach Menge bzw. Mengenverhältnis dieser beiden Stoffe wird die Genauigkeit der Vitamin-C-Bestimmung beeinträchtigt.

zu d) In die Diskussion und Urteilsbildung sollte einfließen:

Nicht vorhandener Bedarf an Vitamin-C-Tabletten bei Ausgewogenheit der Ernährung, insbesondere Verzehr von frischem Gemüse und Obst.

Notwendigkeit der Einnahme von Vitamin-C-Tabletten bei Mangel an Vitamin C in der Nahrung.

Stärkung des Immunsystems durch Einnahme von Vitamin-C-Tabletten.

Gruppe B

zu a) $C_6H_8O_6 + I_2 \rightarrow C_6H_6O_6 + 2\ H^+ + 2\ I^-$

Sobald sämtliche Ascorbinsäure durch Iod oxidiert wurde, verbleibt Iod in der Lösung. Aufgrund der Einlagerung von Iod in die Stärke färbt sich die Lösung am Endpunkt der Titration schlagartig blau.

zu b) Verbrauch Iod-Lösung: $V(I_2\text{-Lsg.}) = 51{,}1$ mL

=> Stoffmenge Iod: $n(I_2) = 0{,}05 \text{ mol} \cdot \text{L}^{-1} \cdot 0{,}0511 \text{ L} = 2{,}555 \cdot 10^{-3} \text{ mol}$

=> Stoffmenge Vitamin C in 50 mL Lösung: $n(\text{Vitamin C}) = 2{,}555 \cdot 10^{-3}$ mol

=> $c(\text{Vitamin C}) = 2{,}555 \cdot 10^{-3} \text{ mol} : 0{,}05 \text{ L} = 0{,}0511 \text{ mol} \cdot \text{L}^{-1}$

$$M(C_6H_8O_6) = 176 \text{ g} \cdot \text{mol}^{-1}$$

=> $m(\text{Vitamin C}) = 2{,}555 \cdot 10^{-3} \text{ mol} \cdot 176 \text{ g/mol} = 0{,}45 \text{ g}$

=> Stoffportion Vitamin C pro Tablette: 0,45 g : 2 = 0,225 g

=> Es reicht die Einnahme einer halben Tablette pro Tag.

zu c) Das Vorhandensein zahlreicher organischer Stoffe (Riboflavin, Cyclamat, Saccharin, etc.) in einer Vitamin-C-Tablette kann sich evtl. negativ auf das Ergebnis der Redoxtitrationen auswirken, da diese Stoffe möglicherweise ebenfalls durch Iod oxidiert werden.

2.2 L Gehalt einer Vitamin-C-Tablette *Erwartungshorizont*

Gruppe B (Fortsetzung)

zu d) In die Diskussion und Urteilsbildung sollte einfließen:
Nicht vorhandener Bedarf an Vitamin-C-Tabletten bei Ausgewogenheit der Ernährung, insbesondere Verzehr von frischem Gemüse und Obst.
Notwendigkeit der Einnahme von Vitamin-C-Tabletten bei Mangel an Vitamin C in der Nahrung.
Stärkung des Immunsystems durch Einnahme von Vitamin-C-Tabletten.

Gruppe C

zu a) $IO_3^- + 5\ I^- + 6\ H^+ \rightarrow 3\ I_2 + 3\ H_2O$
$C_6H_8O_6 + I_2 \rightarrow C_6H_6O_6 + 2\ H^+ + 2\ I^-$
Iodat und Iodid führen im Erlenmeyerkolben zur Bildung von Iod. Sobald sämtliche Ascorbinsäure durch Iod oxidiert wurde, verbleibt Iod in der Lösung. Aufgrund der Einlagerung von Iod in die Stärke färbt sich die Lösung am Endpunkt der Titration schlagartig blau.

zu b) Verbrauch Kaliumiodat-Lösung: $V(KIO_3\text{-Lsg.}) = 14{,}2\ mL$
=> Stoffmenge des verbrauchten Kaliumiodats:
$$n(KIO_3) = 0{,}0142\ L \cdot 0{,}03\ mol \cdot L^{-1} = 4{,}26 \cdot 10^{-4}\ mol$$
=> Stoffmenge Iod, die zur Oxidation der Ascorbinsäure verwendet wird:
$$n(I_2) = 4{,}26 \cdot 10^{-4}\ mol \cdot 3 = 1{,}28 \cdot 10^{-3}\ mol$$
$$M(C_6H_8O_6) = 176\ g \cdot mol^{-1}$$
=> Stoffmenge Vitamin C pro Tablette: $1{,}28 \cdot 10^{-3}\ mol \cdot 176\ g \cdot mol^{-1} = 0{,}225\ g$
=> Es reicht die Einnahme einer halben Tablette pro Tag.

zu c) Das Vorhandensein zahlreicher organischer Stoffe (Riboflavin, Cyclamat, Saccharin, etc.) in einer Vitamin-C-Tablette kann sich evtl. negativ auf das Ergebnis der Redoxtitrationen auswirken, da diese Stoffe möglicherweise ebenfalls durch Iod oxidiert werden.

zu d) In die Diskussion und Urteilsbildung sollte einfließen:
Nicht vorhandener Bedarf an Vitamin-C-Tabletten bei Ausgewogenheit der Ernährung, insbesondere Verzehr von frischem Gemüse und Obst.
Notwendigkeit der Einnahme von Vitamin-C-Tabletten bei Mangel an Vitamin C in der Nahrung.
Stärkung des Immunsystems durch Einnahme von Vitamin-C-Tabletten.

2.2 L Gehalt einer Vitamin-C-Tablette *Erwartungshorizont*

(Fortsetzung)

Gruppe D

zu a) $C_6H_8O_6 + I_2 \rightarrow C_6H_6O_6 + 2\ H^+ + 2\ I^-$

$I_2 + 2\ S_2O_3^{2-} \rightarrow 2\ I^- + S_4O_6^{2-}$

Iod oxidiert die gesamte Ascorbinsäure. Überschüssiges Iod verbleibt in der Lösung. Aufgrund der Einlagerung von Iod in die Stärke färbt sich die Lösung blau. Die Zugabe von Thiosulfat-Lösung führt zu einer Reduktion des Iods zu Iodid. Sobald kein Iod mehr in der Lösung vorhanden ist, entfärbt sich die Lösung (Endpunkt der Titration).

zu b) Verbrauch Natriumthiosulfat-Lösung: V(Natriumthiosulfat-Lsg.) = 37,2 mL

=> Stoffmenge Natriumthiosulfat: $n(Na_2S_2O_3) = 0{,}1\ mol \cdot L^{-1} \cdot 0{,}0372\ L = 0{,}00372\ mol$

=> Stoffmenge Iod, die nicht zur Oxidation von Vitamin C verbraucht wurde:

$$n(I_2) = 0{,}00372\ mol : 2 = 0{,}00186\ mol$$

=> eingesetzte Stoffmenge Iod: $n(I_2) = 0{,}05\ mol \cdot L^{-1} \cdot 0{,}05\ L = 0{,}0025\ mol$

=> Stoffmenge Iod, die zur Oxidation von Vitamin C verbraucht wurde:

$$n(I_2) = 0{,}0025\ mol - 0{,}00186\ mol = 0{,}00064\ mol$$

=> Stoffmenge Vitamin C in 50 mL Lösung: n(Vitamin C) = 0,00064 mol

=> c(Vitamin C) = 0,00064 mol : 0,05 L = 0,0128 mol $\cdot\ L^{-1}$

$$M(C_6H_8O_6) = 176\ g \cdot mol^{-1}$$

=> m (Vitamin C) = 0,00064 mol · 176 g · mol^{-1} = 0,1126 g

=> Stoffportion Vitamin C pro Tablette: 0,1126 g : 0,5 ≈ 0,225 g

=> Es reicht die Einnahme einer halben Tablette pro Tag.

zu c) Das Vorhandensein zahlreicher organischer Stoffe (Riboflavin, Cyclamat, Saccharin, etc.) in einer Vitamin-C-Tablette kann sich evtl. negativ auf das Ergebnis der Redoxtitrationen auswirken, da diese Stoffe möglicherweise ebenfalls durch Iod oxidiert werden.

zu d) In die Diskussion und Urteilsbildung sollte einfließen:

Nicht vorhandener Bedarf an Vitamin-C-Tabletten bei Ausgewogenheit der Ernährung, insbesondere Verzehr von frischem Gemüse und Obst.

Notwendigkeit der Einnahme von Vitamin-C-Tabletten bei Mangel an Vitamin C in der Nahrung.

Stärkung des Immunsystems durch Einnahme von Vitamin-C-Tabletten.

2.3 L Analyse und Rekonstruktion von Meerwasser

Thematik
Unterrichtsmethode

Grundlagen: Rechnen mit Größengleichungen, Säure-Base-Titration, Titrationsverfahren nach *Mohr*, Titration mit EDTA, Redoxtitration, Ionenaustauscher, elektrophile aromatische Substitution, Polykondensation von Aromaten und Formaldehyd, Löslichkeitsprodukte, Komplexbildung und Stabilität

Methodischer Vorschlag: Gruppenpuzzle

Durchführung: Kontext, Arbeitsaufträge M, Lehrbücher
Es werden Stammgruppen mit jeweils vier Schüler/-innen gebildet. Sie verteilen die Versuche V1 – V4 untereinander.
In den sich dann bildenden Expertengruppen zu V1 – V4 werden die Themen erarbeitet, Arbeitsaufträge durchgeführt und eine Präsentation vorbereitet, Schulbücher und weitere Literatur stehen den Expertengruppen zur Verfügung.
Wieder zurück in den Stammgruppen, werden die Ergebnisse zu den Versuchen V1 – V4 ausführlich vorgestellt. Erst auf Basis dieser Ergebnisse kann die Zusammensetzung des Meerwassers bestimmt und mit den Daten dann ein Rezept für ein Modell-Meerwasser entwickelt werden.

Literaturangaben
Analytik von Meerwasser, Nr. 4.5 in Materialien-Handbuch Kursunterricht Chemie Bd. 10/II, Aulis-Verlag Köln, 2007
Kunststoffe als Ionenaustauscher, Nr. 3.7 in Materialien-Handbuch Kursunterricht Chemie Bd. 5, Aulis-Verlag Köln, 1997

Zur Erweiterung
Materialien-Handbuch Bd. 7: 1.20 (Wasserenthärtung durch Ionenaustauscher), 1.5 (Fällungstitration nach *Mohr*), Bd. 6: 6.11 (Potentiometrische Titration von Chlorid), Bd. 1: 3.19 (Zähnigkeit von Amin-Liganden)

Teilaufträge	V1 Säure-Base-Titration	V2 Redox-Titration	V3 Komplexbildner-Titration	V4 Redox-Titration	Zusammensetzung + „Modell“-Meerwasser
Konzepte	Stoff – Teilchen, Donator – Akzeptor				
Kompetenzbereich	Fachwissen: Sch'/Sch – strukturieren und vernetzen erworbenes Wissen über Stoffe, chemische Reaktionen und chemierelevante Größen				Kommunikation: Sch'/Sch – planen, strukturieren, kommunizieren und reflektieren im Team, – argumentieren sachlogisch chemische Sachverhalte und Zusammenhänge, – präsentieren chemisches Wissen und eigene Überlegungen und Arbeitsergebnisse adressaten- und fachgerecht.
Anforderungsbereich	II – III	II – III	II – III	II – III	II – III

2.3 S Analyse und Rekonstruktion von Meerwasser *Kontext*

Im Schullabor stehen *Proben von Meerwasser* zur Verfügung, die auf den Gehalt an Natrium-, Magnesium-, Calcium- sowie Chlorid- und Sulfat-Ionen untersucht werden sollen. Zur Vereinfachung wird angenommen, dass die Menge an Carbonat-Ionen vernachlässigbar klein ist und sonst keine weiteren Ionen mehr enthalten sind. Mit den Proben werden folgende vier Versuche durchgeführt und dabei fünf verschiedene Ionen-Konzentrationen bestimmt.

V1 Über einen Kationen-Austauscher lässt man 10 mL Meerwasser laufen und titriert anschließend mit Natronlauge ($c(OH^-) = 0{,}5$ mol/L). Der durchschnittliche Verbrauch von Natronlauge beträgt $V(NaOH) = 11{,}67$ mL. Makromoleküle, die saure Gruppen enthalten, können als Kationenaustauscher verwendet werden. Hierzu gehört z. B. Polyphenolsulfonsäure. Sie lässt sich durch die Reaktion von 4-Phenolsulfonsäure mit Formaldehyd in saurem Milieu darstellen.

V2 10 mL Meerwasser werden auf 100 mL verdünnt. Hiervon pipettiert man 10 mL in einen Erlenmeyerkolben, gibt einige Tropfen Kaliumchromat-Lösung (K_2CrO_4) als Indikator hinzu und titriert mit Silbernitrat-Lösung ($c(Ag^+) = 0{,}086$ mol/L). Der durchschnittliche Verbrauch von Silbernitrat beträgt $V(AgNO_3) = 6{,}21$ mL (Titrationsverfahren nach *Mohr*).

V3 10 mL Meerwasser werden mit einer Indikator-Puffertablette und ca. 1 mL konz. Ammoniak-Lösung versetzt. Dann wird mit EDTA-Lösung ($c(EDTA) = 0{,}05$ mol/L) titriert. Der durchschnittliche Verbrauch von EDTA-Lösung beträgt $V(EDTA) = 12{,}60$ mL. EDTA ist die Abkürzung für Ethylendiamintetraessigsäure ($(HOOC\text{-}CH_2)_2N\text{-}CH_2\text{-}CH_2\text{-}N(CH_2\text{-}COOH)_2$. Die Indikator-Puffertablette enthält Eriochromschwarz T (Erio T) als Indikator, ein Farbstoff und dreizähniger Komplexbildner. Die Indikator-Lösung ist blau gefärbt, die Komplex-Lösung mit Calcium- bzw. Magnesium-Ionen ist rot gefärbt.

V4 100 mL Meerwasser werden mit einem Überschuss an Ammoniumoxalat ($C_2O_4^{2-}$) versetzt, der Niederschlag abfiltriert, gewaschen und in heißer verdünnter Schwefelsäure gelöst. Die Lösung wird mit Kaliumpermanganat-Lösung ($c(MnO_4^-) = 0{,}02$ mol/L) titriert. Der durchschnittliche Verbrauch von Kaliumpermanganat-Lösung beträgt $V(KMnO_4) = 24{,}0$ mL.

Ein Chemielehrer im Binnenland will sich ein geeignetes *Modell-Meerwasser* – wie oben analysiert – herstellen, um es von der nächsten Klasse untersuchen zu lassen. Dazu stehen ihm folgende Salze zur Verfügung:
Natriumchlorid (NaCl), Natriumsulfat ($Na_2SO_4 \cdot 10\ H_2O$), Calciumchlorid ($CaCl_2 \cdot 6\ H_2O$), Magnesiumchlorid ($MgCl_2 \cdot 6\ H_2O$) und Magnesiumsulfat ($MgSO_4 \cdot 7\ H_2O$).

2.3 S Analyse und Rekonstruktion von Meerwasser *M*

Arbeitsaufträge

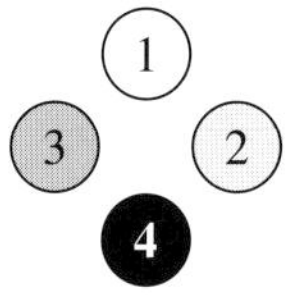

1. Bilden Sie Stammgruppen zu jeweils vier Schüler/-innen.

2. Wählen Sie in jeder 4er-Stammgruppe jeweils einen Experten für einen der Versuche V1 bis V4.

3. Zu jedem Versuch treffen sich die Experten der verschiedenen Stammgruppen. Jeder Experte bereitet eine Präsentation vor, in der den übrigen Stammgruppenmitgliedern das Verfahren sowie die Auswertung vorgestellt werden sollen.

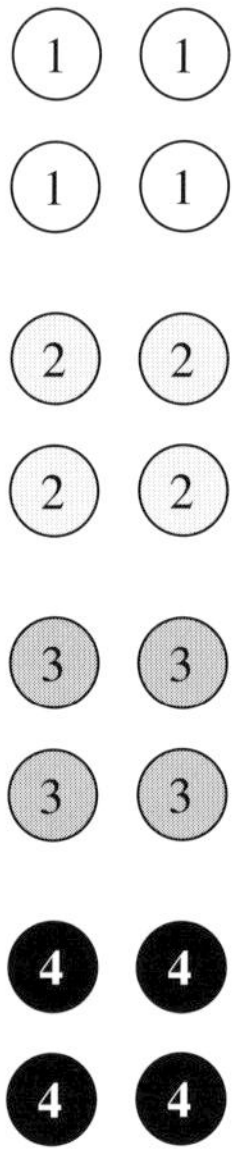

Zur Präsentation (mit Handzettel) gehören
- die Vorstellung des Verfahrens mit Endpunkterkennung,
- eine Versuchsskizze,
- die Erläuterung des Verfahrens mit Reaktionsgleichungen,
- die nachvollziehbare Auswertung der Messergebnisse sowie
- die ermittelten Stoffmengen und Konzentrationen und
- die jeweils ergänzende Aufgabe (im LK).

Zur Vertiefung für den LK: Ergänzende Aufgaben zu den einzelnen Versuchen

V1 Erläutern Sie die Synthese von Polyphenolsulfonsäure mit Reaktionsschritten und erklären Sie die Funktionsweise dieses Ionen-Austauschers.

V2 Erläutern Sie die Wirkungsweise des Indikators Kaliumchromat (K_2CrO_4). Wie würden Sie vorgehen, um elementares Silber aus dem gefälltem Silberchlorid zurückzugewinnen?

V3 Zeichnen Sie die Strukturformel von EDTA und erklären Sie die Bildung des EDTA-Komplexes sowie den Farbumschlag am Äquivalenzpunkt.

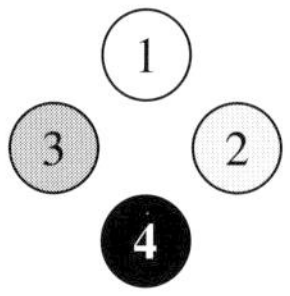

4. Die ursprünglichen Stammgruppen setzen sich wieder zusammen; jeder Teilnehmer stellt seine Präsentation zu seinem Versuch von V1 bis V4 vor.

5. Berechnen Sie mit den Ergebnissen aus V1 bis V4 gemeinsam den Gehalt (Stoffmengenkonzentration) der verschiedenen Ionen im Meerwasser!

6. Kombinieren Sie die vorgegebenen verschiedenen Salze und berechnen Sie ihre Massen, die man für 1 L Modell-Meerwasser benötigt.

7. Stellen Sie als Gruppe Ihren Lösungsweg sowie Ihre Ergebnisse für die Aufgaben 5 und 6 im Plenum vor.

2.3 L Analyse und Rekonstruktion von Meerwasser *Erwartungshorizont*

zu V1 Im sauren Kationenaustauscher werden die Protonen durch Metall-Ionen ersetzt.
$RH + Na^+ + H_2O \rightarrow RNa + H_3O^+$,
$2\ RH + Ca^{2+} + 2\ H_2O \rightarrow R_2Ca + 2\ H_3O^+$,
$2\ RH + Mg^{2+} + 2\ H_2O \rightarrow R_2Mg + 2\ H_3O^+$,
Titration: $H_3O^+ + OH^- \rightarrow 2\ H_2O$.
Daher gilt für die Stoffmengen: $n(H^+) = n(Na^+) + 2n(Ca^{2+}) + 2n(Mg^{2+})$,
$n(H^+) = n(OH^-) = V(NaOH) \cdot c(NaOH)$.
Mit Verbrauchsvolumen $V(NaOH) = 11{,}7$ mL errechnet sich für 10 mL Meerwasser:
$n(H^+) = 11{,}7\ mL \cdot 0{,}5\ mol/L = 0{,}5 \cdot 11{,}7 \cdot 10^{-3}$ mol,
in 1 L Meerwasser: $n(H^+) = 0{,}5 \cdot 11{,}7$ mol $= 0{,}588$ mol
$n(Na^+) + 2n(Ca^{2+}) + 2n(Mg^{2+}) = 0{,}588$ mol,
also $c(Na^+) + 2c(Ca^{2+}) + 2c(Mg^{2+}) = 0{,}588$ mol/L.

zu V2 $Ag^+ + Cl^- \rightarrow AgCl$
Für die Stoffmenge gilt: $n(Cl^-) = n(Ag^+) = V(AgNO_3) \cdot c(AgNO_3)$.
Für 1 mL Meerwasser gilt: $n(Cl^-) = 6{,}21\ mL \cdot 0{,}086\ mol/L = 6{,}21 \cdot 10^{-3} \cdot 0{,}086$ mol.
In 1 L Meerwasser erhält man: $n(Cl^-) = 6{,}21 \cdot 0{,}086$ mol, also $c(Cl^-) = 0{,}534$ mol/L.

zu V3 $Y^{4-} + Ca^{2+} \rightarrow CaY^{2-}$ und $Y^{4-} + Mg^{2+} \rightarrow MgY^{2-}$
Für die Stoffmengen gilt: $n(Y^{4-}) = n(Ca^{2+}) + n(Mg^{2+}) = V(EDTA) \cdot c(EDTA)$,
für 10 mL Meerwasser: $n(Ca^{2+}) + n(Mg^{2+}) = 12{,}6\ mL \cdot 0{,}05\ mol/L = 0{,}05 \cdot 12{,}6 \cdot 10^{-3}$ mol.
In 1 L Meerwasser ist $n(Ca^{2+}) + n(Mg^{2+}) = 0{,}05 \cdot 12{,}6$ mol,
also $c(Ca^{2+}) + c(Mg^{2+}) = 0{,}063$ mol/L.

zu V4 $Ca^{2+} + C_2O_4^{2-} \rightarrow CaC_2O_4$
$CaC_2O_4 + 2\ H_3O^+ \rightarrow Ca^{2+} + H_2C_2O_4 + 2\ H_2O$
Oxidation: $H_2C_2O_4 + 2\ H_2O \rightarrow 2\ CO_2 + 2\ H_3O^+ + 2\ e^-$,
Reduktion: $MnO_4^- + 5\ e^- + 8\ H_3O^+ \rightarrow Mn^{2+} + 12\ H_2O$,
Gesamtrkt.: $5\ H_2C_2O_4 + 2\ MnO_4^- + 6\ H_3O^+ \rightarrow 2\ Mn^{2+} + 10\ CO_2 + 14\ H_2O$
Für die Stoffmengen gilt:
$n(Ca^{2+}) = n(H_2C_2O_4) = 5/2\ n(MnO_4^-) = 5/2\ V(MnO_4^-) \cdot c(MnO_4^-)$.
Für 100 mL Meerwasser gilt: $n(Ca^{2+}) = 5/2 \cdot 0{,}02 \cdot 24 \cdot 10^{-3}$ mol,
in 1 L Meerwasser: $n(Ca^{2+}) = 0{,}012$ mol, also $c(Ca^{2+}) = 0{,}012$ mol/L.

zu 5. Aus V2 erhält man direkt $c(Cl^-)$.
Aus V1 erhält man $c(Na^+) + 2c(Ca^{2+}) + 2c(Mg^{2+}) = c(Cl^-) + 2c(SO_4^{2-})$,
zusammen mit V2 also $2c(SO_4^{2-})$.
Aus V4 erhält man direkt $c(Ca^{2+})$.
Aus V3 erhält man $c(Ca^{2+}) + c(Mg^{2+})$, zusammen mit V4 also $c(Mg^{2+})$ und zusammen mit V1 also $c(Na^+)$.

Chlorid-Ionen:	$c(Cl^-) = 0{,}534$ mol/L, $\beta(Cl^-) = c(Cl^-) \cdot M(Cl^-) = 18{,}93$ g/L
Sulfat-Ionen:	$c(SO_4^{2-}) = 0{,}027$ mol/L, $\beta(SO_4^{2-}) = 2{,}59$ g/L
Calcium-Ionen:	$c(Ca^{2+}) = 0{,}012$ mol/L, $\beta(Ca^{2+}) = 0{,}48$ g/L
Magnesium-Ionen:	$c(Mg^{2+}) = 0{,}051$ mol/L, $\beta(Mg^{2+}) = 1{,}24$ g/L
Natrium-Ionen:	$c(Na^+) = 0{,}462$ mol/L, $\beta(Na^+) = 10{,}62$ g/L.

2.3 L Analyse und Rekonstruktion von Meerwasser *Erwartungshorizont*

(Fortsetzung)

zu 6.

Natriumchlorid	$M(NaCl) = 58{,}5$ g/mol,
Natriumsulfat	$M(Na_2SO_4 \cdot 10\ H_2O) = 322{,}1$ g/mol,
Calciumchlorid	$M(CaCl_2 \cdot 6\ H_2O) = 219$ g/mol,
Magnesiumchlorid	$M(MgCl_2 \cdot 6\ H_2O) = 203{,}2$ g/mol,
Magnesiumsulfat	$M(MgSO_4 \cdot 7\ H_2O) = 246{,}4$ g/mol.

Größengleichungen: $\beta(X) = c(X) \cdot M(X)$ in mol/L · g/mol = g/L

Natrium: $c(Na^+) = 0{,}462$ mol/L,
$\beta(NaCl) = c(Na^+) \cdot M(NaCl) = 0{,}462$ mol/L · 58,5 g/mol = 27,0 g/L

Calcium: $c(Ca^{2+}) = 0{,}012$ mol/L,
$\beta(CaCl_2 \cdot 6\ H_2O) = 2{,}63$ g/L

Sulfat: $c(SO_4^{2-}) = 0{,}027$ mol/L,
$\beta(MgSO_4 \cdot 7\ H_2O) = 6{,}65$ g/L

Magnesium: $c(Mg^{2+}) = 0{,}051$ mol/L (erforderlich)
$c(MgSO_4 \cdot 7\ H_2O) = 0{,}027$ mol/L (schon vorhanden)
also notwendig: $c(MgCl_2 \cdot 6\ H_2O) = 0{,}024$ mol/L
$\beta(MgCl_2 \cdot 6\ H_2O) = 4{,}88$ g/L

Chlorid: $c(Cl^-) = 0{,}534$ mol/L (erforderlich)
$c(NaCl) = 0{,}462$ mol/L (schon vorhanden)
für $c(Cl^-)$: $2c(CaCl_2 \cdot 6\ H_2O) = 2 \cdot 0{,}012$ mol/L (schon vorhanden)
für $c(Cl^-)$: $2c(MgCl_2 \cdot 6\ H_2O) = 2 \cdot 0{,}024$ mol/L (schon vorhanden)
Summe: $c(Cl^-) = (0{,}462 + 0{,}024 + 0{,}048)$ mol/L = 0,534 mol/L; also ist die erforderliche Konzentration für Chlorid-Ionen schon erreicht.

Natriumsulfat wird zum Ansetzen des Modell-Meerwassers nicht benötigt. Für 1 L *Modell-Meerwasser* benötigt man 27,0 g Natriumchlorid, 2,63 g Calciumchlorid, 6,65 g Magnesiumsulfat und 4,88 g Magnesiumchlorid.

2.3 L Analyse und Rekonstruktion von Meerwasser *Erwartungshorizont*

(Fortsetzung)

Zur Vertiefung für den LK: Ergänzende Aufgaben zu den einzelnen Versuchen

zu V1 Die Reaktion zur Synthese von Polyphenolsulfonsäure ist eine säurekatalysierte Polykondensation:

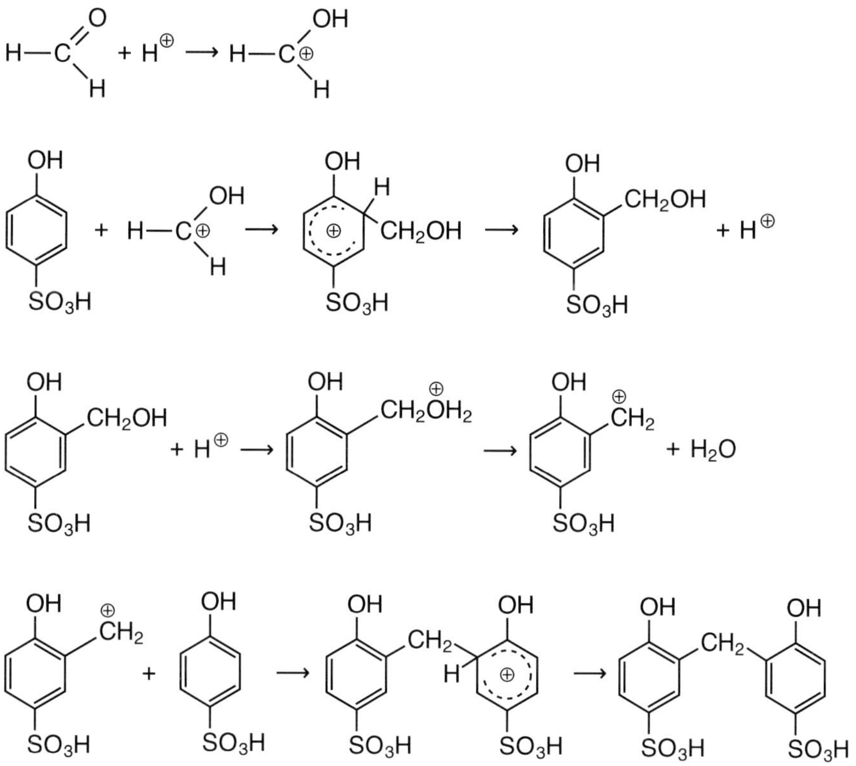

Durch weitere analoge Reaktionen mit Formaldehyd entsteht das Polykondensat. Durch Zugabe von Salz-Lösungen werden Protonen im Austausch gegen Kationen freigesetzt.

zu V2 Silberchlorid (weiß) und Silberchromat (rotbraun) sind schwerlösliche Salze: $K_L(AgCl) = 1{,}6 \cdot 10^{-10}$ mol²/L², $K_L(Ag_2CrO_4) = 4 \cdot 10^{-12}$ mol³/L³. Silberchlorid ist schwerer löslich als Silberchromat. Daher fällt bei der Titration zuerst Silberchlorid aus. Erst wenn die Chlorid-Ionen (fast) vollständig ausgefallen sind, bildet sich rotbraunes Silberchromat und zeigt damit das Ende der Silberchlorid-Fällung an.

Bei Zugabe eines unedlen Metalls (z. B. Zink) fällt elementares Silber aus.

$$2\,AgCl(s) + Zn(s) + H_2O \rightarrow 2\,Ag(s) + Zn^{2+}(aq) + 2\,Cl^-(aq) + H_2O$$

2.3 L Analyse und Rekonstruktion von Meerwasser *Erwartungshorizont*

(Fortsetzung)

zu V3 In ammoniakalischer Lösung liegt das Anion von EDTA vor:

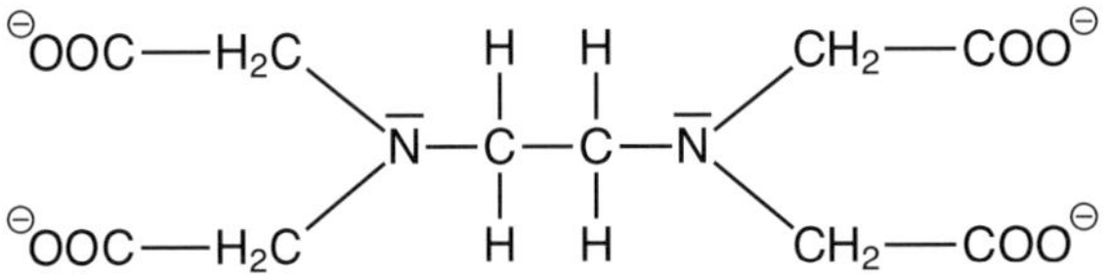

Mit vier Carboxyl-Gruppen und zwei Stickstoff-Atomen mit je einem freien Elektronenpaar liegen sechs Koordinationsstellen im Anion vor; EDTA ist also ein sechszähniger Ligand und bildet mit Metall-Ionen der Koordinationszahl 6 jeweils stabile 1:1-Komplexe.

In wässriger Lösung liegen die Calcium- und Magnesium-Ionen zunächst hydratisiert vor. Einige davon reagieren beim Lösen der Indikator-Puffertablette zu einer Komplex-Verbindung mit Erio T; diese Lösung ist rot gefärbt.

Beim Titrieren fließt EDTA zu, das zunächst den Aqua-Komplex verdrängt. Erst wenn die hydratisierten Ionen verbraucht sind, verdrängt der sechszähnige Ligand EDTA den dreizähnigen Liganden Erio T. Dadurch verschwindet der rote Komplex; die freie Indikatorfarbe blau wird in einem relativ scharfen Farbwechsel sichtbar.

3.1 L Wie „kommt" der Strom durch die Lösung?

Thematik
Unterrichtsmethode

Grundlagen: Salze, Lösungen, elektrische Leitfähigkeit

Hintergrund: Studien mit einigen Tausend Schülern aus Chemie-Grund- und Leistungskursen belegen, dass die Hälfte der Schüler den Stromfluss in wässrigen Lösungen als eine Bewegung von *Elektronen* auffasst. Aus Sicht der Schüler setzt sich der Elektronenfluss im äußeren Leiterdraht – im Sinne eines Kreislaufs – durch den Elektrolyten einer elektrochemischen Zelle fort. Einige Schüler gehen dabei von einem Fluss „freier" Elektronen aus; andere stellen sich vor, die Elektronen würden mithilfe von Ionen durch die Lösung „transportiert".
Diese Vorstellungen sind für ein Verstehen elektrochemischer Vorgänge hinderlich: So lassen sich etwa die Elektrodenreaktionen in elektrolytischen oder galvanischen Zellen unter der Annahme eines Elektronenkreislaufes nicht erklären – schließlich werden aus wissenschaftlicher Sicht die Elektronen an der Kathode in einer Reduktionsreaktion „verbraucht".
Die vorliegenden Materialien sollen helfen, „falsche" Vorstellungen der eigenen Lerngruppe zum Stromfluss in wässrigen Lösungen bewusst zu machen und das wissenschaftliche Konzept des Stromflusses zu entwickeln und zu festigen.

Methodischer Vorschlag:
Unterrichtskonzeption „choice2learn"; Zeitrahmen: Doppelstunde
I) Unterrichtsgespräch *(Kontextualisierung)*
II) Einzelarbeit *(Positionierung)*
III) Kleingruppenarbeit *(Polarisierung/Diskurs/Lernimpulsphase)*
IV) Unterrichtsgespräch *(Reflexion)*
V) Partnerarbeit *(Anwendung)*

Durchführung: Kontext, M1, M2, M3, M4, M5
Der Kontext kann im Rahmen eines Unterrichtsgesprächs thematisiert oder den Schülern schriftlich an die Hand gegeben werden. Anschließend bearbeitet jeder Schüler Aufgabe 1 (M1) in Einzelarbeit, um sich der eigenen Vorstellung zum Aspekt „Stromfluss in Lösungen" bewusst zu werden. Für die Lehrkraft bleibt anonym, welcher Schüler sich für welche Antwort entscheidet.
Der Sinn der folgenden Kleingruppenarbeit liegt darin, „falsche" Vorstellungen im Hinblick auf das wissenschaftlich gültige Konzept zu verändern. Dazu sollen Schüler mit unterschiedlichen Vorstellungen zusammenarbeiten. Die Gruppenbildung wird in M2 beschrieben. M2 enthält zudem die Arbeitsaufträge und kann als Folie aufgelegt oder als Kopie an die Gruppen verteilt werden.
Ziel der Gruppenarbeit ist es herauszufinden, bei welcher Auswahlantwort von Aufgabe 1 es sich um die wissenschaftlich richtige Lösung handelt. Dazu müssen unterschiedliche Standpunkte ausgetauscht und eigene Positionen begründet werden. Unterstützt wird die Gruppenarbeit durch einen Argumentationsbogen (M3), in den die Schüler Argumente eintragen können, die für oder gegen eine Auswahlantwort sprechen.
Im Rahmen der Gruppenarbeit können die Schüler schrittweise sechs Lernimpulse hinzuziehen, aus denen sich stützende oder widersprechende Aussagen zu einzelnen Auswahlantworten von Aufgabe 1 ableiten lassen (M4). Die Lernimpulskarten werden dazu einzeln kopiert und auf jedem Gruppentisch mit verdeckter Schrift bereitgelegt, außerdem Materialien für Testexperimente bei Kontext und Lernimpuls 1.

3.1 L Wie „kommt“ der Strom durch die Lösung?

Thematik
Unterrichtsmethode

Durchführung (Fortsetzung)
Die Überlegungen der Gruppen werden im Plenum präsentiert. Das wissenschaftliche Konzept wird in einer abschließenden Partnerarbeit (M 5) noch einmal in einem anderen Zusammenhang angewendet bzw. um einen neuen Aspekt erweitert.

Literaturangaben
„Choice2learn“ – Schülervorstellungen individuell erkennen und verändern, *A. Marohn*, PdN-Chemie in der Schule 58 (8), 2009, S. 25–29
„Choice2learn“ – eine Konzeption zur Exploration und Veränderung von Lernervorstellungen im naturwissenschaftlichen Unterricht, *A. Marohn*, ZfDN 14, 2008, S. 57–83
Was bewegt sich hier? – Schülervorstellungen zum Ladungstransport in elektrochemischen Zellen, *A. Marohn, H.-J. Schmidt*, MNU 57 (2), 2004, S. 86–91
Falschvorstellungen von Schülern in der Elektrochemie – Eine empirische Untersuchung, *A. Marohn*, Dissertation, Universität Dortmund, 1999
Factors that prevent learning in electrochemistry, *H.-J. Schmidt, A. Marohn, A.G. Harrison*, Journal of Research in Science Teaching 44 (2), 2007, S. 258–283
Merksätze, Eselsbrücken und Vereinfachungen im Chemieunterricht – eine kritische Betrachtung, *A. Marohn*, PdN Chemie 57 (3), 2008, S. 46–49

<table>
<tr><th>Teilaufträge</th><th>Aufgabe 1</th><th>Lernimpulse, Aufgabe 2</th></tr>
<tr><td>Konzepte</td><td>Stoff – Teilchen
Struktur – Eigenschaft</td><td>Stoff – Teilchen
Struktur – Eigenschaft
Donator – Akzeptor
Gleichgewicht</td></tr>
<tr><td rowspan="7">Kompetenzbereiche</td><td colspan="2">Fachwissen</td></tr>
<tr><td colspan="2">Erkenntnisgewinnung: Sch’/Sch
– interpretieren chemische Sachverhalte auf der Teilchenebene,</td></tr>
<tr><td></td><td>– wenden Modelle zur Beschreibung und Erklärung chemischer Sachverhalte an.</td></tr>
<tr><td colspan="2">Kommunikation: Sch’/Sch
– beschreiben und veranschaulichen konkrete chemische Sachverhalte unter Nutzung der Fachsprache,</td></tr>
<tr><td></td><td>– argumentieren sachlogisch und begründen schlüssig chemische Sachverhalte und Fragestellungen,
– präsentieren chemisches Wissen, eigene Standpunkte und Überlegungen.</td></tr>
<tr><td colspan="2">Reflexion/Bewertung: Sch’/Sch
– betrachten Aussagen aus unterschiedlichen Perspektiven und bewerten sie sachgerecht auf der Grundlage chemischer Kenntnisse.</td></tr>
<tr><td colspan="2"></td></tr>
<tr><td>Anforderungsbereiche</td><td>I, II</td><td>II, III</td></tr>
</table>

3.1 S Wie „kommt" der Strom durch die Lösung? *Kontext*

Anna hat das teure Badesalz ihrer Mutter stibitzt und es sich in der Badewanne gemütlich gemacht. Da in einer Viertelstunde ihr Lieblingskrimi im Fernsehen beginnt, beschließt sie, sich schon einmal die Haare zu föhnen. Doch als sie den neuen Föhn aus dem Karton herausholt, fällt ihr das aufgedruckte Warnsymbol ins Auge:

„Stimmt", denkt sie, „das soll man ja eigentlich nicht machen." Es steht sogar in der Bedienungsanleitung:

„Achtung Stromschlaggefahr! Das Gerät nicht nass werden lassen oder in der Nähe einer gefüllten Badewanne, einer Dusche oder über einem gefüllten Waschbecken benutzen."

Leitet das Badewasser denn tatsächlich den elektrischen Strom? Das lässt sich in einem Modellexperiment überprüfen (der Einfachheit halber benutzen wir dazu eine Batterie, also Gleichstrom):

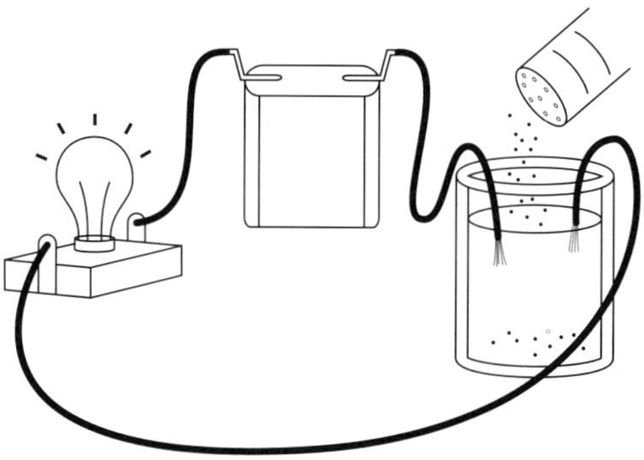

Tatsächlich: Das Lämpchen leuchtet. Doch wie „kommt" der Strom durch das Badewasser?

3.1 S Wie „kommt“ der Strom durch die Lösung? *M1*

Diagnoseaufgabe (Aufgabe 1)

Codierung:

Buch-stabe	Buch-stabe	Zahl

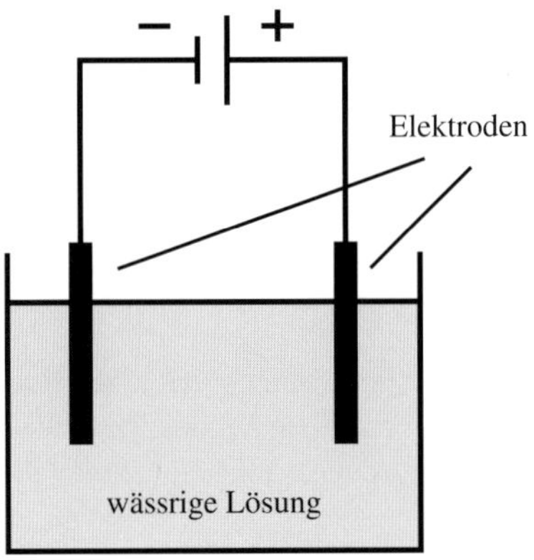

Welche der folgenden Aussagen beschreibt den Stromfluss in der wässrigen Lösung?

[A] Elektronen bewegen sich durch die Lösung von einer Elektrode zur anderen Elektrode.

[B] Ionen nehmen an einer Elektrode Elektronen auf und transportieren sie durch die Lösung zur anderen Elektrode.

[C] Positive und negative Ionen bewegen sich in entgegengesetzter Richtung durch die Lösung.

[D] Elektronen werden durch die Lösung von einem Ion zum nächsten weitertransportiert.

Bitte begründen Sie Ihre Antwort!

3.1 S Wie „kommt“ der Strom durch die Lösung? *M2*

Arbeitsaufträge

Einzelarbeit
Bearbeiten Sie Aufgabe 1 und begründen Sie Ihre Entscheidung kurz in schriftlicher Form. Kennzeichnen Sie das Aufgabenblatt durch eine Codierung.

Gruppenbildung (durch Lehrkraft)
Sammeln Sie alle Antwortzettel ein und ordnen Sie sie anhand der angekreuzten Auswahlantworten (A, B, C, D) auf vier Stapeln. Sortieren Sie die Zettel anschließend zu kleinen Gruppen, so dass Befürworter verschiedener Auswahlantworten in einer Gruppe zusammenkommen. Die Mitglieder einer Gruppe werden anhand der Codierung aufgerufen und setzen sich zusammen.

Gruppenarbeit
Ziel Ihrer Gruppenarbeit ist es herauszufinden, bei welcher Auswahlantwort es sich um die wissenschaftlich richtige Aussage handelt.

a) Polarisierung
- Stellen Sie zu Beginn den anderen Gruppenmitgliedern vor, für welche Auswahlantwort Sie sich entschieden haben, und begründen Sie Ihre Entscheidung.
- Tragen Sie Argumente, die für oder gegen eine Auswahlantwort sprechen, in den **Argumentationsbogen** ein.

b) Diskurs
- Gehen Sie im Gespräch auf jede Überlegung eines Gruppenmitglieds ein, indem Sie sie weiterdenken oder widerlegen.

c) Lernimpulsphase
- Können Sie die Frage nicht endgültig klären, so ziehen Sie anschließend die bereitliegenden **Lernimpulse** hinzu. Die Reihenfolge der Impulse ist vorgegeben. Aus jedem Impuls lassen sich Widersprüche oder stützende Aussagen zu einzelnen Auswahlantworten ableiten.
- Tragen Sie Ihre Überlegungen wiederum in den Argumentationsbogen ein.
- **Einigen** Sie sich abschließend auf eine Auswahlantwort.

Unterrichtsgespräch
Stellen Sie die Überlegungen Ihrer Gruppe und Ihr Ergebnis dem Plenum vor. Offene Fragen können gemeinsam geklärt werden.

Partnerarbeit
Bearbeiten Sie Aufgabe 2 erst in Einzelarbeit und besprechen Sie die Aufgabe dann mit Ihrem Partner.

3.1 S Wie „kommt“ der Strom durch die Lösung? *M3*

Argumentationsbogen

Argument	spricht für die Auswahlantwort(en)	spricht gegen die Auswahlantwort(en)	Bewertung des Arguments stark + mittel o schwach –

3.1 S Wie „kommt“ der Strom durch die Lösung? *M4*

Lernimpuls 1

Leiten alle Lösungen den elektrischen Strom? Wenn Sie die Frage nicht beantworten können, testen Sie die Leitfähigkeit von *Essig* (als Beispiel für eine saure Lösung), *Zuckerwasser* und gelöstem *Kochsalz* (als Beispiel für eine Salzlösung) mithilfe der beiliegenden Materialien!

Worin unterscheiden sich die genannten Lösungen auf der Teilchenebene?

Welche Schlussfolgerung ziehen Sie im Hinblick auf Auswahlantwort A?

Lernimpuls 3

Aus dem Physikunterricht kennen Sie die Gesetzmäßigkeit, dass sich ungleichnamige Ladungen anziehen („Plus und Minus ziehen sich an“), gleichnamige dagegen abstoßen.

Beziehen Sie diese Information in Ihre Überlegungen zu Lernimpuls 2 ein!

Lernimpuls 4

Wenn $H^+_{(aq)}$-Ionen Elektronen aufnehmen, so bildet sich elementarer Wasserstoff:
$2\ H^+_{(aq)} + 2\ e^- \rightarrow H_2$

Welche Eigenschaften von Wasserstoff sind Ihnen bekannt?
Beziehen Sie diese Information in Ihre Überlegungen zu Lernimpuls 2 ein!

Lernimpuls 5

Lässt man Gleichstrom durch eine verdünnte Salzsäure fließen (wie in Lernimpuls 2), dann beobachtet man an beiden Elektroden die Bildung von Gasbläschen.

Die Elektronen, die vom Minuspol der Spannungsquelle durch den äußeren Leiter bis zur Elektrode fließen, verbinden sich mit den $H^+_{(aq)}$-Ionen der verdünnten Salzsäure zu Wasserstoffgas:
$2\ H^+_{(aq)} + 2\ e^- \rightarrow H_{2(g)}$

An der Elektrode, die mit dem Pluspol der Spannungsquelle verbunden ist, geben Chlorid-Ionen Elektronen an den äußeren Leiter ab. Es bildet sich Chlorgas:
$2\ Cl^-_{(aq)} \rightarrow Cl_{2(g)} + 2\ e^-$

Spielen Sie diese Vorgänge anhand Ihres Modells (Lernimpuls 2) durch. Welche Schlussfolgerung können Sie im Hinblick auf die Auswahlantworten ziehen?

3.1 S Wie „kommt“ der Strom durch die Lösung? *M4*

(Fortsetzung)

Lernimpuls 2

Die Symbolkärtchen beschreiben die Bestandteile einer verdünnten Salzsäure; die Ionen sind vereinfacht dargestellt, ohne Angabe der Hydrathülle.

Schneiden Sie die Kärtchen aus und testen Sie die verschiedenen Beschreibungen des Stromflusses anhand des Modells! Die leeren Kärtchen können Sie selbst beschriften.

Überlegen Sie auch, welche Teilchen geeignet wären, Elektronen durch die Lösung zu transportieren!

Lernimpuls 6

Versuchen Sie, eine allgemein gültige Definition des elektrischen Stromflusses zu formulieren.

Ist ein „normaler“ Fluss (z. B. der Rhein) ein anschauliches Bild, um sich elektrischen Strom vorzustellen?

3.1 S Wie „kommt“ der Strom durch die Lösung? *M5*

Anwendungs-/Erweiterungsaufgabe (Aufgabe 2)

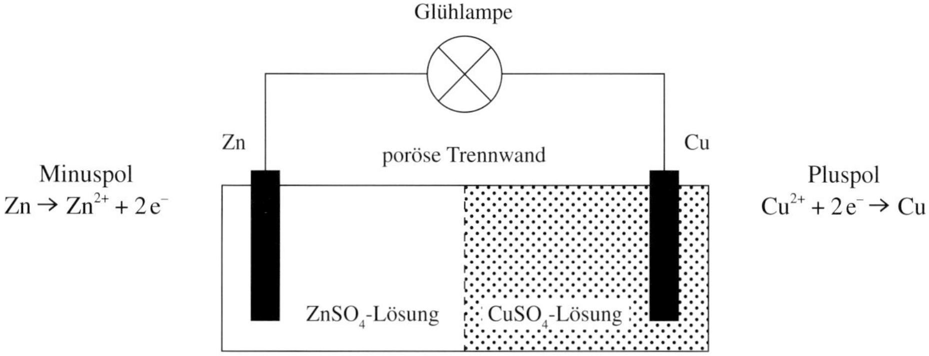

Die Abbildung zeigt eine elektrochemische Zelle mit den ablaufenden Elektrodenreaktionen. Welche der folgenden Aussagen trifft zu?

[A] Elektronen bewegen sich durch die Lösung von der Zinkelektrode zur Kupferelektrode.

[B] Kupfer-Ionen nehmen Elektronen an der Kupferelektrode auf und transportieren sie durch die Lösung zur Zinkelektrode.

[C] Zn^{2+}-Ionen bewegen sich in Richtung der Kupferelektrode, SO_4^{2-}-Ionen in Richtung der Zinkelektrode durch die Lösung.

[D] Zn^{2+}-Ionen bewegen sich in Richtung der Zinkelektrode, SO_4^{2-}-Ionen in Richtung der Kupferelektrode durch die Lösung.

Begründung meiner Auswahlantwort:

Auswertung mit meinem Partner:

3.1 L Wie „kommt" der Strom durch die Lösung? *Erwartungshorizont*

Im Rahmen der Kleingruppenarbeit können die Schüler schrittweise Lernimpulse hinzuziehen, aus denen sich Widersprüche oder stützende Aussagen zu den verschiedenen Auswahlantworten von Aufgabe 1 ableiten lassen.

Lernimpuls 1 bietet einen Rückblick auf Experimente der Mittelstufe. Er ruft in Erinnerung, dass nicht alle Lösungen den elektrischen Strom leiten. Die Voraussetzung für die Leitfähigkeit ist das Vorhandensein einer ionischen Lösung. Ein Leitungsmechanismus ohne Beteiligung von Ionen (wie in Auswahlantwort A) kann somit ausgeschlossen werden.

Lernimpuls 2 beinhaltet ein Modell, das dazu dienen soll, die unterschiedlichen Vorstellungen zum Stromfluss in wässrigen Lösungen an einem konkreten Beispiel zu überprüfen. Das Modell wird dazu kopiert. Die Kärtchen werden von den Schülern ausgeschnitten, so dass sie auf dem Zellenmodell bewegt werden können.
Im Rahmen der Überlegungen, welche Ionen denn konkret in der Lage wären, Elektronen durch die Lösung zu „transportieren" (unter der Annahme, dass die Antworten B oder D richtig wären), werden die Chlorid- und Hydroxid-Ionen von den Schülern zumeist sehr schnell als potenzielle „Elektronentransporter" ausgeschlossen. Es erscheint ihnen nicht plausibel, dass negativ geladene Ionen die negativen Elektronen an sich ziehen und transportieren sollten. Dieser Gedankengang wird durch **Lernimpuls 3** gestützt, der auf die Abstoßung gleichnamiger Ladungen hinweist.
Dass auch die Hydronium-Ionen (hier vereinfacht als Wasserstoff-Ionen dargestellt) als Elektronenträger ungeeignet wären, wird in **Lernimpuls 4** deutlich. Eine Elektronenaufnahme führt zur Bildung von elementarem Wasserstoff; da dieser gasförmig ausperlt, steht er nicht mehr als „Träger-Ion" in der Lösung zur Verfügung.
Damit lassen sich keine Ionen in der verdünnten Salzsäure identifizieren, die einen Elektronentransport ermöglichen könnten; die Auswahlantworten B und D erscheinen somit zunehmend unwahrscheinlich.

Lernimpuls 5 verdeutlicht, dass die Elektronen, die vom Minuspol zur Elektrode wandern, dort in einer Reduktionsreaktion „verbraucht" werden. Somit stehen keine Elektronen zur Verfügung, die – durch welchen Mechanismus auch immer – durch die Lösung „wandern" könnten. Der Lernimpuls widerspricht somit ebenfalls der Vorstellung vom Elektronenfluss in wässrigen Lösungen.

Lernimpuls 6 greift ein Ergebnis der empirischen Studien auf, wonach viele Schüler den elektrischen Strom mit ihrer lebensweltlichen Vorstellung eines Flusses verknüpfen. In ihrer Vorstellung müssen sich bei Strom*fluss* Elektronen (≙ Wasser) in einer einzigen Fließrichtung vom Minuspol zum Pluspol (von der Quelle bis zur Mündung) bewegen. Die entgegengerichtete Bewegung der positiven und negativen Ionen in der Lösung wird folgerichtig nicht als Stromfluss begriffen. Durch den Lernimpuls soll eine vergleichende Abgrenzung der Begriffe „Fluss" und „Stromfluss" angeregt werden. Der Impuls zielt somit auf einen bewussten Umgang mit Alltags- und Wissenschaftssprache.

Die folgende Tabelle zeigt beispielhaft den ausgefüllten Argumentationsbogen einer Kleingruppe der Jahrgangsstufe 11. Zu Beginn der Kleingruppenarbeit (Polarisierungsphase) tragen die

3.1 L Wie „kommt“ der Strom durch die Lösung? *Erwartungshorizont*

Schüler zahlreiche Begründungen zusammen, die gegen die richtige Auswahlantwort C sprechen. In der Lernimpulsphase treten dagegen verstärkt Argumente auf, die Antwort C stützen.

Argument	spricht für die Auswahlantwort(en):	spricht gegen die Auswahlantwort(en):	Bewertung des Arguments stark + mittel o schwach –
Die folgenden Argumente wurden vor dem Hinzuziehen der Lernimpulse eingetragen			
Stromfluss = Elektronenfluss (ist so definiert)	A, B, D	C	+
Elektronen müssen aus dem Kabel durch die Lösung fließen, denn der Stromkreis muss geschlossen sein.	A, B, D	C	+
Strom kann in der Lösung nicht gleichzeitig in die eine und die andere Richtung fließen.	A, B, D	C	+
Elektronen können sich nicht allein durch die Lösung bewegen, sie müssen immer an ein Teilchen gebunden sein.	B, D	A	o
Positive Ionen wandern zur negativen, negative zur positiven Elektrode (plus und minus ziehen sich an)	C	?	+
Die folgenden Argumente wurden während der Lernimpulsphase eingetragen			
Zuckerlösung leitet den Strom nicht (enthält keine Ionen) → ohne Ionen kein Strom!	B, C, D	A	+
OH^-- und Cl^--Ionen ziehen keine Elektronen an (sind schon negativ) → können nicht e^- transportieren	C	B, D	o
H^+-Ionen auch nicht → würden neutral, können nicht mehr von der Elektrode angezogen werden	C	B, D	+
$H^+ + e^- \rightarrow$ Wasserstoffgas, würde aufblubbern, kann keine e^- transportieren	C	B, D	+

Im Rahmen der abschließenden Partnerarbeit wird das Konzept der entgegengerichteten Ionenbewegung in wässrigen Lösungen in einem anderen Zusammenhang, nämlich dem der galvanischen Zelle, angewendet und zugleich erweitert **(Aufgabe 2)**. Aufgrund der vorangegangenen Gruppenarbeit müssten die Schüler in der Lage sein, die Antworten A und B auszuschließen. Die Wahl zwischen Antwort C und D fällt in der Regel nicht so leicht, denn hier müssen die Schüler entscheiden, welche Ionen sich in welche Richtung bewegen. Erfahrungsgemäß haben viele Schüler Schwierigkeiten zu verstehen, dass sich positive Ionen in Richtung einer als Pluspol bezeichneten Elektrode bewegen und umgekehrt – schließlich kennen sie den Merksatz „Plus und Minus ziehen sich an“. Aufgabe 2 greift damit bewusst ein weiteres typisches Verständnisproblem im Bereich der Elektrochemie auf, das in der Annahme begründet liegt, der Plus- bzw. Minuspol eines galvanischen Elementes sei tatsächlich positiv bzw. negativ geladen.

3.2 L Cartoon Donator-Akzeptor-Konzept

Thematik
Unterrichtsmethode

Grundlagen: Elektronenübertragung, Protonenübertragung, Donator-Akzeptor-Konzept, Oxidationszahl, elektrochemische Halbzellen, galvanische Elemente

Methodischer Vorschlag: (Tisch-)Gruppenarbeit mit Thesen-Cartoon und Plenumsdiskussion

Durchführung: Thesen-Cartoon (z. B. als Folie einsetzen)
Zur Klärung wichtiger Konzept-Vorstellungen werden hier zur Grundlagen-Diagnose zwei Folien mit verschiedenen Thesen zum Donator – Akzeptor-Konzept vorgestellt. Pro Folie trifft aber nur eine der angebotenen Schüler-Aussagen völlig zu, die anderen greifen „verdeckte“, in verschiedenen Lerngruppen immer wieder beobachtete Vorstellungen auf, die aber wissenschaftlich nicht tragfähig sind.
Zur Aufdeckung dieser Fehlvorstellungen werden in Tischgruppen die Thesen diskutiert, bis sich die Gruppe für die nach ihrer Ansicht richtige Aussage entscheidet. Im anschließenden Plenum stellt jeweils ein Gruppenmitglied die Entscheidung vor und begründet sie. Werden unterschiedliche Ansichten vorgestellt, moderiert die Lehrkraft die Diskussion über Argumente und Gegenargumente und führt den Kurs zu den richtigen Aussagen.
Als schriftliche Hausaufgabe notieren die Schülerinnen und Schüler die Thesen mit zugehörigen Argumenten.
Falls mehrere Schülerinnen und Schüler schon sicher mit der korrekten Vorstellung umgehen, soll der Kurs geteilt werden; die einen erhalten Übungsaufgaben zur selbstständigen Bearbeitung, für die anderen hält die Lehrkraft weitere Argumente bereit (siehe L), die zur Festigung der wissenschaftlich tragfähigen Vorstellung verhelfen.

Literaturangaben
Concept Cartoons: Diagnose, Korrektur und Prävention von Fehlvorstellungen im Chemieunterricht, *H.-D. Barke et al.*, PdN-ChiS 58 (2009) H.8, S. 44–49

Zur Erweiterung
Materialien-Handbuch Chemie (Aulis) Bd. 4: 1.8 (Redoxreaktionen), 3.6 (Galvanische Zellen/Elektrolyse), 3.7 (Redoxpotenzial-Reihe)

Konzepte
Stoff – Teilchen, Donator – Akzeptor

Kompetenzbereiche
Erkenntnisgewinnung: Sch'/Sch
- interpretieren chemische Reaktionen auf der Teilchenebene.

Kommunikation: Sch'/Sch
- beschreiben, veranschaulichen oder erklären chemische Sachverhalte unter Verwendung der Fachsprache und/oder mithilfe von Modellen und Darstellungen,
- argumentieren sachlogisch und begründen schlüssig chemische Sachverhalte und Fragestellungen.

Reflexion/Bewertung: Sch'/Sch
- betrachten Aussagen aus unterschiedlichen Perspektiven und bewerten sie sachgerecht auf der Grundlage chemischer Kenntnisse.

Anforderungsbereiche: I, II

3.2 S Donator-Akzeptor-Konzept *Cartoon*

Thesen zu Redoxreaktionen

Zink + verd. Schwefelsäure → Zinksulfat + Wasserstoff

3.2 S Donator-Akzeptor-Konzept *Cartoon*

Thesen zu elektrischen Halbzellen

Bei einem galvanischen Element mit einer Kohle-Elektrode in Kupfersulfat-Lösung, einem Diaphragma und einem Zinkblech in Wasser misst man …

3.2 L Cartoon Donator-Akzeptor-Konzept

Erwartungshorizont und Argumente: Redoxreaktion

Korrekte Aussage

„Zink + verd. Schwefelsäure → Zinksulfat + Wasserstoff ist eine Redoxreaktion, da Zink-Atome (Zn) oxidiert und Wasserstoff-Atome (H) reduziert werden.“

Hinweise zur Diskussion:

Die Aussage wird häufig nicht als „korrekt“ erkannt, wenn Schüler mit der Nennung der Atome nicht vertraut sind. Da Oxidationszahlen aber einzelnen Atomen (oder Ionen) zugeordnet werden, die sich bei Redoxreaktionen nach Definition ändern, erwarten Schüler als korrekte Formulierung nicht Stoffe oder Moleküle, die oxidiert bzw. reduziert werden, sondern tatsächlich Atome bzw. Ionen. Die Darstellung der Reaktion mithilfe von chemischen Formeln kann im Unterricht unterschiedlich erfolgt sein. Entsprechend unterschiedlich ist zu argumentieren:

Variante a: Verwendung von Verhältnisformeln

$$Zn + H_2SO_4(aq) \rightarrow ZnSO_4(aq) + H_2$$

In dieser Darstellung erkennen Schüler nicht immer auf Anhieb, dass sich der Ladungszustand der Zink-Atome geändert hat, da vor und nach der Reaktion dasselbe Symbol Zn verwendet wird.

Um die Reduktion zu erkennen, muss die Oxidationszahl eingeführt sein. Damit ist zu sehen, dass die H-Atome des Schwefelsäure-Moleküls im Wasserstoff-Molekül von +I auf 0 reduziert werden. Allerdings entspricht die Formel für verdünnte Schwefelsäure nicht dem Wissensstand nach der Behandlung der Säure-Base-Theorie nach *Brönsted*.

Variante b: Verwendung von Ionenformeln und Darstellung nach *Brönsted*s Säure-Base-Theorie

$$Zn + 2\ H_3O^+ + SO_4^{2-} \rightarrow Zn^{2+}SO_4^{2-} + H_2 + 2\ H_2O$$

Auch hier ist für das Verständnis der Reduktion die Oxidationszahl der H-Atome zu betrachten: Je eines der drei H-Atome der Oxonium-Ionen wechselt von der Oxidationszahl +I auf 0.

Die Oxidation der Zink-Atome zu Zink-Ionen ist durch die Verwendung der Ionenformeln leicht zu erkennen.

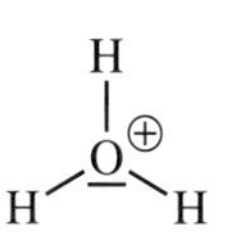

Ladung und Oxidationszahlen beim Oxonium-Ion können leicht verwirren! Schreibt man die Strukturformel des Oxonium-Ions, ergibt sich für das Sauerstoff-Atom eine positive Ladung. Durch die formale Zuordnung je eines Elektrons der bindenden Elektronenpaare zu einem der beiden Atome erhält das Sauerstoff-Atom nämlich insgesamt fünf Elektronen, also eines weniger als im Grundzustand.

Notiert man jedoch die Oxidationszahlen, erhält wie üblich jedes Wasserstoff-Atom +I und das Sauerstoff-Atom –II, da nun die drei bindenden Elektronenpaare ganz dem elektronegativeren Sauerstoff-Atom zugeordnet werden.

Aufmerksamen Schülern kann die unterschiedliche Angabe des Ladungszustandes am Sauerstoff-Atom gelegentlich als Widerspruch erscheinen. Dies ist jedoch kein Widerspruch. Vielmehr kann man an diesem Beispiel deutlich machen, dass es sich in beiden Fällen, Ladungsangabe wie Ermittlung der Oxidationszahl, um einen rein formalen Vorgang handelt, der nicht die Realität wiedergeben soll, sondern Grundlage eines in sich schlüssigen und übersichtlichen Ordnungssystems darstellt.

3.2 L Cartoon Donator-Akzeptor-Konzept

Erwartungshorizont und Argumente: Redoxreaktion

(Fortsetzung)
Der Realität näher kommt man durch Darstellungen ladungscodierter Teilchenoberflächen, wie sie beispielsweise auf einer Internetseite der Universität Erlangen zu sehen sind. (http://www.multimedia-chemieunterricht.uni-erlangen.de/modelling/modellierte-beispiele/filme1.shtml; letzter Aufruf: 01.10.2011)

Variante c: Verwendung der vereinfachten Schreibweise für verdünnte Schwefelsäure ohne *Brönsted*-Theorie

$$Zn + 2H^+ + SO_4^{2-} \rightarrow ZnSO_4 + H_2$$

Bei dieser Darstellung kommt man ohne Oxidationszahl aus. Der Redox-Vorgang ist ein echter Elektronenübergang: Die Wasserstoff-Ionen nehmen je ein Elektron auf, die Zink-Ionen geben je zwei Elektronen ab.
Wird diese Darstellung bevorzugt, muss aber zuvor die richtige Aussage auf dem Cartoon geändert werden zu

„Zink + verd. Schwefelsäure → Zinksulfat + Wasserstoff
ist eine Redoxreaktion, da Zink-Atome (Zn) oxidiert und Wasserstoff-**Ionen** **(H^+)** reduziert werden.“

Hilfreiches Argument:
Man lässt die Reaktionsgleichung unter Verwendung von Ionen-Symbolen (und gegebenenfalls mit Oxidationszahlen) notieren. Damit ist klar, dass die Aussage korrekt ist.

Erste falsche Aussage

„Zink + verd. Schwefelsäure → Zinksulfat + Wasserstoff
ist keine Redoxreaktion, da mit Schwefelsäure eine Säure-Base-Reaktion ablaufen muss.“

Hinweise zur Diskussion:
Das Konstrukt des Schülers lautet: Der Reaktionstyp hängt von der Stoffgruppe ab.
Mit Säuren finden Säure-Base-Reaktionen statt und keine Redoxreaktionen.
Zur Gegensteuerung ist schon bei der Einführung der Reaktionstypen auf die Betrachtung sehr vieler Beispiele zu achten. Dann kann hier wieder daran erinnert werden.

Hilfreiches Argument:
Die Definition von Protolyse und Redoxreaktion bezieht sich auf die Übertragung eines Elementarteilchens, ganz unabhängig von der Stoffart. Die Definition ist auf der Teilchenebene, nicht auf der Stoffebene angesiedelt.
Beispiele für Reaktionen, bei denen die Stoffgruppe und der Reaktionstyp nicht dieselbe Bezeichnung haben:
Natriumhydroxid mit Natriumhydrogensulfat (**Säure-Base**-Reaktion, obwohl zwei **Salze** reagieren)
$H_2 + Cl_2 \rightarrow 2\ HCl$ (**Redox**reaktion, obwohl HCl auf der Salz**säure**flasche steht)

3.2 L Cartoon Donator-Akzeptor-Konzept

Erwartungshorizont und Argumente: Redoxreaktion

(Fortsetzung)

Zweite falsche Aussage

„Zink + verd. Schwefelsäure → Zinksulfat + Wasserstoff
ist keine Redoxreaktion, da kein Sauerstoff beteiligt ist.“

Hinweise zur Diskussion:
Die ursprünglich gelernte Definition, dass eine Oxidation dasselbe sei wie eine Reaktion mit Sauerstoff, wurde noch nicht durch die später eingeführten Definitionen verdrängt.

Hilfreiches Argument:
Betrachte die Reaktion $CaO + H_2O \rightarrow Ca(OH)_2$. (Hydroxid-Ionen durch Säure-Base-Indikator nachweisen) Hier ist „Sauerstoff“ beteiligt, aber es lässt sich keine Oxidation formulieren. „Sauerstoff (Oxygenium)“ hat nur auf einer früheren Stufe der Erkenntnis zur heute noch angewendeten Bezeichnung „Oxidation“ geführt.
Definition auf Teilchenebene wiederholen und an vielen Beispielen üben.

Dritte falsche Aussage

„Zink + verd. Schwefelsäure → Zinksulfat + Wasserstoff
ist eine Redoxreaktion, da Zink (Zn) oxidiert und Wasserstoff (H_2) reduziert wird.“

Hinweise zur Diskussion:
Bei dieser Aussage werden Stoffe genannt, die oxidiert bzw. reduziert sein sollen. Dies ist nicht korrekt, da die Änderung von Oxidationszahlen sich eindeutig auf Atome (oder Ionen) bezieht. Diese Ungenauigkeit hat zusätzlich dazu geführt, dass ein Bestandteil der *Reaktionsprodukte* (Wasserstoff) genannt wird, der angeblich reduziert werden soll, also ein *Ausgangsstoff* der Reaktion sein müsste.
Vielleicht wurde mit der Formulierung „Wasserstoff wird reduziert“ richtigerweise der Formelteil H_2 von H_2SO_4 gemeint. Dann wäre die Aussage inhaltlich richtig, nur sprachlich nicht korrekt, da die beiden H-Atome eines Schwefelsäure-Moleküls nicht als „Wasserstoff“ bezeichnet werden können.

Hilfreiches Argument:
Oxidiert und reduziert werden können nur Atome oder Ionen der Ausgangsstoffe, nicht der Produkte einer Reaktion. (Bei Gleichgewichtsreaktionen stehen sie natürlich auf beiden Seiten des Gleichgewichtspfeils.)
Außerdem verlangt die Redox-Definition eine Angabe auf der atomaren Ebene.
Würde man sagen, „Schwefelsäure wird reduziert“, wäre nicht klar, ob dabei die Oxidationszahl des Schwefel-Atoms oder der Wasserstoff-Atome verringert würde.
Unmissverständlich ist die Aussage: Obige Reaktion ist eine Redoxreaktion, da die Zink-Atome oxidiert und die Wasserstoff-Atome der Oxonium-Ionen (bzw. die Wasserstoff-Ionen in der verdünnten Lösung) reduziert werden.

3.2 L Cartoon Donator-Akzeptor-Konzept

Erwartungshorizont und Argumente: Elektr. Halbzellen

Korrekte Aussage
„Bei einem galvanischen Element mit einer Kohle-Elektrode in Kupfersulfat-Lösung und einem Zinkblech in Wasser misst man eine Spannung, da auch hier Kupfer-Ionen reduziert und Zink-Atome oxidiert werden können."

Hinweise zur Diskussion:
Da galvanische Elemente meistens in ihrer üblichen Weise mit Metallblechen in Lösungen eines Salzes des Metalls dargestellt werden, ist es für die Schüler schwierig, diese Aussage als korrekt zu erkennen. Dies gelingt nur, wenn sie die bei leitender Verbindung in den Halbzellen ablaufenden Vorgänge genau verstanden haben und sie beschreiben können. Dann erkennen sie, dass zur Oxidation von Zink-Atomen keine Zinksalz-Lösung und zur Reduktion von Kupfer-Ionen kein Kupferblech notwendig ist.

Hilfreiches Argument:
Experiment vorführen und Vorgänge in den Halbzellen beschreiben lassen.

Erste falsche Aussage:
„Bei einem galvanischen Element mit einer Kohle-Elektrode in Kupfersulfat-Lösung und einem Zinkblech in Wasser misst man keine Spannung, da das Zinkblech in Zinksalz-Lösung tauchen muss."

Hinweise zur Diskussion:
Hier wird von der üblichen Darstellung galvanischer Elemente zur Bestimmung der Standard-Potenzial-Differenz ausgegangen. Wenn die Funktion der Zinksalz-Lösung genannt werden muss, wird klar, dass sie nur die Höhe der gemessenen Spannung beeinflusst, aber nicht das Zustandekommen ermöglicht. Das Wasser genügt zur Aufnahme der sich bildenden Zink-Ionen.

Hilfreiches Argument:
Klärung der Frage: Welche Änderung erfährt die Zinksalz-Lösung beim „üblichen" galvanischen Element? Sie wird konzentrierter, da Sulfat-Ionen durch das Diaphragma aus der anderen Halbzelle kommen und als Gegen-Ionen zu den neu gebildeten Zink-Ionen dienen.
Dieser Vorgang kann genauso ablaufen, wenn zunächst nur Wasser und keine Zinksulfat-Lösung in der Halbzelle vorliegt.

Zweite falsche Aussage
„Bei einem galvanischen Element mit einer Kohle-Elektrode in Kupfersulfat-Lösung und einem Zinkblech in Wasser misst man keine Spannung, da die Kupfer-Elektrode fehlt und Kohle nicht reagiert."

Hinweise zur Diskussion, hilfreiches Argument:
Entsprechende Argumentation wie bei der ersten falschen Aussage. Die Kupfer-Elektrode dient nur der Zufuhr von Elektronen, damit die Kupfer-Ionen entladen werden können. Diese Funktion kann auch der Kohlestab übernehmen, da Kohle elektrisch leitfähig ist.

3.2 L Cartoon Donator-Akzeptor-Konzept

Erwartungshorizont und Argumente: Elektr. Halbzellen

(Fortsetzung)

Dritte falsche Aussage

„Bei einem galvanischen Element mit einer Kohle-Elektrode in Kupfersulfat-Lösung und einem Zinkblech in Wasser misst man eine Spannung, da anstelle des Kupfers Kohle oxidiert und das Zink des Zinkblechs reduziert wird."

Hinweise zur Diskussion:

Hier werden Vorgänge verwechselt. Zinkblech besteht aus Zink-Atomen, die üblicherweise oxidiert werden, aber keine weiteren Elektronen aufnehmen. Somit ist die Aussage über die Reduktion falsch. Auch würde nicht „das Kupfer" oxidiert, sondern allenfalls Kupfer-Atome. Dies geschähe nur, wenn die andere Halbzelle ein positiveres Potenzial hätte. Dies ist beim Redoxpaar Zn/Zn^{2+} nicht der Fall.

Außerdem geht die Aussage von der falschen Vorstellung aus, dass Kohle bei diesen Bedingungen reagieren könnte.

Hilfreiches Argument:

Alle Teilchen einer Halbzelle aufzählen lassen

1. Halbzelle: C, Cu^{2+}, SO_4^{2-}, H_2O
2. Halbzelle: Zn, H_2O

Mögliche Reduktionen und Oxidationen aus der Tabelle der Redoxpaare übernehmen lassen. Für Kohlenstoff-Atome (C) wird nichts gefunden, für Zink-Atome (Zn) ist nur die Oxidation möglich.

3.3 L Reinigen von „angelaufenem" Silberbesteck

Thematik
Unterrichtsmethode

Grundlagen: Lokalelement (Korrosion), galvanische Zelle, Amperemeter; Elektronenübertragungs-Reaktion, Löslichkeitsprodukt, Redoxpotenzial-Reihe

Methodischer Vorschlag: Partnerarbeit mit Präsentationen

Durchführung: Kontext, M 1, M 2, M 3
M 1 kann als Folie aufgelegt werden zur Erläuterung der Arbeitsaufträge: In Partnerarbeit wird das Hausrezept ausprobiert und Vermutungen zur Funktionsweise gesammelt. Nach Arbeitsblatt M 2 wird eine galvanische Zelle aufgebaut, der Stromfluss gemessen und die Beobachtungen auf der Teilchen-Ebene gedeutet.
Damit sind Grundlagen gelegt, dass auch als Hausarbeit mit Arbeitsblatt M 3 eine Stellungnahme zu Schlagzeilen aus der Werbung verfasst werden kann. Im Plenum werden die Ergebnisse zu Hausrezept, galvanischer Zelle und Werbetext vorgestellt.

Literaturangaben

Reinigung von Silberbesteck (Exp), Nr. 6.13 in Materialien-Handbuch Kursunterricht Chemie Bd. 4, Aulis Verlag, Köln 1994
Prof. Blumes Tipp des Monats Juli 2005 (Tipp Nr.97): www.chemieunterricht.de/dc2/tip/07_05.htm (5.8.10)

Zur Erweiterung
Materialien-Handbuch Bd. 4: 6.1 (Lokalelemente), 6.5 (Korrosionsschutz), Bd.10/I: 2.17 (Rost am Euro?)

Teilaufträge	**Experimentieren und Deuten**	**Stellungnahme**
Konzepte	chemische Reaktion, Stoff – Teilchen, Donator – Akzeptor	Stoff – Teilchen, Redoxreaktion, Gleichgewicht
Kompetenzbereiche	Erkenntnisgewinnung: Sch'/Sch – führen selbsttätig chemische Experimente durch und notieren ihre Beobachtungen, – werten im Dialog chemische Experimente aus und – interpretieren sie auf der Teilchen-Ebene. Fachwissen	Reflexion/Bewertung: Sch'/Sch – wenden chemisches Wissen an, um Alltagserfahrungen besser zu verstehen, – betrachten Aussagen (Werbung) aus unterschiedlichen Perspektiven und bewerten sie sachgerecht mit chemischen Kenntnissen. Fachwissen
Anforderungsbereiche	I, II	II

3.3 S Reinigen von „angelaufenem“ Silberbesteck *Kontext*

Edelmetalle wie etwa Gold und Silber erregen seit Jahrtausenden gleichermaßen Fantasie und Begierde der Menschen und signalisieren Schönheit und Wohlstand. Man nutzte sie zur Herstellung von Schmuck und – vor allem Silber – für besondere Gebrauchsgegenstände: Dazu gehörten z. B. Kerzenleuchter und Besteck für die feierliche Gestaltung von Festtagstafeln.

Jedem fürstlichen Menu mussten aber intensive und vielfältige Reinigungsarbeiten vorausgehen, z. B. die Reinigung von Silberbesteck, das mit schwarz angelaufenen, unansehnlichen Flecken von Silbersulfid bedeckt war. Die Reinigung mit Bürste und Wasser war sehr langwierig und anstrengend. Heutige Schülerinnen und Schüler kennen vermutlich nur noch einzelne Erbstücke, die oft fast ganz schwarz angelaufen sind! Dagegen bleibt das tägliche benutzte Besteck stets glänzend.

Eine Reinigung von Silberbesteck war nicht nur anstrengend, sondern ebenfalls deprimierend, weil sie alle Festtage wiederkehrte. Auch wenn das Silber gut – man hoffte luftdicht – verpackt war, so erschien es beim Auspacken doch wieder schwarz angelaufen. Dabei ist Silber ein Edelmetall!

Mit dem Silberbesteck wird oft ein Reinigungstipp von Großmutter vererbt: Reinigen mit Aluminiumfolie! Dieses Rezept soll getestet und erklärt werden.

Geräte: angelaufene Silbergabel, Kochtopf

Chemikalien: Kochsalz, Alufolie

Reinigung: Man füllt 0,5 L Wasser in den Kochtopf, löst darin drei Esslöffel Kochsalz (NaCl) und erhitzt zum Kochen. Dann steckt man ein Alufolien-Knäuel auf die Silbergabel und hält sie in die heiße Lösung.

Beobachtung:

Geruch aus der Lösung:

3.3 S Reinigen von „angelaufenem“ Silberbesteck *M 1*

Arbeitsaufträge (auch als OH-Folie einsetzbar)

1. Schritt (Partnerarbeit)

a) Informieren Sie sich über den Kontext der Untersuchung und probieren Sie das Hausrezept aus.
b) Entwickeln Sie Vermutungen über die Funktionsweise der Reinigung.
c) Bauen Sie mit Aluminium, Silberlöffel und dem Elektrolyten (NaCl) eine galvanische Zelle anhand von Arbeitsblatt M 2 und überlegen Sie dabei, wie ein Amperemeter eingebaut werden kann, um damit einen Stromfluss messen zu können.
d) Deuten Sie die Beobachtungen bei der galvanischen Zelle und in Analogie auch das Hausrezept auf der Teilchen-Ebene (siehe M 2).

2. Schritt (Hausaufgabe)

Diskutieren Sie in einer schriftlichen Stellungnahme die Schlagzeile aus der Werbung „Glanz ohne Chemie!“ Verwenden Sie dazu das Arbeitsblatt M 3.

3. Schritt (Plenum)

Präsentation der Ergebnisse:
Bericht Hausrezept mit Deutung, Bericht galvanische Zelle mit Deutung, Bericht „Glanz ohne Chemie“ mit Stellungnahme.

3.3 S Reinigen von „angelaufenem" Silberbesteck

M2

Arbeitsblatt „Galvanische Zelle"

Name:

Datum:

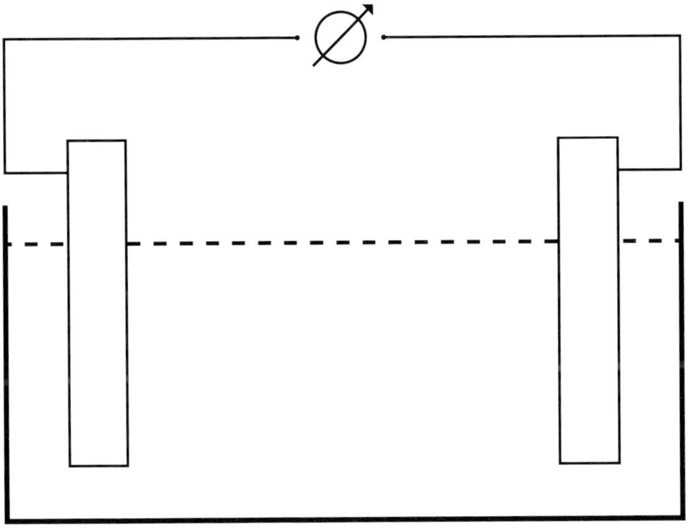

Aufgaben

a) Vervollständigen Sie die Zeichnung mit folgenden Einträgen:

Aluminium-Blech, angelaufene Silbergabel, Elektrolyt ______________________, Amperemeter A

b) Bauen Sie die Apparatur auf und notieren Sie Ihre Beobachtungen:

c) Deuten Sie den Stromfluss auf der Teilchen-Ebene:

d) Erklären Sie das Reinigungsverfahren für Silberbesteck als „galvanische Zelle auf kleinstem Raum" (Lokalelement):

3.3 S Reinigen von „angelaufenem" Silberbesteck *M3*

Arbeitsblatt „Stellungnahme"

„Glanz ohne Chemie!"

Werbetext

Bringt selbsttätig in Sekundenschnelle Gegenstände aus Silber, Kupfer oder Gold zum Glänzen. Wirkt ohne Chemikalien auf rein elektrolytischer Basis, hält ewig!

Informationen

Redox-Potenzialreihe	*E* in Volt
$Al(s) \rightleftharpoons Al^{3+}(aq) + 3\ e^-$,	– 1,66
$Zn(s) \rightleftharpoons Zn^{2+}(aq) + 2\ e^-$,	– 0,76
$Fe(s) \rightleftharpoons Fe^{2+}(aq) + 2\ e^-$,	– 0,41
$Cu(s) \rightleftharpoons Cu^{2+}(aq) + 2\ e^-$,	+ 0,35
$Ag(s) \rightleftharpoons Ag^{+}(aq) + e^-$,	+ 0,80
$Au(s) \rightleftharpoons Au^{3+}(aq) + 3\ e^-$,	+ 1,41

Löslichkeitsprodukte

$K_L(AgCl) = 1{,}6 \cdot 10^{-10}\ mol^2 \cdot L^{-2}$

$K_L(CuS) = 8 \cdot 10^{-45}\ mol^2 \cdot L^{-2}$

$K_L(Ag_2S) = 1{,}6 \cdot 10^{-49}\ mol^3 \cdot L^{-3}$

$K_L(HgS) = 3 \cdot 10^{-54}\ mol^2 \cdot L^{-2}$

Aufgaben

a) Warum soll man gekochte Eier nicht mit einem Silberlöffel essen? Entwickeln Sie am Beispiel Silbersulfid (Ag_2S), wieso ein Edelmetall anlaufen kann.

b) Erläutern Sie, wie die Reinigung in der Schüssel abläuft.

c) Erklären und bewerten Sie den Werbetext.

3.3 L Reinigen von „angelaufenem“ Silberbesteck *Erwartungshorizont*

Kontext

Beobachtung: Die geschwärzten Stellen an der Silbergabel hellen auf, die Gabel wird so weit blank, wie sie in der Lösung steht.
Geruch: Es riecht etwas wie faule Eier (H_2S).

M2

zu a)

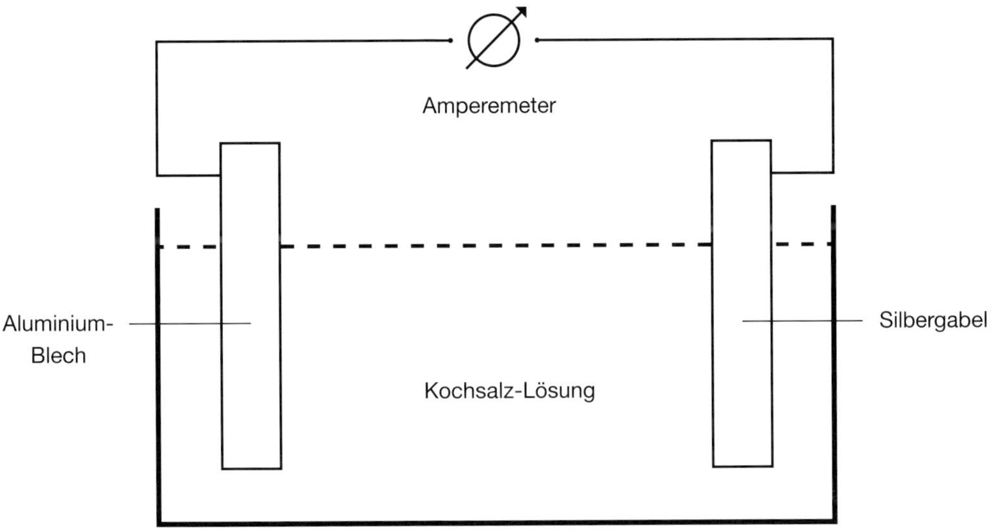

Das Amperemeter wird in den Stromkreis eingebaut.

zu b) Das Amperemeter schlägt nach rechts aus.
Die Silbergabel wird blank an den Stellen in der Lösung.

zu c) Das Amperemeter zeigt Stromfluss (⊖ → ⊕) vom Aluminium-Blech zur Silbergabel, d. h. auf der Teilchenebene:
Anode (Minus-Pol): $Al(s) \rightarrow Al^{3+}(aq) + 3\ e^-$, ($Al^{3+}(aq) + 3\ H_2O \rightleftharpoons Al(OH)_3 + 3\ H^+(aq)$)
Kathode (Plus-Pol): $Ag^+(aq) + e^- \rightarrow Ag(s)$
Silber-Ionen (Ag^+) aus der Verbindung Ag_2S werden reduziert zu elementarem Silber, das glänzt.

zu d) Im Reinigungsverfahren in der Schüssel bilden die Metalle, ein edles und ein unedles, ein Lokalelement, d. h. eine galvanische Zelle auf kleinstem Raum!
Elektroden: Aluminium, Silber/Silbersulfid
Elektrolyt: Kochsalz-Lösung
Es finden Elektronenübertragungs-Reaktionen statt wie unter c, und dabei wird elementares Silber zurückgewonnen.

3.3 L Reinigen von „angelaufenem" Silberbesteck *Erwartungshorizont*

(Fortsetzung)

M3

zu a) Mit Silberbesteck soll man keine gekochten Eier essen, sonst läuft das Silber augenblicklich schwarz an. Öffnet man ein gekochtes Ei, dann nimmt man einen typischen Geruch wahr; er stammt von Schwefelwasserstoff. Im Eigelb gibt es Proteine, die auch Schwefel-Atome enthalten. Beim Kochen werden Proteine gespalten und so entstehen Schwefel-Verbindungen, u. a. Schwefelwasserstoff, der selbst in kleinsten Konzentrationen noch zu riechen ist.

Die Tabelle über Redoxpotenziale zeigt für Silber einen hohen Wert, d. h., es ist als Edelmetall stabil gegen Oxidation (Elektronen-Abgabe):

$$Ag \rightleftharpoons Ag^+ + e^-$$

Das Redoxgleichgewicht liegt also weit links. Aber selbst dann gibt es einzelne Silber-Ionen, insbesondere an der Metalloberfläche (Metallbindung). Das Löslichkeitsprodukt für Silbersulfid (Ag_2S) ist eines der kleinsten, das man in Lehrbüchern findet. Daher bildet sich – auch bei geringsten Konzentrationen an Ag^+ und H_2S in der Luft – die höchst schwerlösliche Verbindung Silbersulfid:

$$2\ Ag^+ + H_2S \rightarrow Ag_2S(s) + 2\ H^+$$

zu b) In der Schüssel entsteht beim Eingießen des kochenden Wassers eine Salzlösung, die den Elektrolyten darstellt. Die sich berührenden Metalle – Silberbesteck einerseits und Aluminium-Zink-Legierung andererseits – bilden ein Lokalelement: Aluminium und Zink haben ein recht hohes negatives Redoxpotenzial, geben also leicht Elektronen ab, die über die Kontaktstellen zum Silberbesteck fließen und hier Silber-Ionen reduzieren – Silber hat ein hohes positives Redoxpotenzial:

$$Al(s) \rightarrow Al^{3+}(aq) + 3\ e^-,\ Zn(s) \rightarrow Zn^{2+}(aq) + 2\ e^-,\ e^- + Ag^+ \rightarrow Ag(s)$$

Achtung: Man darf das Silberbesteck nicht zu lange im Elektrolyten lassen, sonst bildet sich schwer lösliches Silberchlorid (AgCl) – also eine weiße Schicht, die jedoch lichtempfindlich ist und sich schwarz entwickelt.

zu c) Zu erklären sind: selbsttätig – in Sekundenschnelle – neben Silber auch Kupfer und Gold – ohne Chemikalien/ohne Chemie – auf elektrolytischer Basis – hält ewig!

Der Reinigungsprozess ist eine elektrochemische Reaktion: Oxidation des unedlen Metalls, Reduktion des Edelmetall-Kations. Es liegt ein Lokalelement aus zwei Metall-Elektroden vor, deren Redoxpotenziale weit auseinander liegen. Der elektrochemische Prozess verläuft daher selbsttätig und sekundenschnell. Kupfer und Gold sind ebenso Edelmetalle mit stark positivem Redoxpotenzial.

Die Elektronenübertragungs-Reaktion ist ein elektrochemischer Prozess, zu dem ein Elektrolyt – ein Stoff, der in Lösung den elektrischen Strom leitet, hier Natriumchlorid – erforderlich ist, insofern eine elektrolytische Basis. Diese ist aber eher nebensächlich; zentrales Geschehen ist eine Elektronenübertragungs-Reaktion auf der Grundlage weit auseinanderliegender Redoxpotenziale. Dies ist eindeutig ein chemischer Prozess mit Chemikalien: Die unedlen Metalle verändern sich, aus Atomen entstehen Ionen (Korrosion), sie werden auf Dauer zersetzt – insofern halten die Metallplatten nicht ewig, wenngleich sehr lange! Dafür wird Silber zurückgewonnen aus Silbersulfid, ein Vorzug!

3.4 L Gleichstrom elektrochemisch erzeugen und verbrauchen (galvanisieren)

Thematik
Unterrichtsmethode

Grundlagen: Elektrische Leiter, Redox-Gleichgewichte, Elektrodenvorgänge, Potenzialdifferenz, Spannungsreihen, Standardpotenziale, Halbzellen, Elektrolysen; *Faraday*-Gesetze, *Nernst*'sche Gleichung, Rechnen mit Größen

Methodischer Vorschlag: Differenzierte Aufgabenstellungen für Einzel- und Partnerarbeit

Durchführung: Kontext, M 1, M 2
Jeder Lernende erhält zum Kontext mit Aufgaben zwei Skizzenvorlagen M 1 (*Daniell*-Element, Galvanisier-Bottich), in die die historische Textvorlage über Galvanisieren als funktionierende Apparatur umgesetzt werden soll. Sie wird dann in der zweiten Vorlage auf der Modellebene durch Entwicklung eines Kreisprozesses aus Elektronen- und Ionenfluss getestet.
Im Arbeitsblatt M 2 sind vertiefende Aufgaben zum Rechnen mit Größen und Gesetzen der Elektrochemie gegeben – hier empfiehlt sich Partnerarbeit zur Bewältigung der Anforderungen. Zum Abgleich der Ergebnisse kann bei der Lehrkraft Einsicht in den Erwartungshorizont genommen werden.

Literaturangaben
www.anorg.chemie.uni-frankfurt/AK_Fink/priv/frankfurt/boettger/boettger.htm (30.11.10)
„Elektronenpumpe“, Nr. 2.1 und Galvanische Zelle/Elektrolyse, Nr. 3.6 in Materialien-Handbuch Kursunterricht Chemie Bd. 4, Aulis Verlag, Köln 1994

Zur Erweiterung
Materialien-Handbuch Bd. 4: 3.7 (Redoxpotenziale), 3.9 (Redoxvorgänge), Bd. 10/I: 2.1 (Wesen der Redoxreaktionen)

Teilaufträge	**Einzelarbeit**	**Partnerarbeit**
Konzepte	Stoff – Teilchen, Donator – Akzeptor	Größen, Energie
Kompetenzbereiche	Fachwissen: Sch'/Sch – strukturieren erworbenes Wissen über Stoffe und chemische Reaktionen auf der Grundlage facheigener Basiskonzepte. Erkenntnisgewinnung: Sch'/Sch – wenden geeignete Modelle an zur Beschreibung und Erklärung chemisch-energetischer Zusammenhänge.	Erkenntnisgewinnung: Sch'/Sch – wenden Größengleichungen und mathematische Verfahren zur Lösung und Beschreibung exemplarisch chemischer Aufgaben an. Kommunikation: Sch'/Sch – stellen chemische Sachverhalte in unterschiedlichen Formen (Symbole, Formeln, Gleichungen, Skizzen) dar.
Anforderungsbereiche	I, II	II, II

3.4 S Gleichstrom elektrochemisch erzeugen und verbrauchen (galvanisieren)

Kontext

Metalle sind teuer und kostbar – dies waren sie eigentlich schon immer! Daher suchte man nach „Sparmaßnahmen“, wie man z. B. plastische Figuren – statt massiv aus Metall – nur mit metallischer Außenschicht erstellen kann.
Vom „weichen“ Gold weiß man schon sehr lange, wie man es dünn (fast atomar) ausklopft, um dann z. B. Altäre und Heiligenfiguren in Kirchen mit wenig Material doch großflächig zu vergolden. Mit anderen Metallen ist dieser Weg nicht gangbar.

Die Entdeckung und Entwicklung elektrochemischer Abscheidungsprozesse wie „Zementation“ und Elektrolysen regte die Fantasie an, jetzt „ionenweise“ auch Billigmodelle und sogar „leitend gemachte“ Billigstmodelle mit schönen Edelmetallen zu beschichten und sie so zum Strahlen zu bringen. Die Methode der Galvanoplastik hat *H. Jakobi* 1835 erfunden. *R. Chr. Böttger* (1806–1881), ab 1842 Professor in Frankfurt, hat dieses galvanotechnische Verfahren weiterentwickelt und stellte erstmals größere plastische Figuren mit Edelmetallbezug her. Besondere Erfolge erzielte er z. B. mit der Herstellung großer Reiter- und Persönlichkeitsdenkmäler.

Über das Galvanisieren liest man in *Meyer*'s Konversationslexikon von 1865:
„An den Rand eines mit Kupfervitriollösung gefüllten Bottichs setzt man eine Reihe *Daniell*-Elemente als Stromquelle. Der Kupferzylinder der Elemente ist gleichzeitig Anode im Bottich (d. h. wird fortgesetzt als Kupfer-Anode im Bottich), während sich in der Mitte die mit Graphit überzogene Büste als Kathode befindet.“
Zum Galvanisieren sind also ein Bottich mit Kupfervitriol-Lösung und eine passende Gleichstrom-Quelle erforderlich. Dafür setzte man damals das von *J. F. Daniell* (1790–1845) entwickelte und nach ihm benannte *Daniell*-Element ein. Diese spezielle galvanische Zelle besteht aus zwei Halbzellen mit jeweils einem korrespondierenden Redoxpaar, hier einmal Zn/Zn^{2+} und zum anderen Cu/Cu^{2+} in den jeweiligen Sulfat-Lösungen, die durch ein Diaphragma getrennt werden.

Aufgaben

a) Bauen Sie zeichnerisch diese Galvanisier-Anlage mit *Daniell*-Element auf (zunächst nur eins in Standardausführung), beschriften Sie alle relevanten Teile einschließlich „Stromfluss“ und Polung. Notieren Sie die Redoxreaktionen an den Elektroden im elektrolytischen Bottich und in der galvanischen Zelle und benennen Sie Anode, Kathode, Plus- und Minus-Pol. M 1 dient als Vorlage.
b) Überprüfen Sie Ihr Ergebnis von a. Suchen Sie sich dazu einen „gesicherten“ Startpunkt in der Apparatur-Skizze (neue Vorlage) und entwickeln Sie das weitere Reaktionsgeschehen auf der Modellebene als „Elektronenpumpe“ und Ionenleitung.
c) Mit den Gesetzen/Größengleichungen von *Faraday* und *Nernst* ist es möglich, quantitative Prüfungen durchzuführen. Bearbeiten Sie das Arbeitsblatt M 2 in Partnerarbeit.

3.4 S Gleichstrom elektrochemisch erzeugen und verbrauchen (galvanisieren)

M 1

Arbeitsblatt „Galvanisier-Anlage“

Name:

Datum:

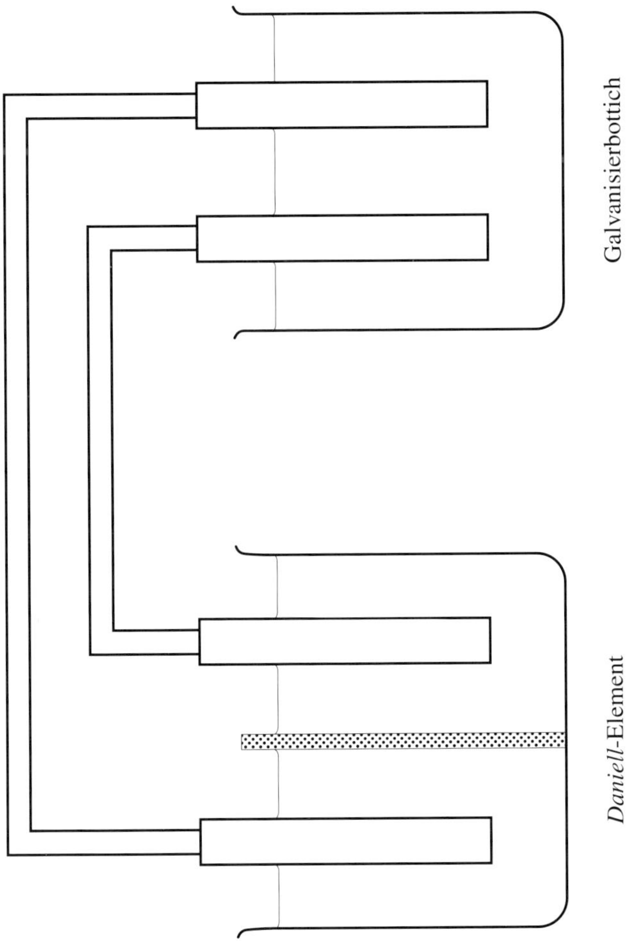

3.4 S Gleichstrom elektrochemisch erzeugen und verbrauchen (galvanisieren) *M2*

Arbeitsblatt „Quantitative Vertiefung“

Name:

Datum:

Aufgaben

a) Berechnen Sie die Spannung im *Daniell*-Element bei unterschiedlichen Konzentrationen der Elektrolyt-Lösungen und bewerten Sie so Möglichkeiten der Beeinflussung: bei Standardpotenzial und bei $c(CuSO_4) = 0{,}5$ mol/L , $c(ZnSO_4) = 0{,}2$ mol/L.

b) Berechnen Sie die Stromstärke, die im Laufe einer Woche (5 Arbeitstage) zur Produktion von 10 kg Kupferplastik notwendig ist.

c) Im Lexikon ist die Rede von einer Reihe von *Daniell*-Elementen, die zusammengeschaltet werden. Erklären Sie mit Unterstützung der Skizzen die beiden Möglichkeiten dazu und beschreiben Sie Auswirkungen auf Spannung und Stromstärke. Mit welcher Schaltung kann man die Effizienz der Anlage steigern?

d) Begründen Sie mithilfe von Standardpotenzialen, ob sich mögliche Verunreinigungen von Eisen im Material des Kupferzylinders auf die Reinheit der Kupferplastik auswirken.

Fachinformationen

Faraday-Gesetze: $Q = n \cdot z \cdot F$, $\quad Q = I \cdot t$

$F = 9{,}6485 \cdot 10^4$ A · s/mol bzw. C/mol, z übertragene Elektronen, n Stoffmenge $n = \frac{m}{M}$

Nernst'sche Gleichung:

$$E = E^0 = + \frac{0{,}059\ V}{z} \cdot \lg \frac{c(\text{ox})}{c(\text{red})}, \qquad \Delta E = E_{\text{red}} - E_{\text{ox}}$$

Standardpotenziale von Redoxhalbzellen in Volt, $c = 1$ mol/L (25 °C, 101,3 kPa):

$Zn \rightleftharpoons Zn^{2+} + 2\,e^-$,	−0,76	$Cu \rightleftharpoons Cu^{2+} + 2\,e^-$,	+0,35
$Cr \rightleftharpoons Cr^{3+} + 3\,e^-$,	−0,74	$Ag \rightleftharpoons Ag^+ + e^-$,	+0,80
$Fe \rightleftharpoons Fe^{2+} + 2\,e^-$,	−0,41	$6\,H_2O(l) \rightleftharpoons O_2(g) + 4\,H_3O^+(aq) + 4\,e^-$,	+1,23

Zusammenschalten von *Daniell*-Elementen:

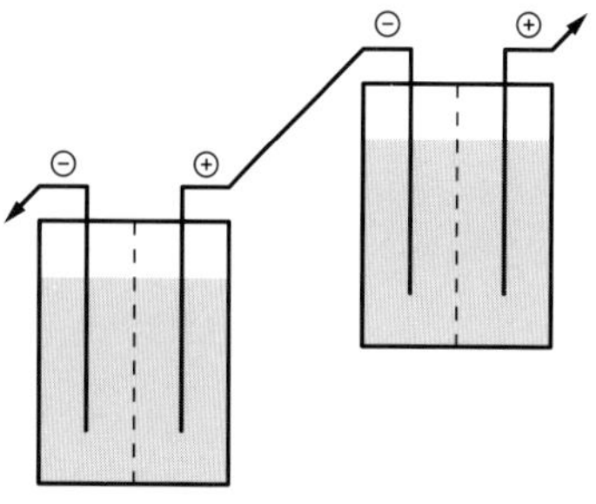

I Reihenschaltung

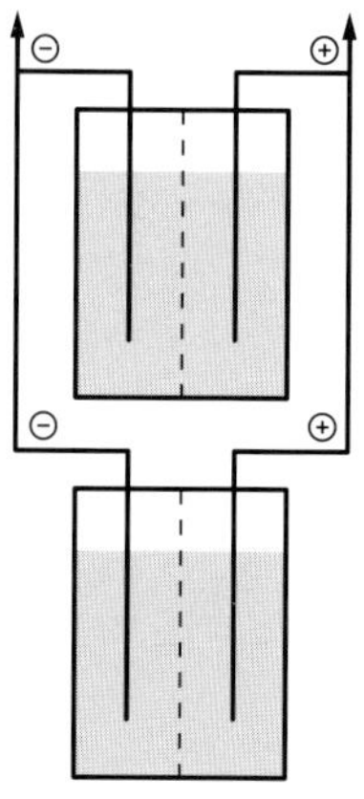

II Parallelschaltung

3.4 L Gleichstrom elektrochemisch erzeugen und verbrauchen (galvanisieren)

Erwartungshorizont

Kontext

zu a)

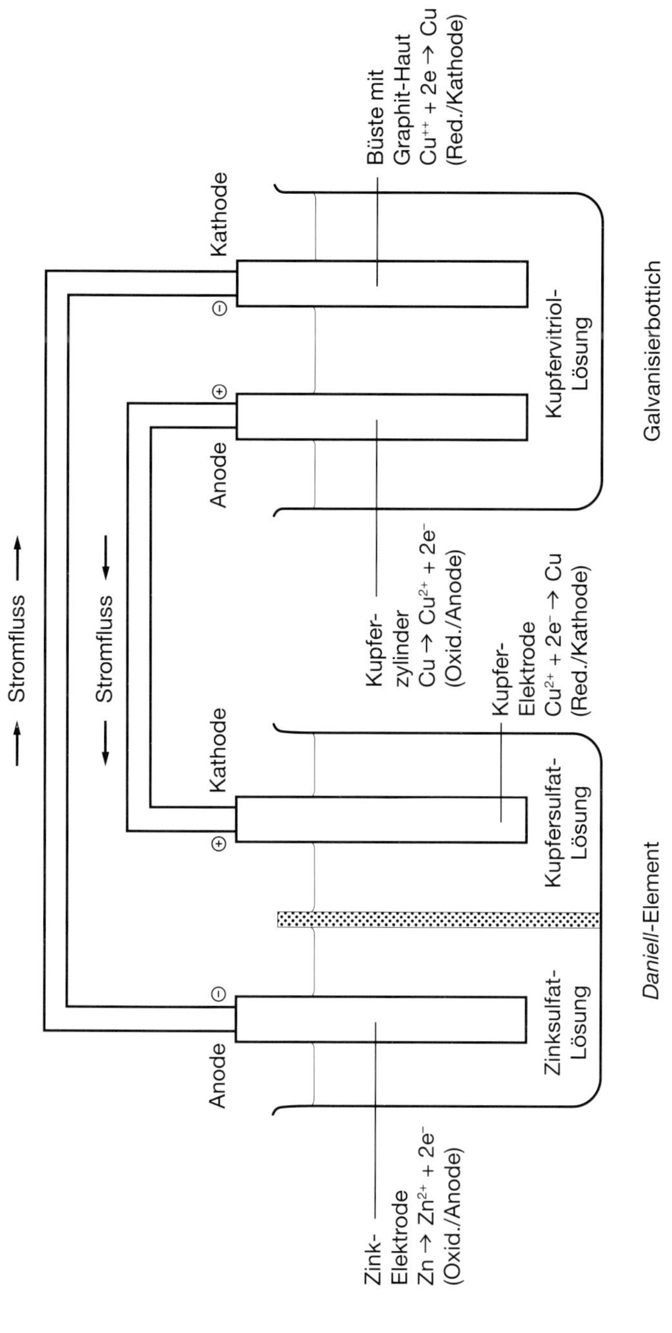

3.4 L Gleichstrom elektrochemisch erzeugen und verbrauchen (galvanisieren)

Erwartungshorizont

Kontext (Fortsetzung)
zu b)

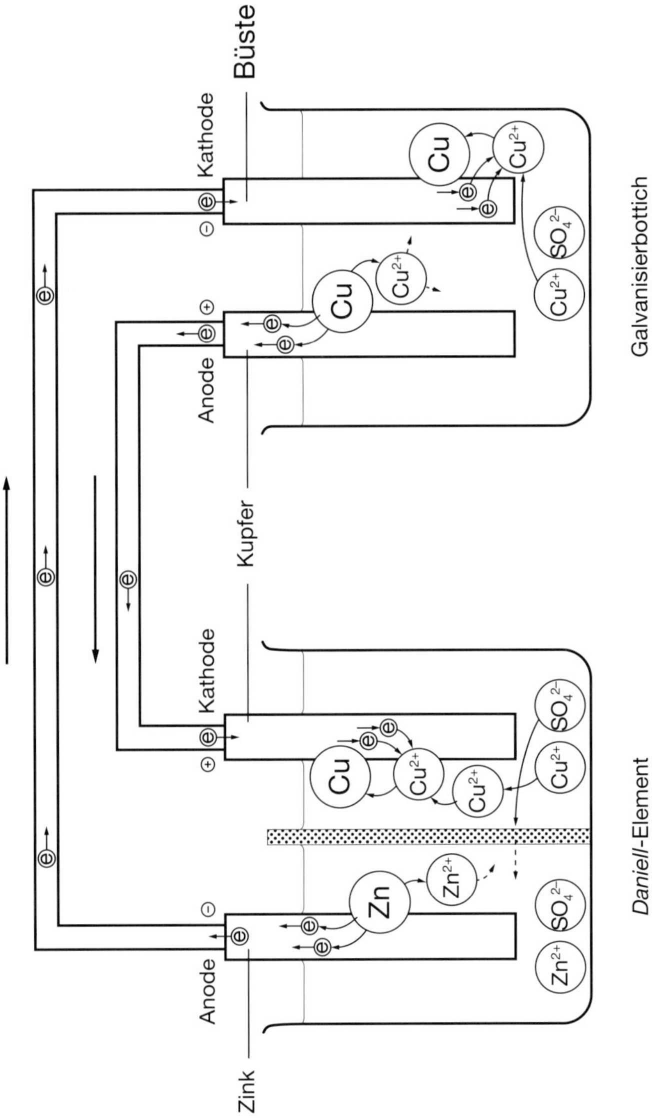

Metall-Ionen scheiden sich ab: Kathode; so entsteht Metallschicht auf Büste.
Metall-Ionen gehen in die Lösung: Anode; so werden Kupfer-Ionen im Bottich nachgebildet.

3.4 L Gleichstrom elektrochemisch erzeugen und verbrauchen (galvanisieren)

Erwartungshorizont

M 2 (Fortsetzung)

zu a) Die Zellspannung U zwischen Zink- und Kupfer-Elektrode berechnet sich nach

$$U = \Delta E = E_{red} - E_{ox} \qquad (1)$$

Die Redox-Halbzelle Zn/Zn^{2+} hat ein geringeres Standardpotenzial als die Halbzelle Cu/Cu^{2+}. Werden nun beide Halbzellen verbunden, dann fließen Elektronen von der Zink-Elektrode (Oxidation) zur Kupfer-Elektrode (Reduktion). Die Zellspannung bei Standardbedingungen (jeweils c = 1mol/L) errechnet sich nach (1):

$$U = \Delta E = +\,0{,}35\ \text{V} - (-\,0{,}76\ \text{V}) = 1{,}11\ \text{V}$$

Bei geänderten Konzentrationen in den Elektrolyt-Lösungen wird das Potenzial in den Halbzellen mit der *Nernst*'schen Gleichung berechnet:

$$E = E^0 + \frac{0{,}059\ \text{V}}{z} \cdot \lg \frac{c(\text{ox})}{c(\text{red})} \qquad (2)$$

Für (1) ergibt sich:

$$U = E_{red} - E_{ox}$$

$$= E^0(\text{Cu/Cu}^{2+}) + \frac{0{,}059\ \text{V}}{2} \cdot \lg \frac{c(\text{Cu}^{2+})}{c(\text{Cu})} - E^0(\text{Zn/Zn}^{2+}) + \frac{0{,}059\ \text{V}}{2} \cdot \lg \frac{c(\text{Zn}^{2+})}{c(\text{Zn})}$$

Wegen c(Cu) = c(Zn) = 1 mol/L erhält man:

$$U = (0{,}035\ \text{V} + \frac{0{,}059\ \text{V}}{2} \cdot \lg 0{,}5) - (-0{,}76\ \text{V} + \frac{0{,}059\ \text{V}}{2} \cdot \lg 0{,}2)$$

$$= 1{,}11\ \text{V} + \frac{0{,}059\ \text{V}}{2} \cdot (\lg 0{,}5 - \lg 0{,}2) = 1{,}11\ \text{V} + 0{,}012\ \text{V}$$

$$U = \underline{\underline{1{,}12\ \text{V}}}$$

Die Spannung ist unwesentlich um 0,012 Volt gestiegen; sie kann noch etwas gesteigert werden, indem man die Kupfer-Ionenkonzentration $c(Cu^{2+})$ erhöht und/oder die Zink-Ionenkonzentration $c(Zn^{2+})$ erniedrigt – wie aus der Rechnung ersichtlich.

Während der Stromlieferung wird aber der Anstieg der Spannung zunehmend geringer, da im Prozess Kupfer-Ionen abgeschieden werden und Zink-Ionen in Lösung gehen, also die Konzentrationsdifferenz und damit der Quotient bzw. Logarithmus

$$\lg \frac{c(\text{Cu}^{2+})}{c(\text{Zn}^{2+})}$$

verringert wird. Bei gleicher Konzentration in den beiden Halbzellen wird sich wieder der Wert 1,11 V einstellen.

Wichtig ist der Einfluss der Kupfer-Ionenkonzentration auf die Zeitdauer der Stromlieferung. Je höher die Konzentration, um so länger hält die Stromlieferung an.

3.4 L Gleichstrom elektrochemisch erzeugen und verbrauchen (galvanisieren)

Erwartungshorizont

M 2 (Fortsetzung)

zu b) Stromstärke wird über die *Faraday*-Gesetze berechnet:

$$I = \frac{Q}{t} = \frac{n \cdot z \cdot F}{t} = \frac{m \cdot z \cdot F}{t \cdot M} \qquad (3)$$

Nach Vorgabe

t = 5 Tage = 432 000 s, z = 2, m = 10 kg = 10 000 g, M(Cu) = 63,54 g/mol gilt

$$I = \frac{10.000\ \text{g} \cdot 2 \cdot 9{,}6 \cdot 10^4 \text{A} \cdot \text{s/mol}}{63{,}54\ \text{g/mol} \cdot 4{,}32 \cdot 10^5 \text{s}} = \frac{2 \cdot 9{,}6485 \cdot 10^8}{6{,}354 \cdot 4{,}32 \cdot 10^6}\ \text{A} = 70{,}3\ \text{A}$$

zu c) Bei der Reihenschaltung verbindet man den Plus-Pol eines *Daniell*-Elementes jeweils mit dem Minus-Pol eines anderen. So wird eine Spannung erzielt, die der Summe der Spannungen in den einzelnen *Daniell*-Elementen entspricht, also $U = U_1 + U_2 + \ldots$; die Stromstärke ändert sich nicht.
Um Nebenreaktionen, z. B. eine Zersetzung von Wasser, zu vermeiden, muss mit niedrigen Spannungen gearbeitet werden. Eine Reihenschaltung bietet also keine Effizienzsteigerung.

Bei einer Parallelschaltung verbindet man alle Plus-Pole der *Daniell*-Elemente untereinander und ebenso alle Minus-Pole. So wird eine Stromstärke erzielt, die der Summe aus den einzelnen *Daniell*-Elementen entspricht, also $I = I_1 + I_2 + \ldots$; die Spannung ändert sich nicht.
Wie die Rechnung unter b) zeigt, ist bei der Galvanisierung ein erheblicher Betrag für die Stromstärke I erforderlich. *R. Chr. Böttcher* wird also die *Daniell*-Elemente parallel geschaltet haben. Auf diese Weise wird die Stromstärke erhöht und damit die Effizienz der elektrochemischen Anlage gesteigert.

zu d) Das Standardpotenzial der Redoxreaktion $Fe \rightleftharpoons Fe^{2+} + 2e^-$ ist niedriger als als das der Reaktion $Cu \rightleftharpoons Cu^{2+} + 2e^-$.
An der Anode wird daher Eisen leichter oxidiert als Kupfer und die entstehenden Eisen-Ionen gehen in Lösung.
An der Kathode werden die Kupfer-Ionen und nicht die Eisen-Ionen abgeschieden, da das Standardpotenzial von Kupfer positiver ist. Es scheiden sich folglich keine Eisen-Ionen ab. Deshalb stören sie in der Lösung nicht und können das Kupfer auf der Plastik auch nicht verunreinigen.
Das Elektrodenpotenzial ist zwar abhängig von den Ionenkonzentrationen, aber die Eisen-Ionenkonzentration aus der Metall-Verunreinigung ist nur sehr gering im Vergleich zur Kupfer-Ionenkonzentration.

3.5 L Redoxpotenziale und Redoxreaktionen

Thematik
Unterrichtsmethode

Grundlagen: Elektrodenreaktionen, Standard-Potenziale, Potenzialdifferenz, Regeln für den spontanen Ablauf einer Redoxreaktion, (I + II);
zur Vertiefung: Redoxgleichgewichte und Redoxpotenziale, pH-Abhängigkeit, Potenzialberechnung, *Nernst*-Gleichung, Anwendung, (III + IV).

Methodischer Vorschlag: Einzelarbeit, Partnerarbeit, Präsentation; Selbsteinschätzung mit Aufgaben und Tipp-Karten

Durchführung: M 1, M 2, M 3, M 4
Nach individueller Einschätzung des eigenen Wissens zur Elektrochemie (M 1, M 2) werden die passenden, nach steigendem Schwierigkeitsgrad geordneten Diagnoseaufgaben (M 3) zunächst in Einzelarbeit bearbeitet; Tipp-Karten (M 4) stehen dabei als Arbeitshilfen zur Verfügung.
In Zweier-Gruppen werden die Ergebnisse verglichen und diskutiert. Der Erwartungshorizont kann in dieser Phase als Lernkontrolle hinzugezogen werden.
Anschließend wird jede der vier Aufgaben von jeweils einer Zweier-Gruppe präsentiert (Losverfahren).
Die im Schwierigkeitsgrad ansteigenden Diagnoseaufgaben (M 3) sind gut als Übungsaufgaben geeignet.

Literaturangaben

Kombination elektrochemischer Halbzellen, Nr. 3.8, Vorhersage von Redoxvorgängen, Nr. 3.12, pH-Abhängigkeit von Redoxpotenzialen, Nr. 5.5, Oxidationsvermögen einer Dichromat-Lösung, Nr. 5.15 in Materialien-Handbuch Kursunterricht Chemie Bd. 4, Aulis-Verlag Köln, 1994

Zur Erweiterung
Materialien-Handbuch Bd. 4: 3.11 (Wasserstoffperoxid als „Redoxmittel"), 5.6 (Spezielle Redoxsysteme und *Nernst*-Gleichung), 5.13 (Voraussage bei diversen Kathodenreaktionen), 5.16 (*E*/pH-Diagramm für Redoxsysteme).

Teilaufträge	Aufgabe I	Aufgabe II	Aufgabe III	Aufgabe IV
Konzepte	Chemische Reaktion, Donator – Akzeptor, Energie, Gleichgewicht		Chemische Reaktion, Donator – Akzeptor, Energie, Gleichgewicht, pH-Abhängigkeit	
Kompetenzbereiche	Fachwissen: Sch'/Sch strukturieren erworbenes Wissen über Redoxreaktionen auf der Grundlage facheigener Basiskonzepte.	Erkenntnisgewinnung: Sch'/Sch interpretieren chemische Reaktionen auf der Teilchenebene und machen Vorhersagen zu chemischen Donator-Akzeptor-Reaktionen. Fachwissen	Erkenntnisgewinnung: Sch'/Sch interpretieren chemische Reaktionen auf Teilchenebene und stellen mithilfe der *Nernst*-Gleichung und dem Gleichgewichtskonzept Vorhersagen zu Potenzialänderungen auf. Fachwissen	Erkenntnisgewinnung: Sch'/Sch interpretieren chemische Reaktionsfolgen auf Teilchenebene mithilfe der *Nernst*-Gleichung und dem Gleichgewichtskonzept. Fachwissen
Anforderungsbereiche	I, II	II	II, III	III

3.5 S Redoxpotenziale und Redoxreaktionen *M1*

Selbsteinschätzung Grundlagen

Metall-Halbzellen, Halogen-Halbzellen, Ionenkonzentrationen *c* = 1 mol/L

Ich kann …	☺	😐	☹
1. eine galvanische Zelle aus zwei Halbzellen aufbauen und die Potenzialdifferenz messen (Aufgabe I.1)			
2. die Bildung elektrischer Doppelschichten und das Zustandekommen einer Potenzialdifferenz zwischen beiden Halbzellen erläutern (Aufgabe I.2)			
3. mit Standardpotenzialen Potenzialdifferenzen berechnen (Aufgabe I.2)			
4. Reaktionsgleichungen für Elektrodenreaktionen angeben (Aufgabe I.3)			
5. aus einem Standardpotenzial und einer Potenzialdifferenz das Standardpotenzial des zweiten Halbelementes berechnen (Aufgabe I.4)			
6. aus den Potenzialen die Richtung des Elektronenflusses zwischen den Halbzellen angeben (Aufgabe I.5)			
7. aus der gemessenen Zell-Spannung eines galvanischen Elementes Reaktionen ableiten, die freiwillig und unter Energieabgabe ablaufen (Aufgabe I.6)			
8. mithilfe der Standardpotenziale abschätzen, ob eine Redoxreaktion freiwillig und unter Energieabgabe abläuft (Aufgabe II.1)			
9. die entsprechenden Reaktionsgleichungen angeben (Aufgabe II.2)			

3.5 S Redoxpotenziale und Redoxreaktionen *M2*

Selbsteinschätzung zur Vertiefung

Metall-Halbzellen, beliebige Nichtmetall-Halbzellen, Ionenkonzentrationen $c \neq 1$ mol/L

Ich kann …	☺	😐	☹
1. Reaktionsgleichungen für die Elektrodenreaktionen sowie für die gesamte, bei leitender Verbindung stattfindende Redoxreaktion angeben (Aufgabe III.1)			
2. aus einem Halbzellen-Potenzial und einer Potenzialdifferenz das Potenzial der zweiten Halbzelle berechnen (Aufgabe III.2)			
3. zu komplexeren Nichtmetall-Halbzellen die *Nernst*-Gleichung angeben und ihre Änderung bei Veränderung des pH-Wertes der Lösung diskutieren (Aufgabe III.3)			
4. aus diesen Überlegungen Rückschlüsse auf die Änderung der zu messenden Spannung bei Änderung des pH-Wertes ziehen (Aufgabe III.3)			
5. diese Änderungen auch mithilfe des Redoxgleichgewichtes deuten (Aufgabe III.3)			
6. für komplexere Halbzellen die *Nernst*-Gleichung aufstellen und erwartete Spannungen berechnen (Aufgabe IV.2)			
7. die Farben wichtiger Stoffe und Ionenlösungen angeben (Aufgabe IV.3)			
8. erklären, dass manche Halbzellen bei verschiedenen pH-Werten unterschiedliches Oxidationsvermögen besitzen (Aufgabe IV.4)			

3.5 S Redoxpotenziale und Redoxreaktionen *M3*

Aufgabenkarten, Diagnose-Aufgaben I – IV

Aufgabe I: Kombination elektrochemischer Halbzellen

Material

In einer Versuchsreihe werden die Halbzellen Ag/Ag^+, I^-/I_2, Cu/Cu^{2+}, Fe/Fe^{2+} jeweils miteinander zu elektrochemischen Zellen verbunden. Die Lösungen, in die die Elektroden eintauchen, enthalten die zugehörigen Metall-Salze in der Konzentration $c = 1$ mol/L.

Die Spannungsmessungen liefern die nachfolgenden Werte:

	Ag/Ag^+	I^-/I_2	Cu/Cu^{2+}	Fe/Fe^{2+}
Ag/Ag^+	0	0,27	0,46	1,25
I^-/I_2		0	0,19	0,98
Cu/Cu^{2+}			0	0,79
Fe/Fe^{2+}				0

Bekannt sind die folgenden Standard-Elektrodenpotenziale:

$E^0(Ag/Ag^+) = 0{,}81$ V, $E^0(Cu/Cu^{2+}) = 0{,}35$ V

Aufträge

I.1 Skizzieren Sie eine Versuchsanordnung (mit Messgerät) für die galvanische Zelle Ag/Ag^+ // Cu/Cu^{2+}, bezeichnen Sie die Elektroden und nennen Sie die Inhalte der Lösungen.

I.2 Erläutern Sie die Bildung elektrischer Doppelschichten und das Zustandekommen einer Potenzialdifferenz zwischen beiden Halbzellen und bestätigen Sie die gemessene Spannung für die Silber-Kupfer-Zelle.

I.3 Notieren Sie für die weiteren galvanischen Elemente die Gleichungen für die Elektrodenreaktionen.

I.4 Berechnen Sie die Standard-Potenziale der übrigen Halbzellen.

I.5 Notieren Sie die Richtung des Elektronenflusses in den einzelnen Zellen.

I.6 Nennen Sie mit den bisherigen Ergebnissen von I. 1. bis I. 5. sechs chemische Reaktionen, die aufgrund der gemessenen Spannungen freiwillig und unter Energieabgabe ablaufen.

Aufgabe II: Vorhersage von Redoxvorgängen: Welche Reaktion läuft unter Energieabgabe freiwillig ab?

Material

Versuch 1: Ein Stück Eisen wird in eine wässrige Kupfersulfat-Lösung getaucht.
Versuch 2: Zu flüssigem Quecksilber gibt man verdünnte Salzsäure.
Versuch 3: In eine wässrige Kaliumiodid-Lösung leitet man Chlorgas ein.

reduzierte Form	oxidierte Form	Standard-Potenziale
Fe(s)	Fe^{2+}(aq)	–0,41 V
Cu(s)	Cu^{2+}(aq)	0,35 V
Hg(l)	Hg^{2+}(aq)	0,85 V
H_2(g)	H^+(aq)	0,00 V
I^-(aq)	I_2(aq)	0,62 V
Cl^-(aq)	Cl_2(g)	1,36 V

Aufträge

II.1 Begründen Sie mithilfe der Standard-Potenziale, welche Reaktion freiwillig und unter Energieabgabe abläuft.

II.2 Formulieren Sie die entsprechenden Redoxgleichungen.

3.5 S Redoxpotenziale und Redoxreaktionen *M3*

(Fortsetzung)

Aufgabe III: pH-Abhängigkeit von Redoxpotenzialen

Material

Gegeben sind folgende galvanische Zellen: V1 (Pt) I_2/I^- // $Cr_2O_7^{2-}/Cr^{3+}$ (Pt)
V2 (Pt) I_2/I^- // MnO_4^-/Mn^{2+} (Pt)
V3 (Pt) I_2/I^- // Fe^{3+}/Fe^{2+} (Pt)

Beobachtungen

Die Elektronen fließen bei leitender Verbindung von der (I_2/I^-)-Halbzelle ($E(I_2/I^-) = 0{,}54$ V) zur jeweils anderen Halbzelle.
Die Spannungsmessungen im schwach sauren Milieu ergeben folgende Werte:
V1: $U = 0{,}40$ V V2: $U = 0{,}62$ V V3: $U = 0{,}15$ V

Aufträge

III.1 Erläutern Sie die stattfindenden Reaktionen und formulieren Sie jeweils die Ionengleichungen für die Oxidation, Reduktion und die Redoxreaktion.
III.2 Berechnen Sie mit den Messergebnissen die Potenziale der Redoxpaare Mn^{2+}/MnO_4^-, $Cr^{3+}/Cr_2O_7^{2-}$, Fe^{2+}/Fe^{3+}.
III.3 Geben Sie die Tendenz an, wie sich die Spannungen der galvanischen Zellen nach Zugabe einer Säure ändern, und erklären Sie diese Änderungen mithilfe der *Nernst*-Gleichungen der einzelnen Redoxpaare!

Aufgabe IV: Oxidationsvermögen einer Dichromat-Lösung in Abhängigkeit vom pH-Wert

Material

Bei der galvanischen Zelle
(Pt) $Cr^{3+}(0{,}1\ mol \cdot L^{-1})/\ Cr_2O_7^{2-}(0{,}1\ mol \cdot L^{-1})$ // $Cu^{2+}(0{,}1\ mol \cdot L^{-1})/Cu$
stellt man in der Chrom(III)-Dichromat-Halbzelle verschiedene pH-Werte ein:
(A) pH = 0 (B) pH = 3
und kann folgende Spannungswerte messen:
$U(A) = 0{,}97$ V $U(B) = 0{,}6$ V.
Anschließend entnimmt man Proben aus der Chrom(III)-Dichromat-Halbzelle und fügt sie zu einer Kaliumbromid-Lösung, die mit Chloroform unterschichtet ist. Man beobachtet, dass sich bei (A) die Chloroform-Schicht gelb-braun färbt; bei (B) ist keine Änderung zu beobachten.

Informationen:
$E^0(Cu/Cu^{2+}) = 0{,}35$ V, $E^0(Br^-/Br_2) = 1{,}06$ V, $E^0(Cr^{3+}/Cr_2O_7^{2-}) = 1{,}3$ V

Aufträge

IV.1 Skizzieren Sie die Halbzellen, nennen Sie die Elektrodenmaterialien und Inhalte der Lösungen.
IV.2 Formulieren Sie die Redoxgleichgewichte in den Halbzellen. Berechnen Sie die Redoxpotenziale und überprüfen Sie die gemessenen Spannungen.
IV.3 Erklären Sie die Beobachtungen in der Chloroform-Schicht bei (A) und (B).
IV.4 Stützen Sie die Erklärungen in IV.3. mit den Ergebnissen aus IV.2.

3.5 S Redoxpotenziale und Redoxreaktionen *M4*

Tipp-Karten I – IV zu Aufgaben I – IV

Tipp-Karte I – zu Aufgabe I

I.4 Tipp — Aus der Potenzialdifferenz zweier Halbzellen und dem Standard-Potenzial einer Halbzelle kann man das Standard-Potenzial der zweiten Halbzelle berechnen. (Konzentrationen $c = 1$ mol/L).

I.6 Tipp — Ist die Potenzialdifferenz zweier Halbzellen positiv, laufen beide Halbzellenreaktionen bei leitender Verbindung bzw. direktem Kontakt freiwillig und unter Energieabgabe ab.

Tipp-Karte II – zu Aufgabe II

II.1 Tipp — Ist die Potenzialdifferenz zweier Halbzellen positiv, laufen beide Halbzellenreaktionen bei leitender Verbindung bzw. direktem Kontakt freiwillig und unter Energieabgabe ab.

Tipp-Karte III – zu Aufgabe III

III.2 Tipp — Aus der Potenzialdifferenz zweier Halbzellen und dem Potenzial einer Halbzelle kann man das Potenzial der zweiten Halbzelle berechnen.

III.3 Tipp 1 — Da bei den Elektrodenreaktionen mit den Redoxpaaren Mn^{2+}/MnO_4^- und $Cr^{3+}/Cr_2O_7^{2-}$ jeweils Wasserstoff-Ionen vorkommen, ist auch das Potenzial beider Halbzellen von der Konzentration der Wasserstoff-Ionen abhängig. Mit der *Nernst*-Gleichung lässt sich diese Abhängigkeit mathematisch konkretisieren und Änderungen diskutieren. Mit dem Redoxgleichgewicht lässt sich die Änderung qualitativ erklären.

III.3 Tipp 2 — *Nernst*-Gleichung $E = E° + (1/z) \cdot 0{,}059\ \text{V} \cdot \lg[\{c(\text{Ox})\} / \{c(\text{Red})\}]$

Tipp-Karte IV – zu Aufgabe IV

IV.2 Tipp — Das Potenzial der Chrom-Dichromat-Halbzelle ist von der Konzentration der Wasserstoff-Ionen abhängig.

IV.3 Tipp 1 — Brom löst sich in Chloroform, Kaliumbromid nicht.

IV.3 Tipp 2 — Brom ist eine bräunliche Flüssigkeit; Kaliumbromid ist ein farbloses Salz.

3.5 L Redoxpotenziale und Redoxreaktionen *Erwartungshorizont*

Aufgabe I

zu I.1

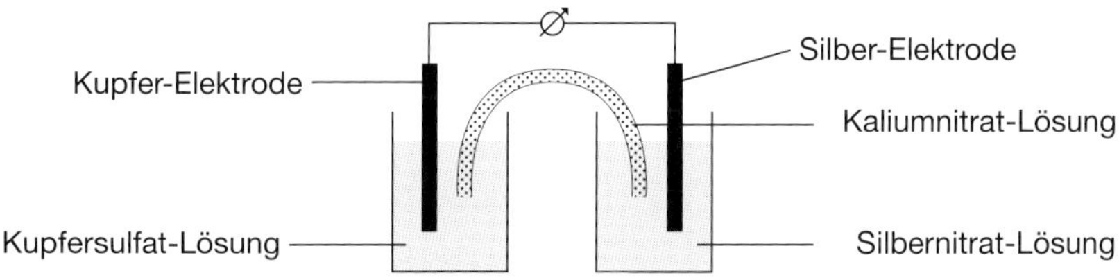

zu I.2 Taucht man ein Kupferblech in eine Kupfersulfat-Lösung und ein Silberblech in eine Silbernitrat-Lösung, gehen aus dem Metallgitter jeweils Metall-Ionen in Lösung und Elektronen bleiben im Metall zurück. Das dadurch negativ aufgeladene Metall zieht die in Lösung gegangenen positiv geladenen Metall-Ionen wiederum an:

$$Cu(s) \rightleftharpoons Cu^{2+}(aq) + 2\,e^- \quad \text{und} \quad Ag(s) \rightleftharpoons Ag^+(aq) + e^-.$$

Dadurch entsteht jeweils eine elektrische Doppelschicht.

Die unterschiedliche Aufladung der Metalle erklärt unterschiedliche Potenziale in den Halbzellen. Die Tendenz von Kupfer, unter Abgabe von Elektronen Ionen zu bilden, ist größer als bei Silber. Kupfer ist somit der stärkere Elektronen-Donator, die Silber-Ionen sind die stärkeren Elektronen-Akzeptoren. An der Silber-Elektrode gehen weit weniger Ionen in Lösung als an der Kupfer-Elektrode, so dass im Inneren der Silber-Elektrode weniger Elektronen zurückbleiben, d. h. ein geringerer „Elektronendruck" herrscht.

Verbindet man die Kupfer-Elektrode durch einen Draht mit der Silber-Elektrode, werden Elektronen vom Ort des höheren Elektronendrucks (Kupfer) zum Ort niedrigeren Elektronendrucks (Silber) verschoben.

$$Cu(s) \rightarrow Cu^{2+}(aq) + 2\,e^- \text{ und } Ag^+(aq) + e^- \rightarrow Ag(s)$$

Die gemessene Spannung ergibt sich als

$$U = E^0(Ag/Ag^+) - E^0(Cu/Cu^{2+}) = E^0(\text{Kathode}) - E^0(\text{Anode}) = 0{,}81\text{ V} - 0{,}35\text{ V} = 0{,}46\text{ V}.$$

zu I.3 Elektrodenreaktionen für die weiteren galvanischen Elemente:

$Ag/Ag^+ // I^-/I_2$	$2\,I^-(aq) \rightarrow I_2(s) + 2\,e^-$	und	$Ag^+(aq) + e^- \rightarrow Ag(s)$,
$Ag/Ag^+ // Fe^{2+}/Fe$	$Fe(s) \rightarrow Fe^{2+}(aq) + 2\,e^-$	und	$Ag^+(aq) + e^- \rightarrow Ag(s)$,
$I^-/I_2 // Cu^{2+}/Cu$	$Cu(s) \rightarrow Cu^{2+}(aq) + 2\,e^-$	und	$I_2(s) + 2\,e^- \rightarrow 2\,I^-(aq)$,
$I^-/I_2 // Fe^{2+}/Fe$	$Fe(s) \rightarrow Fe^{2+}(aq) + 2\,e^-$	und	$I_2(s) + 2\,e^- \rightarrow 2\,I^-(aq)$,
$Cu/Cu^{2+} // Fe^{2+}/Fe$	$Fe(s) \rightarrow Fe^{2+}(aq) + 2\,e^-$	und	$Cu^{2+}(aq) + 2\,e^- \rightarrow Cu(s)$.

zu I.4 Mit $U = E^0(\text{Kathode}) - E^0(\text{Anode})$, also $E^0(\text{Anode}) = E^0(\text{Kathode}) - U = E^0(Ag/Ag^+) - U$ gilt für die Standard-Potenziale der übrigen Halbzellen:

$E^0(I^-/I_2) = 0{,}81\text{ V} - 0{,}27\text{ V} = 0{,}54\text{ V}$

$E^0(Fe/Fe^{2+}) = 0{,}81\text{ V} - 1{,}25\text{ V} = -\,0{,}44\text{ V}.$

zu I.5 In den galvanischen Zellen mit einer Silber-Halbzelle stellt diese die Kathode dar, die stets die Elektronen aufnimmt. In den Iod-Kupfer- und Iod-Eisen-Zellen bildet jeweils die Iod-Halbzelle die Kathode, in der Kupfer-Eisen-Zelle ist die Kupfer-Halbzelle die Kathode.

3.5 L Redoxpotenziale und Redoxreaktionen *Erwartungshorizont*

Aufgabe I (Fortsetzung)

zu I.6 $2\ Ag^+(aq) + 2\ I^-(aq) \rightarrow 2\ Ag(s) + I_2(s)$ (Diese Reaktion ist gehemmt, sie erfolgt jedoch beim Belichten)
$Cu(s) + 2\ Ag^+(aq) \rightarrow Cu^{2+}(aq) + 2\ Ag(s)$
$Fe(s) + 2\ Ag^+(aq) \rightarrow Fe^{2+}(aq) + 2\ Ag(s)$
$Cu(s) + I_2(s) \rightarrow Cu^{2+}(aq) + 2\ I^-(aq)$ (Es bildet sich CuI(s).)
$Fe(s) + I_2(s) \rightarrow Fe^{2+}(aq) + 2\ I^-(aq)$
$Fe(s) + Cu^{2+}(aq) \rightarrow Fe^{2+}(aq) + Cu(s)$

Aufgabe II

zu II.1 Es laufen diejenigen Reaktionen freiwillig und unter Energieabgabe ab, bei denen die Potenzialdifferenz $\Delta E^0 = E^0$ (Reduktion) – E^0 (Oxidation) größer als Null ist.
Versuch 1: Eisen-Atome würden oxidiert, Kupfer-Ionen reduziert,
$\Delta E^0 = 0{,}35\ V - (-0{,}41\ V) = 0{,}76\ V > 0$,
die Reaktion läuft ab.
Versuch 2: Quecksilber-Atome würden oxidiert, Wasserstoff-Ionen reduziert,
$\Delta E^0 = 0{,}00\ V - 0{,}85\ V = -0{,}85\ V < 0$,
die Reaktion läuft nicht ab, da die Potenzialdifferenz für die hypothetische Reaktion negativ ist.
Versuch 3: Iodid-Ionen würden oxidiert, Chlor-Atome reduziert,
$\Delta E^0 = 1{,}36\ V - 0{,}62\ V = 0{,}74\ V > 0$,
die Reaktion läuft ab.

zu II.2 Versuch 1: $Fe(s) + Cu^{2+}(aq) \rightarrow Fe^{2+}(aq) + Cu(s)$
Versuch 3: $Cl_2 + 2\ I^-(aq) \rightarrow 2\ Cl^-(aq) + I_2\ (aq)$

Aufgabe III

zu III.1 Da die Elektronen bei leitender Verbindung jeweils von der Iod-Halbzelle zur anderen Halbzelle fließen, findet an der Iod-Halbzelle die Oxidation statt, d.h., die Iodid-Ionen werden zu Iod-Molekülen oxidiert.
Oxidation $2\ I^- \rightarrow I_2 + 2\ e^-$
In den anderen Halbzellen finden demnach die Reduktionen statt.

V1	Reduktion	$Cr_2O_7^{2-} + 14\ H^+ + 6\ e^- \rightarrow 2\ Cr^{3+} + 7\ H_2O$
	Redoxreaktion	$Cr_2O_7^{2-} + 14\ H^+ + 6\ I^- \rightarrow 2\ Cr^{3+} + 3\ I_2 + 7\ H_2O$
V2	Reduktion	$MnO_4^- + 8\ H^+ + 5\ e^- \rightarrow Mn^{2+} + 4\ H_2O$
	Redoxreaktion	$2\ MnO_4^- + 16\ H^+ + 10\ I^- \rightarrow 2\ Mn^{2+} + 5\ I_2 + 8\ H_2O$
V3	Reduktion	$Fe^{3+} + e^- \rightarrow Fe^{2+}$
	Redoxreaktion	$2\ Fe^{3+} + 2\ I^- \rightarrow 2\ Fe^{2+} + I_2$

zu III.2 Mit $U = E^0$(Kathode) – E^0(Anode) ergibt sich E^0(Kathode) = $U + E^0$(Anode), also
$E(Cr^{3+}/Cr_2O_7^{2-}) = 0{,}40\ V + 0{,}54\ V = 0{,}94\ V$,
$E(Mn^{2+}/MnO_4^-) = 0{,}62\ V + 0{,}54\ V = 1{,}16\ V$,
$E(Fe^{2+}/Fe^{3+}) = 0{,}15\ V + 0{,}54\ V = 0{,}69\ V$.

zu III.3 In V1 und V2 erhöhen sich die Spannungsbeträge, in V3 bleibt die Spannung konstant.
Erklärung:

3.5 L Redoxpotenziale und Redoxreaktionen *Erwartungshorizont*

Aufgabe III (Fortsetzung)

zu III.3 Die Potenziale der Kathoden $E(Cr^{3+}/Cr_2O_7^{2-})$ und $E(Mn^{2+}/ MnO_4^-)$sind von der Oxonium-Ionen-Konzentration abhängig, die sich bei Säurezugabe erhöht. Das bedeutet, dass der Wert der *Nernst*-Gleichung

$$E = E^0 + \frac{0{,}059}{z} \cdot \lg \frac{c(X) \cdot c^a(H^+)}{c(Y)}$$ größer wird, a = 14 bzw. a = 8,

somit das Potenzial der Halbzellen ansteigt und folglich die Potenzialdifferenz und damit die gemessene Spannung $U = E(\text{Kathode}) - E(\text{Anode})$ ebenfalls zunehmen.
Die Lage des Gleichgewichtes verschiebt sich unter Verbrauch von Oxonium-Ionen zugunsten der Produkte (Prinzip von *Le Chatelier*). Damit wird gleichzeitig die elektronenanziehende Wirkung (das Potenzial) der Oxidationsmittel erhöht.

Aufgabe IV

zu IV.1

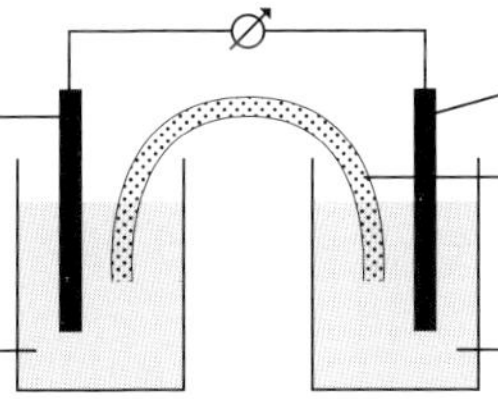

zu IV.2 Chrom-III-Ionen werden oxidiert, Kupfer-II-Ionen werden reduziert:

$2\,Cr^{3+}(aq) + 21\,H_2O \rightarrow Cr_2O_7^{2-}(aq) + 14\,H_3O^+ + 6\,e^-$

$Cu^{2+}(aq) + 2\,e^- \rightarrow Cu(s)$

Kupfer-Halbzelle:

$E(Cu/Cu^{2+}) = 0{,}35\text{ V} + \frac{1}{2} \cdot 0{,}059\text{ V} \cdot \lg 0{,}1 = 0{,}32\text{ V}$

Chrom(III)-Dichromat-Halbzelle:

$$E(Cr^{3+}/Cr_2O_7^{2-}) = 1{,}3\text{ V} + \frac{0{,}059}{6}\text{V} \cdot \lg \frac{\{c(Cr_2O_7^{2-})\} \cdot \{c(H_3O^+)\}^{14}}{\{c(Cr^{3+})\}^2}$$

$$E(Cr^{3+}/Cr_2O_7^{2-}) = 1{,}3\text{ V} + \frac{0{,}059}{6}\text{V} \cdot \lg \frac{10^{-1} \cdot \{c(H_3O^+)\}^{14}}{(10^{-1})^2}$$

Fall (A) pH = 0: $E = 1{,}3\text{ V} + 0{,}01\text{ V} \cdot \lg 10^1 = 1{,}31\text{ V}$

Fall (B) pH = 3: $E = 1{,}3\text{ V} + 0{,}01\text{ V} \cdot \lg (10^1 \cdot (10^{-3})^{14}) = 1{,}3\text{ V} - 0{,}41\text{ V} = 0{,}89\text{ V}$.

Zu messende Spannung:

Fall (A): $U = 1{,}31\text{ V} - 0{,}32\text{ V} = 0{,}99\text{ V}$, im Experiment $U = 0{,}97\text{ V}$,

Fall (B): $U = 0{,}89\text{ V} - 0{,}32\text{ V} = 0{,}57\text{ V}$, im Experiment $U = 0{,}6\text{ V}$.

zu IV.3 Die Färbung der Chloroform-Schicht deutet auf die Bildung von elementarem Brom. Im Fall (A) wurden Bromid-Ionen oxidiert, im Fall (B) nicht.

zu IV.4 Die Berechnung der Redoxpotenziale zeigen, dass das Oxidationsvermögen einer Dichromat-Lösung pH-abhängig ist. Der Wert $E^0(Br^-/Br_2) = 1{,}06\text{ V}$ bestätigt im Vergleich mit $E(Cr^{3+}/ Cr_2O_7^{2-}) = 1{,}31\text{ V}$ bei pH = 0, dass die Oxidation der Bromid-Ionen im Fall (A) gelingt, während sie im Fall (B), pH = 3 mit $E(Cr^{3+}/ Cr_2O_7^{2-}) = 0{,}89\text{ V}$ nicht gelingen kann.

4.1 L Alkohole – eine Stoffklasse mit vielen Gesichtern

Thematik
Unterrichtsmethode

Grundlagen: Funktionelle Gruppen (Alkyl-, Hydroxy-Gruppe), Nomenklaturregeln, Wasserstoffbrückenbindung, *Van-der-Waals*-Kräfte; Löslichkeit, Hydratationsenergie, Redoxreaktion, Reaktionsenergie

Methodischer Vorschlag: Arbeitsteilige Gruppenarbeit; Präsentation der Ergebnisse auf Plakaten; Austausch als Museumsgang

Durchführung: Kontext, M 1, M 2, M 3, M 4
Den Schülerinnen und Schülern werden die Alkohole Methanol, Glycerin, Sorbit und Cetylalkohol präsentiert. Nach einer Beschreibung der vier Stoffe werden sie darüber informiert, dass es sich dabei um Alkohole handelt, und aufgefordert, Hypothesen zu entwickeln (als think, pair, share), warum diese vier Stoffe so unterschiedliche Eigenschaften haben. Zur Überprüfung ihrer Hypothesen werden vier Arbeitsgruppen gebildet. Zur Einführung erhält jeder das Info-Blatt über Kontext und Arbeitsaufträge.
Jede Gruppe beschäftigt sich mit einem Alkohol (M 1 – M 4), untersucht die Eigenschaften des Alkohols und führt Rechercheaufträge bezüglich der Verwendung, Herstellung und Struktur des Alkohol-Moleküls durch. Die Ergebnisse werden in Form eines Plakats dargestellt.
Anschließend werden vier neue Arbeitsgruppen gebildet, die aus 1 – 2 Experten zu jedem Alkohol bestehen. In Form eines „Museumsgangs" stellen sich die Schülerinnen und Schüler ihre Arbeitsergebnisse vor. Abschließend entwickeln sie unter Bezug auf die eingangs formulierten Hypothesen Regeln bezüglich der Struktur-Eigenschafts-Beziehung von Alkoholen.

Literaturangaben
Materialien der Arbeitsgruppe „Chemie im Kontext – Baden-Württemberg", *S. Böhrer, S. Österle*
Chemie im Kontext, Cornelsen-Verlag Berlin 2006
Zuckeralkohole – Sorbitol, Mannitol, Xylitol, Ecogreen Oleochemicals GmbH
http://www.dhw-ecogreenoleo.de/Zuckeralkohole.pdf
Chemikaliendatenbank, *T. Seilnacht*; http://www.seilnacht.com/Chemie/ch_organ.htm
Hobbythek – Cremes und sanfte Seifen, *J. Pütz, Ch. Niklas*, VGS-Verlagsgesellschaft 1998
Frühlingsbote mit eingebautem Frostschutz, NABU
http://www.nabu.de/tiereundpflanzen/insektenundspinnen/schmetterlinge/tagfalter/04431.html
http://www.diebrennstoffzelle.de

Bezugsquellen
Die Materialien zur Herstellung der Creme (M 4) können Sie bei allen Spinnrad-Partnern (siehe http://www.spinnrad.de/de/spinnrad-gruppe/index.php),
beim Omikron-Versand (http://www.omikron-online.de/home.htm) oder bei
Jean-Pütz-Produkte (http://www.jean-puetz-produkte.de/shopdev/) erwerben.

4.1 L Alkohole – eine Stoffklasse mit vielen Gesichtern

Thematik
Unterrichtsmethode

(Fortsetzung)

Teilaufträge	Aufgaben des Arbeitsblattes	Präsentation, Ableitung der Regeln
Konzepte	Struktur – Eigenschaft Chemische Reaktion Energie	Struktur – Eigenschaft
Kompetenz bereiche	Erkenntnisgewinnung: Sch'/Sch – können chemische Experimente selbstständig planen, durchführen, beobachten, beschreiben und auswerten, – wenden geeignete Modelle zur Beschreibung und Erklärung chemischer Sachverhalte an. Kommunikation: Sch'/Sch – beschreiben und veranschaulichen konkrete chemische Sachverhalte unter angemessener Nutzung der Fachsprache, – argumentieren sachlogisch und begründen schlüssig chemische Sachverhalte und Fragestellungen, – nutzen Informationsquellen, erkennen Kernaussagen, wählen Informationen gezielt und kritisch aus und verknüpfen diese mit dem erworbenen Wissen. Reflexion/Bewertung: Sch'/Sch – nutzen chemische Kenntnisse zur Erklärung von Lebensvorgängen. Fachwissen	Erkenntnisgewinnung: Sch'/Sch – wenden geeignete Modelle zur Beschreibung und Erklärung chemischer Sachverhalte an. Kommunikation: Sch'/Sch – beschreiben und veranschaulichen konkrete chemische Sachverhalte unter angemessener Nutzung der Fachsprache, – präsentieren chemisches Wissen, eigene Standpunkte und Überlegungen sowie Lern- und Arbeitsergebnisse adressaten- und situationsgerecht, – argumentieren sachlogisch und begründen schlüssig chemische Sachverhalte und Fragestellungen. Fachwissen
Anforderungs-bereiche	I, II, III	I, II

4.1 S Alkohole – eine Stoffklasse mit vielen Gesichtern

Kontext

Methanol, Glycerin, Sorbit und Cetylalkohol sind bekannte und wichtige Vertreter der Alkohole. Obwohl alle vier Stoffe zur gleichen Stoffklasse gehören, unterscheiden sie sich stark in ihren Eigenschaften und dadurch auch in ihrer Nutzung.

- ➢ Methanol – Treibstoff der Zukunft
- ➢ Glycerin – ein Frostschutzmittel in der Natur
- ➢ Sorbit – Zuckeraustauschstoff mit kühlender Wirkung
- ➢ Cetylalkohol – Konsistenzgeber und Emulgator für Hautcreme

Arbeitsaufträge

Bilden Sie vier Arbeitsgruppen mit je einem Alkohol und bearbeiten Sie folgende Aufgaben:

1. Informieren Sie sich mithilfe des zur Verfügung gestellten Materials (M 1 – M 4) über die Bedeutung und die Eigenschaften des ausgewählten Alkohols. Bearbeiten Sie dazu die Aufgaben auf dem entsprechenden Arbeitsblatt.
2. Erstellen Sie zur Ergebnissicherung Ihrer Arbeit ein Plakat, auf dem
   - ein Steckbrief Ihres ausgewählten Alkohols
   - die wichtigsten Struktur-Eigenschafts-Beziehungen Ihres Alkohols und
   - die besondere Nutzung Ihres Alkohols dargestellt ist.
3. Bilden Sie neue Arbeitsgruppen, die aus je einem bzw. zwei Experten zu den verschiedenen Alkoholen bestehen, und informieren Sie sich gegenseitig in einem abschließenden Galeriegang (Rundgang um die Plakate) über Ihre Ergebnisse.
4. Formulieren Sie in Ihren neuen Arbeitsgruppen
   - Regeln bezüglich der Struktur-Eigenschafts-Beziehungen (Aggregatzustand, Löslichkeit, Brennbarkeit) von Alkoholen. Nehmen Sie in diesem Zusammenhang Bezug auf die eingangs formulierten Vermutungen;
   - Regeln für die Benennung der Alkohole.

Zeitplan

1. Stunde: Bearbeitung der Aufgabenstellung
2. Stunde: Bearbeitung der Aufgabenstellung, Anfertigung des Plakats (als HA)
3. Stunde: Galeriegang und Ableitung der Regeln

Bewertung

- Protokoll
- Plakat
- Regeln zum Basiskonzept „Struktur-Eigenschafts-Beziehungen“
- abschließende Lernzielkontrolle

4.1 S Alkohole – eine Stoffklasse mit vielen Gesichtern

M1

Arbeitsblatt

Name:

Datum:

Methanol – Treibstoff der Zukunft

Steigende Rohölpreise und zunehmende Luftverschmutzung durch den Straßenverkehr sind seit Jahren Gründe für die Suche nach alternativen Treibstoffen. In Europa hat sich mittlerweile Biodiesel aus Rapsöl etabliert, in Südamerika setzt man vor allem auf Ethanol aus Zuckerrohr. Auch der Einsatz von Methanol als Treibstoff wird zur Zeit diskutiert. Methanol lässt sich aus Synthesegas herstellen, das z. B. auch aus Bioabfällen gewonnen werden kann. Auf dem Weg zu erneuerbaren Kraftstoffen scheint Methanol eine Schlüsselrolle einzunehmen, denn es kann, da es schadstofffrei verbrennt, als Kraftstoff direkt benutzt werden und es kann als Brennstoff für Brennstoffzellen eingesetzt werden.

Direkt-Methanol-Brennstoffzelle (DMFC)

F-Cell B-Klasse von Mercedes

Brennstoffzellen sind kleine Kraftwerke: Ein Brennstoff, meistens Wasserstoff, reagiert in einer elektrochemischen Reaktion mit Sauerstoff, bei der die Reaktionsenergie in elektrische Energie umgewandelt wird. Diese direkte Stromerzeugung vor Ort, genau da, wo die Energie gerade gebraucht wird, macht die Brennstoffzelle zu einem sehr effizienten und umweltfreundlichen Energieversorgungssystem.
Bei der Direkt-Methanol-Brennstoffzelle wird als Brennstoff ein Gemisch aus Wasser und Methanol eingesetzt. Die Brennstoffzelle selbst besteht aus zwei Elektroden (Plus- und Minus-Pol), die durch eine protonendurchlässige Polymermembran voneinander getrennt sind. Das Methanol reagiert mit Wasser am Minus-Pol unter Abgabe von Elektronen zu Protonen H^+ und Kohlenstoffdioxid. Die Elektronen wandern, da sie die Membran nicht durchdringen können, über einen äußeren Stromkreis zum Plus-Pol. Es fließt ein Strom. Die Protonen durchqueren die Membran und wandern so ebenfalls zum Plus-Pol, wo sie mit Sauerstoff und den ankommenden Elektronen zu Wasserdampf reagieren.
Da eine einzelne Brennstoffzelle nur eine sehr geringe Spannung erzeugt, werden je nach benötigter Spannung mehrere Brennstoffzellen zu einem so genannten „Stack“ (Stapel) elektrisch verschaltet.

Nachweis der Verbrennungsprodukte von Methanol

Geräte	Trichter, Schlauchmaterial, Wasserstrahlpumpe, Glasrohr, Waschflasche, Porzellanschale, Stativmaterial
Chemikalien	Methanol (F, leichtentzündlich, T, giftig, Gefahr der Hautresorption), weißes Kupfersulfat (Xn, gesundheitsschädlich, N, umweltgefährlich), Kalkwasser (Xi, reizend)
Sicherheitshinweise	Schutzbrille, Arbeit mit T im Abzug, Handschutz

4.1 S Alkohole – eine Stoffklasse mit vielen Gesichtern

M1

Arbeitsblatt Methanol (Fortsetzung)

Alternativ-Vorschlag Ethanol (F, leichtentzündlich)

Durchführung Füllen Sie etwas Methanol in eine Porzellanschale und entzünden Sie es. Saugen Sie die Verbrennungsgase über einen Trichter durch ein Rohr mit weißem Kupfersulfat und anschließend durch eine Waschflasche mit frischem Kalkwasser.

Entsorgung Kupfersulfat kann getrocknet und wieder benutzt werden. Kalkwasser kann in den Ausguss gegeben werden.

Aufgaben

a) Erklären Sie anhand der Strukturformel, warum Methanol bei Raumtemperatur flüssig ist.
b) Untersuchen Sie die Löslichkeit von Methanol in Wasser und Pentan. Protokollieren und erklären Sie Ihre Beobachtungen.
c) Informieren Sie sich über die Herstellung von Methanol aus Synthesegas (Chemiebuch, Lexikon, Internet) und geben Sie eine Gleichung für die Reaktion an.
d) Überprüfen Sie die Brennbarkeit des Methanols und weisen Sie die Verbrennungsprodukte nach.
e) Informieren Sie sich über die Funktion der Direkt-Methanol-Brennstoffzelle (http://www.innovation-brennstoffzelle.de/). Beschriften Sie die unten angegebene Zeichnung und geben Sie die Reaktionsgleichung für den Gesamtvorgang an.
f) Erstellen Sie einen Stoffsteckbrief für Methanol.
g) Informieren Sie sich über den Einsatz von Methanol als Kraftstoff für Otto-Motoren. Erstellen Sie eine Tabelle mit Vor- und Nachteilen im Vergleich zu Benzin.

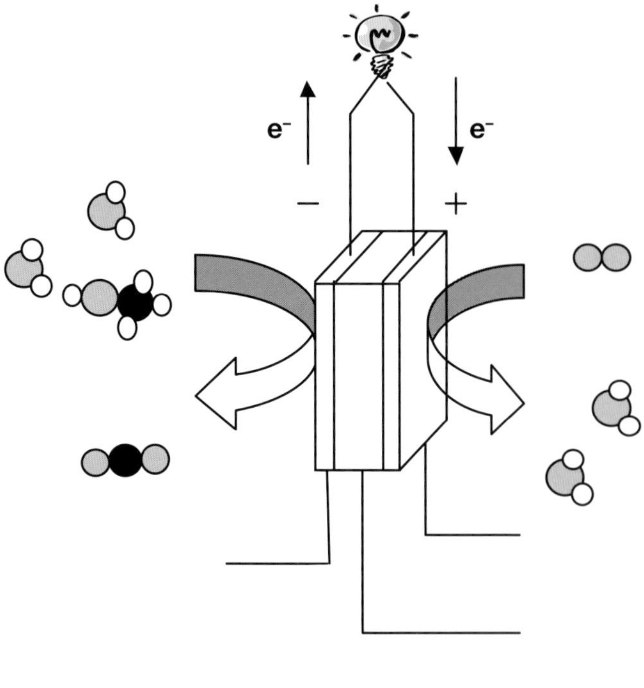

4.1 S Alkohole – eine Stoffklasse mit vielen Gesichtern

M2

Arbeitsblatt

Name:

Datum:

Glycerin – Ein Frostschutzmittel in der Natur

Gefrorener Zitronenfalter

Viele Insekten (z. B. Laufkäfer, Wespen) schützen sich im Winter mit einem Frostschutzmittel, welches sie bei einem Kälteeinbruch schnell selbst im Körper produzieren können: Glycerin. So ist z. B. auch für den Zitronenfalter Glycerin im Winter unentbehrlich. Während viele andere Schmetterlinge die kalte Jahreszeit im Freien nicht überleben, hängt der Zitronenfalter gut getarnt an Sträuchern oder Bäumen und kann Temperaturen bis zu –20 °C aushalten.
Ohne Frostschutz würde bei diesen Temperaturen die Körperflüssigkeit zu Eis gefrieren, sich dabei ausdehnen und den Insektenkörper platzen lassen. Deshalb scheidet der Falter zunächst einen Teil seiner Körperflüssigkeit aus und bildet unter anderem Glycerin. So schafft er es, den Gefrierpunkt im Körper herunterzufahren und die kalte Jahreszeit zu überleben. Im Gegensatz zu anderen Schmetterlingen wird er auf diese Weise fast ein Jahr alt.
Da Glycerin auch in hohen Konzentrationen kaum giftig ist, haben manche Insektenlarven im Winter einen Glycerin-Gehalt von bis zu 20 % ihres Körpergewichts, ohne Schaden zu nehmen.
Glycerin erhöht die Viskosität (Zähflüssigkeit) der Körperflüssigkeit und erschwert dadurch die Bildung von Eiskristallen. Glycerin-Moleküle sind ein Unordnungsfaktor, sie stören die regelmäßige Anordnung von Wasser-Molekülen zu Eiskristallen erheblich. Ein weiterer Schutzeffekt beruht auf der Tatsache, dass Eiskristalle, die in hohen Glycerin-Konzentrationen wachsen, stumpf sind – die Verletzungsgefahr für Zellwände und Gewebe ist dadurch erheblich geringer.
Neben Glycerin werden auch andere Stoffe, hauptsächlich Glucose und Sorbit, von Insekten als Frostschutzmittel eingesetzt. Manche Tiere mischen einen regelrechten „Frostschutzcocktail“ aus mehreren geeigneten Substanzen.
Die frostschützende Wirkung des Glycerins nutzt auch der Mensch und setzt Glycerin, neben Glykol (Ethan-1,2-diol), als Frostschutzmittel in Kühlanlagen für Motoren ein.

4.1 S Alkohole – eine Stoffklasse mit vielen Gesichtern

M2

Arbeitsblatt Glycerin (Fortsetzung)

Überprüfung der Frostschutzwirkung des Glycerins

Geräte	2 Reagenzgläser (RG), Becherglas, Pipette, Hammer, Handtuch
Chemikalien	Glycerin, Kochsalz, Eis
Durchführung	1. Herstellung der Kältemischung Umwickeln Sie einige Eiswürfel mit einem Handtuch und zerkleinern Sie sie mit dem Hammer. Mischen Sie in dem Becherglas das zerstoßene Eis mit Kochsalz (ca. 1/3 des Gewichtes der Eiswürfel). Es sind Temperaturen bis –20 °C erreichbar. 2. Mischen Sie in einem Reagenzglas 2 mL Wasser mit 2 mL Glycerin und füllen Sie in das zweite Reagenzglas 4 mL Wasser. Stellen Sie beide Reagenzgläser in das Becherglas mit der Eis-Kochsalz-Kältemischung.
Entsorgung	Alle Chemikalien können in den Ausguss gegeben werden.

Aufgaben

a) Recherchieren Sie die Formeln für Glycerin und Glykol und geben Sie die chemisch korrekten Namen für die beiden Alkohole an. Erklären Sie anhand der Strukturformel, warum Glycerin bei Raumtemperatur dickflüssig (hoch viskos) ist. Erklären Sie den Begriff „mehrwertiger Alkohol".

b) Untersuchen Sie die Löslichkeit von Glycerin in Wasser und Pentan. Protokollieren und erklären Sie Ihre Beobachtungen.

c) Führen Sie das Experiment zum Frostschutz durch und protokollieren Sie Ihre Beobachtungen.

d) Erklären Sie, wieso Glycerin die Eisbildung verzögert. (Hilfe: Stichwort „Gefrierpunktserniedrigung" z. B. unter: http://www.chemieunterricht.de/dc2/auto/frostsch.htm).

e) Erstellen Sie einen Stoffsteckbrief für Glycerin.

f) Informieren Sie sich über weitere Vorkommen und die Verwendung von Glycerin.

4.1 S Alkohole – eine Stoffklasse mit vielen Gesichtern

M3

Arbeitsblatt

Name:

Datum:

Sorbit – Zuckeraustauschstoff mit kühlender Wirkung

Früchte der Eberesche

Sorbit oder E 420 ist ein künstlicher Zuckeraustauschstoff und wird industriell aus Maisstärke hergestellt. Er ist für fast alle Lebensmittel in beliebig hohen Mengen zugelassen. Sorbit greift die Zähne nicht an und wird deshalb zur Herstellung von zahnfreundlichen Süßwaren genutzt. Da er im Körper nicht über die gleichen Stoffwechselwege wie Haushaltszucker abgebaut wird, erhöht sich der Blutzuckerspiegel durch ihn nicht. Deshalb ist Sorbit als Süßmittel für Diabetiker geeignet. Allerdings wird vom häufigen Verzehr (mehr als 20 g/Portion oder 50 g täglich) abgeraten, da Sorbit teilweise unverdaut in den Dickdarm gelangt und dort dann viel Wasser an sich zieht und so für wässrigen Durchfall sorgt. Außerdem ist Sorbit deutlich weniger süß als Haushaltszucker (Saccharose) und wird deshalb fast ausschließlich in Kombination mit einem Süßstoff angeboten. Auf der Zunge erzeugt er einen angenehm süßen, kühlenden Geschmack und wird deshalb auch zur Herstellung von Eiskonfekt oder Eisbonbons genutzt.

In der Natur kommt Sorbit vor allem in Früchten vor. Deshalb wirken einige Früchte wie Pflaumen abführend. Besonders hoch ist der Sorbit-Gehalt in den Beeren der Eberesche. Bis zu 12 % der Gesamtmasse der im Volksmund auch als Vogelbeeren bezeichneten Früchte bestehen aus Sorbit. Vom lateinischen Namen des Vogelbeerbaumes, Sorbus, leitet sich die Bezeichnung dieses sechswertigen Alkohols ab, der dafür sorgt, dass die verschluckten Kerne schnell und unverdaut den Darmtrakt unserer gefiederten Freunde verlassen.

Überprüfung der kühlenden Wirkung des Sorbits

Geräte	2 Reagenzgläser, Becherglas, Spatel, Digitalthermometer
Chemikalien	Sorbit, Glucose, Wasser
Durchführung	Geben Sie 4 Spatelspitzen Sorbit in ein Reagenzglas, in das andere Reagenzglas 4 Spatelspitzen Glucose. Füllen Sie ein Becherglas mit Wasser und notieren Sie die Wasser-Temperatur. Füllen Sie die beiden Reagenzgläser zur Hälfte mit Wasser aus dem Becherglas und beobachten Sie mithilfe des Thermometers die Temperaturänderung während des Lösungsvorgangs.
Entsorgung	Alle Chemikalien können in den Ausguss gegeben werden.

4.1 S Alkohole – eine Stoffklasse mit vielen Gesichtern

M3

Arbeitsblatt Sorbit (Fortsetzung)

Aufgaben

a) Recherchieren Sie die Formel für Sorbit und geben Sie den chemisch korrekten Namen für diesen Alkohol an. Erklären Sie anhand der Strukturformel, warum Sorbit bei Raumtemperatur fest ist.

b) Untersuchen Sie die Löslichkeit von Sorbit in Wasser und Pentan. Protokollieren und erklären Sie Ihre Beobachtungen.

c) Führen Sie das Experiment zur kühlenden Wirkung des Sorbits durch und protokollieren und erklären Sie Ihre Beobachtungen. Informieren Sie sich dazu (Chemiebuch, Lexikon, Internet) über die Vorgänge, die beim Lösen von kristallinen Stoffen auf Teilchenebene ablaufen. (Hilfe: Stichwort Hydratation)

d) Nennen Sie die weiteren Eigenschaften des Sorbits, die im Text angesprochen werden. Erklären Sie diese Eigenschaften.

e) Erstellen Sie einen Stoffsteckbrief für Sorbit.

f) Vergleichen Sie die Strukturformel des Sorbits mit der der Glucose. Geben Sie Gemeinsamkeiten und Unterschiede an.

4.1 S Alkohole – eine Stoffklasse mit vielen Gesichtern

M4

Arbeitsblatt

Name:

Datum:

Cetylalkohol – Konsistenzgeber und Emulgator für Hautcreme

Cetylalkohol, oder richtiger 1-Hexadecanol, wurde früher aus Walrat hergestellt, einem Öl-Wachsgemisch, das aus den Kopfhöhlen, den Rückgratknochen und dem Speck des Pottwals gewonnen wurde. Heute wird dieses Herstellungsverfahren zum Schutz der Wale nicht mehr angewandt, sondern man gewinnt diesen Alkohol aus pflanzlichen Fetten und Ölen.
Cetylalkohol wird als umweltfreundlicher Emulgator und als Salbengrundlage in kosmetischen Artikeln genutzt. Er ist Rohstoff für die Tensidherstellung und dient der Metall- und Textilindustrie als Schmiermittel.

Pottwal

Herstellung einer Handcreme

Normalerweise sorgt die Haut selbst für ihren Schutz. Ihr natürlicher Schutzmantel enthält Fette und Feuchtigkeit in einer ausgewogenen Mischung. Durch häufiges Waschen entziehen wir der Haut mehr Lipide, als sie nachliefern kann. In diesem Fall können Hautcremes die Verluste ausgleichen.
Die wichtigste Komponente einer Hautcreme ist Wasser (von den Kosmetikfirmen als Feuchtigkeit bezeichnet). So enthält eine normale Creme 60 bis 75 % Wasser. Die andere Hauptkomponente ist die sogenannte Fettphase. Sie besteht aus dünnflüssigen Ölen, hoch schmelzenden Fetten und Wachsen, z. B. Lanolin, Vaseline oder Pflanzenölen. Damit Fettphase und Wasser sich nicht entmischen, wird ein Emulgator verwendet. Weiter enthalten Cremes in der Regel Konservierungsmittel, Duftstoffe und Wirkstoffe wie Vitamine.

Geräte 2 Bechergläser (150 mL), Heizplatte, Waage, Thermometer, Glasstab, Spatel, Messzylinder, Cremedose

Chemikalien Fettphase: 3 g Tegomuls, 0,3 g Bienenwachs, 0,3 g Cetylalkohol, 6,5 g Pflanzenöl (Salatöl)
Wasserphase: 40 mL Wasser, 2,5 g Glycerin, 1 g Panthenol, 0,3 g Vitamin E,
3 Tropfen Paraben K (Konservierungsmittel)

4.1 S Alkohole – eine Stoffklasse mit vielen Gesichtern

M4

Arbeitsblatt Cetylalkohol (Fortsetzung)

Durchführung

1. Kochen Sie das Wasser auf und geben Sie Glycerin hinzu, lassen Sie dann auf 70 °C abkühlen.
2. Geben Sie die Zutaten der Fettphase in das andere Becherglas und erhitzen Sie unter Rühren bis auf 80 °C, lassen Sie dann auf 70 °C abkühlen.
3. Geben Sie das Wasser unter Rühren in die Fettphase.
4. Rühren Sie, bis die Creme lauwarm ist. Geben Sie nun die Zusatzstoffe (Panthenol, Vitamin E) hinzu und konservieren Sie die Creme mit 3 Tropfen Paraben K.

Entsorgung Alle Chemikalien können in den Ausguss gegeben werden.

Aufgaben

a) Recherchieren Sie die Formel für Cetylalkohol und geben Sie den chemisch korrekten Namen für den Alkohol an. Erklären Sie anhand der Strukturformel, warum Cetylalkohl bei Raumtemperatur fest ist.
b) Untersuchen Sie die Löslichkeit von Cetylalkohol in Wasser und Pentan. Protokollieren und erklären Sie Ihre Beobachtungen.
c) Stellen Sie die Creme her und notieren Sie Ihre Beobachtungen.
d) Informieren Sie sich (Lexikon, Chemiebuch, Internet) darüber, was Creme aus chemischer Sicht ist, und erklären Sie die emulgierende Wirkung des Cetylalkohols auf Teilchenebene.
e) Erstellen Sie einen Stoffsteckbrief für Cetylalkohol.
f) Informieren Sie sich mithilfe eines Lexikons, welche Funktion die weiteren Bestandteile der Creme haben.

4.1 L Alkohole – eine Stoffklasse mit vielen Gesichtern

Erwartungshorizont

Methanol – Treibstoff der Zukunft

zu a) Methanol CH_3OH gehört zu den kurzkettigen Alkoholen. Deshalb werden seine Eigenschaften im Wesentlichen durch die polare Hydroxy-Gruppe (–OH) bestimmt. Daher bilden sich zwischen den Methanol-Molekülen Wasserstoffbrückenbindungen (Dipol-Dipol-Wechselwirkung). Diese intermolekularen Anziehungskräfte sind stärker als die *Van-der-Waals*-Kräfte bei den entsprechenden Alkanen (Methan). Deshalb ist Methanol bei Raumtemperatur flüssig.

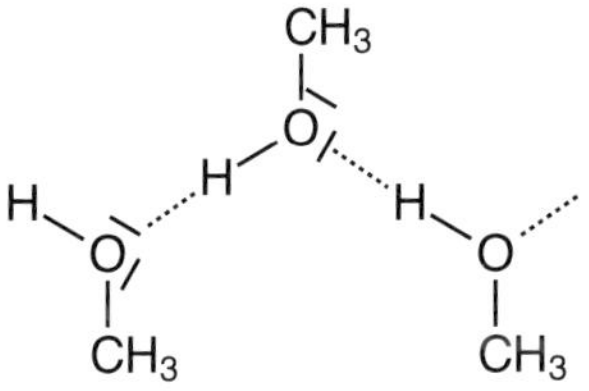

Wasserstoffbrückenbindung zwischen Methanol-Molekülen

zu b) Methanol ist in jedem Verhältnis mit Wasser (polares Lösungsmittel) mischbar, da Methanol-Moleküle mit Wasser-Molekülen gut Wasserstoffbrückenbindungen ausbilden. In Pentan (unpolares Lösungsmittel) löst sich Methanol nur zum Teil, da der hydrophobe aliphatische Rest (CH_3-Gruppe) nur sehr klein ist.

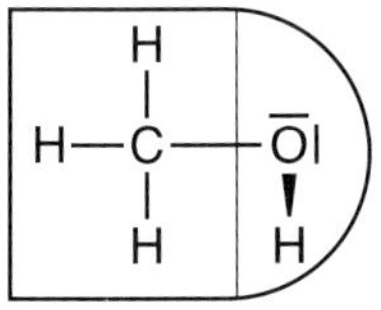

unpolare Methyl-Gruppe polare OH-Gruppe

zu c) Herstellung von Methanol aus Synthesegas
Synthesegas ist ein Gemisch aus Kohlenmonoxid und Wasserstoff im Verhältnis 1:2. Es entsteht durch die partielle Oxidation von Erdgas oder der Vergasung von Kohle.

Bildung von Methanol aus Synthesegas

$$CO + 2\,H_2 \rightleftharpoons CH_3OH$$

Die Herstellung erfolgt durch eine katalytische Druckreaktion bei 200 bar und 380 °C mithilfe von Katalysatoren. Das entstehende Rohmethanol ist durch Nebenprodukte verunreinigt und muss destillativ gereinigt werden.

zu d) Beobachtungen:
Methanol brennt mit schwach blauer, fast unsichtbarer Flamme. Das weiße Kupfersulfat färbt sich blau, das Kalkwasser trübt sich.
Erklärung: Bei der Verbrennung entsteht Wasser (Nachweis mit Kupfersulfat) und Kohlenstoffdioxid (Trübung des Kalkwassers).

$$CH_3OH + 2O_2 \rightarrow 2H_2O + CO_2$$

4.1 L Alkohole – eine Stoffklasse mit vielen Gesichtern

Erwartungshorizont

Methanol (Fortsetzung)

zu e) Bei der Direkt-Methanol-Brennstoffzelle (DMFC) wird ein Methanol-Wasser-Gemisch als Brennstoff genutzt. Die Zelle besteht aus einer Anode (Minus-Pol) und einer Kathode (Plus-Pol). Als Elektrolyt dient eine protonendurchlässige Polymermembran, auf die beidseitig ein Katalysator aufgetragen ist.

An der Anode wird Methanol zu Kohlenstoffdioxid oxidiert. Die dabei entstehenden Elektronen wandern über einen äußeren Stromkreis zur Kathode, die Protonen wandern durch die Membran. Im Kathodenraum reagieren die Protonen mit dem Luftsauerstoff und den Elektronen zu Wasser.

Reaktionsgleichungen

Anode: $CH_3OH + H_2O \rightarrow CO_2 + 6\ H^+ + 6\ e^-$ | *2 (Ausgleich H^+)

Kathode: $O_2 + 4\ H^+ + 4\ e^- \rightarrow 2\ H_2O$ | *3

Gesamt: $2\ CH_3OH + 3\ O_2 \rightarrow 2\ CO_2 + 4\ H_2O$

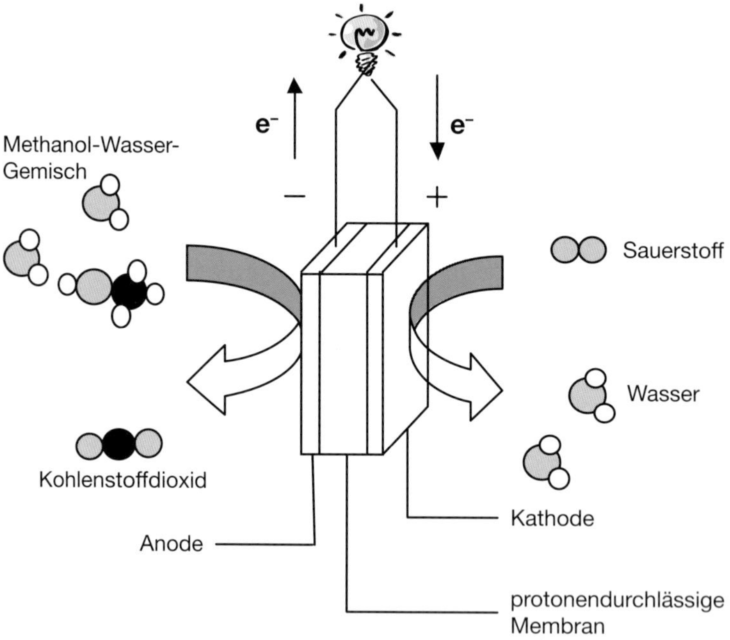

zu f) Steckbrief Methanol

Eigenschaften	Herstellung	Verwendung
– farblose Flüssigkeit – Schmelztemperatur: –97,8 °C – Siedetemperatur: 64,7 °C – Dichte: 0,7915 g/mL bei 20 °C – unbegrenzt mit Wasser mischbar – brennbar – giftig	– Destillation des Holzessigs bei der Holzverkohlung – aus Synthesegas	– Lösungsmittel für Lacke – Treibstoffzusatz – Brennstoff für Brennstoffzellen – Herstellung von Formaldehyd – Rohstoff zur Herstellung von Farbstoffen, Medikamenten und Pflanzenschutzmitteln

4.1 L Alkohole – eine Stoffklasse mit vielen Gesichtern

Erwartungshorizont

Methanol (Fortsetzung)

zu g) Methanol kann sowohl in reiner Form als auch als Zumischung zum Benzin als Kraftstoff eingesetzt werden. Zumischungen bis zu 3 Vol% sind für Ottokraftstoffe zulässig, da bis zu diesen Mischungsverhältnissen keine Anpassungen der Otto-Motoren nötig sind. Wird Methanol in höheren Konzentrationen mit Benzin gemischt oder nahezu als reiner Methanolkraftstoff eingesetzt, so sind Anpassungen des Motors nötig. (Methanol ist durch geringen Wasser- und Säuregehalt korrosiv, benötigt spezielle Motorenöle.)

Vorteile (Reinmethanol bzw. hohe Methanolkonzentration)	Nachteile
- hohe Oktanzahl - 10 % höhere Motorleistung - 15 % besserer thermischer Wirkungsgrad - keine Aromaten und PAK-Emissionen - biologisch abbaubar	- erhöhte Formaldehyd-Emission - geringerer Heizwert, dadurch höherer Kraftstoffverbrauch - giftig - hohe Energiekosten bei der Herstellung

Glycerin – Ein Frostschutzmittel in der Natur

zu a) Glycerin (Propan-1,2,3-triol) Glykol (Ethan-1,2-diol)

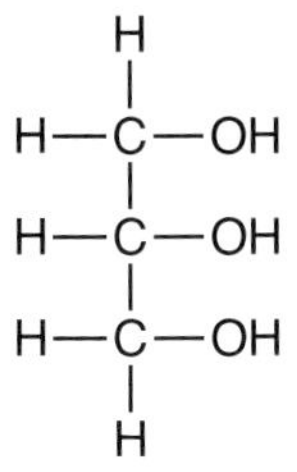

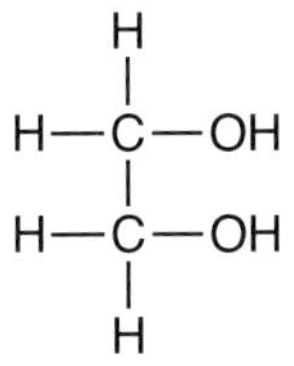

Glycerin besitzt drei polare Hydroxy-Gruppen (–OH). Zwischen diesen Gruppen verschiedener Glycerin-Moleküle können sich bis zu drei Wasserstoffbrückenbindungen ausbilden. Die Anziehungskräfte zwischen den einzelnen Molekülen sind deshalb stärker als bei Propanol oder Ethandiol. Glycerin ist daher zähflüssig und hat eine deutlich höhere Siedetemperatur als Propanol (290 °C).

Mehrwertiger Alkohol: Alkohole, die mehr als eine Hydroxy-Gruppe pro Molekül besitzen.

zu b) Glycerin ist in jedem Verhältnis mit Wasser (polares Lösungsmittel) mischbar, da Glycerin-Moleküle aufgrund ihrer 3 Hydroxy-Gruppen mit Wasser-Molekülen gut Wasserstoffbrückenbindungen ausbilden. In Pentan (unpolares Lösungsmittel) löst sich Glycerin deshalb nicht.

zu c) Beobachtung

Im Reagenzglas mit Wasser bilden sich Eiskristalle. Das Wasser gefriert. Im Reagenzglas mit der Wasser-Glycerin-Mischung bildet sich kein Eis.

4.1 L Alkohole – eine Stoffklasse mit vielen Gesichtern

Erwartungshorizont

Glycerin (Fortsetzung)

zu d) Kühlt man Wasser ab, so verlangsamt sich die Teilchenbewegung der Wasser-Moleküle. Aufgrund des gewinkelten Baus des Wasser-Moleküls und des Dipol-Charakters ordnen sich immer sechs Wasser-Moleküle zu einem regelmäßigen Sechseck (siehe unten). Es entsteht ein Eiskristall. Sind nun Salze oder polare Stoffe wie kurzkettige Alkohole im Wasser gelöst, so wird die regelmäßige Anordnung gestört. Denn da Glycerin-Moleküle sich sehr stark von den Wasser-Molekülen unterscheiden, bauen sie sich nur schlecht in ein gemeinsames Kristallgitter ein. Deshalb bleibt das Wasser-Glycerin-Gemisch auch unterhalb von 0 °C flüssig. Erst bei Temperaturen weit unter 0 °C ist die Teilchenbewegung so langsam, dass sich die Glycerin-Moleküle und Wasser-Moleküle gemeinsam in einer Ordnung zusammenfinden. Diesen Effekt nennt man Gefrierpunkterniedrigung.

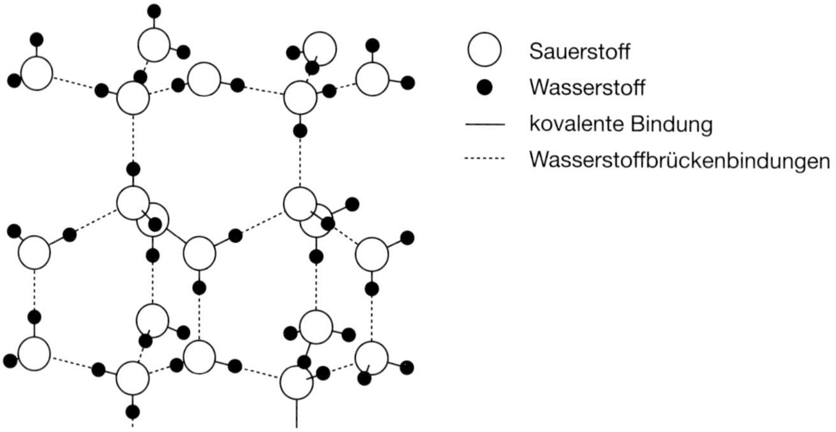

zu e) Steckbrief Glycerin

Eigenschaften	Herstellung	Verwendung
– dickflüssige, farblose Flüssigkeit – Schmelztemperatur: 17,98 °C – Siedetemperatur: 290 °C – Dichte: 1,26 g/mL bei 20 °C – unbegrenzt mit Wasser mischbar – brennbar – süß schmeckend – hygroskopisch	– Verseifung von natürlichen Fetten und Ölen – Nebenprodukt der Biodieselherstellung – petrochemisch aus Propen – biotechnologisch mit Hefen	– Feuchtigkeitsspender in Cremes – Feuchthaltemittel in Kaugummis, Zahncreme u. a. – Frostschutzmittel – Schmierstoff – Weichmacher – Herstellung von Nitroglycerin bzw. Dynamit – Herstellung von Kunststoffen und Farbstoffen

zu f) Verwendung siehe e;

Vorkommen

- Bestandteil aller natürlichen Fette und Öle (Fettsäureglycerinester)
- Zwischenprodukt verschiedener Stoffwechselprozesse
- Bestandteil der Phosphoglyceride (Bausteine der Zellmembran, z. B. Lecithin)

4.1 L Alkohole – eine Stoffklasse mit vielen Gesichtern

Erwartungshorizont

(Fortsetzung)

Sorbit – Zuckeraustauschstoff mit kühlender Wirkung

zu a)

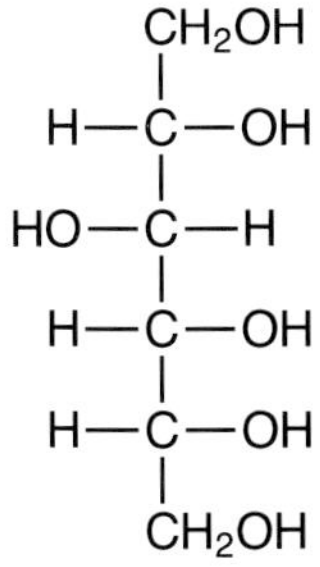

Hexan-1,2,3,4,5,6-hexol

Sorbit besitzt sechs polare Hydroxy-Gruppen. Zwischen diesen Gruppen verschiedener Sorbit-Moleküle können sich bis zu sechs Wasserstoffbrückenbindungen ausbilden. Aufgrund dieser Anziehungskräfte ist Sorbit bei Raumtemperatur fest.

zu b) Sorbit löst sich gut in Wasser (polares Lösungsmittel) und nicht in Pentan (unpolares Lösungsmittel). Dies ist ebenfalls auf die hohe Anzahl an Hydroxy-Gruppen zurückzuführen, denn zwischen den hydrophilen Hydroxy-Gruppen des Sorbits und den Wasser-Molekülen können sich Wasserstoffbrücken ausbilden.

zu c) Beobachtung

Sowohl bei Glucose als auch bei Sorbit kühlt sich die Lösung leicht ab, da beide eine negative Lösungswärme besitzen (Glucose: –25,2 cal/g; Sorbit: –26,5 cal/g).

Der Lösungsvorgang sowohl beim Lösen von Sorbit als auch beim Lösen von Glucose ist endotherm. Dies ist darauf zurückzuführen, dass die Gitterenthalpie (Energie, die zum Trennen der Ionen oder Moleküle aus einem Feststoff-Gitter aufgewendet werden muss) größer ist als die Hydratationsenthalpie (Energie, die frei wird, wenn sich Wasser-Dipole an Ionen anlagern und eine Hydrathülle bilden). Die Energie, die zum Trennen von Teilchen aus dem Gitter noch zusätzlich benötigt wird, wird der Bewegungsenergie der Wasser-Moleküle entnommen. Die Temperatur der Lösung sinkt. Diese Abkühlung wird im Mund als „frisch“ wahrgenommen.

zu d) weitere Eigenschaften

- hygroskopische Wirkung: Sorbit-Moleküle binden Wasser-Moleküle aus ihrer Umgebung (Luft). Dies ist wiederum auf die Hydroxy-Gruppen zurückzuführen, denn zwischen den Hydroxy-Gruppen und Wasser-Molekülen aus der Umgebung bilden sich Wasserstoffbrücken aus. Die Wasser-Moleküle werden so an die Alkohol-Moleküle gebunden.
- süßer Geschmack: Ein Sorbit-Molekül hat eine große Ähnlichkeit mit einem Glucose-Molekül und kann deshalb die Süßrezeptoren auf der Zunge reizen.
- nicht kariogen: Sorbit-Moleküle können von Bakterien nicht zu Säuren oxidiert werden.

4.1 L Alkohole – eine Stoffklasse mit vielen Gesichtern

Erwartungshorizont

Sorbit (Fortsetzung)

zu e) Steckbrief Sorbit

Eigenschaften	Herstellung	Verwendung
– weiße, nadelförmige Kristalle – Schmelztemperatur (wasserfrei): 110 °C – 112 °C – Schmelztemperatur (wasserhaltig): 75 °C – Siedetemperatur: zersetzt sich bei Normaldruck – Dichte: 1,49 g/mL bei 20 °C – gut wasserlöslich – süß schmeckend – hygroskopisch	– aus den Früchten der Eberesche – aus Mais- oder Weizenstärke (Stärkeverzuckerung)	– Süßmittel für Diabetiker-Nahrungsmittel – Feuchthaltemittel in Lebensmittel, Zahncreme u. a. – zur Sprengstoffherstellung – Ausgangsprodukt zur biotechnischen Vitamin-C-Herstellung

zu f) Glucose

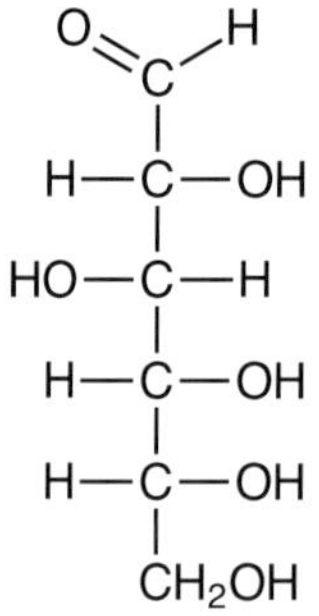

Sorbit

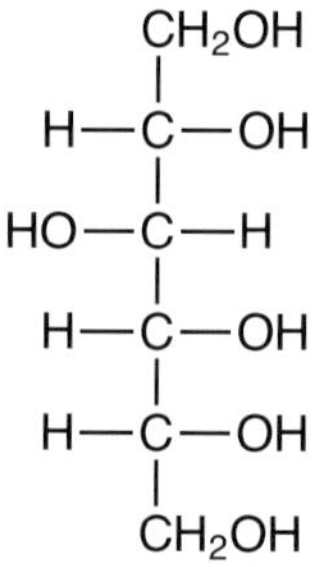

Gemeinsamkeiten:
- Struktur des Moleküls von C2 – C6

Unterschiede:
- C1: Glucose: Aldehyd-Gruppe; Sorbit: Hydroxy-Gruppe.

Cetylalkohol – Konsistenzgeber und Emulgator für Hautcreme

zu a) 1-Hexadecanol ($C_{15}H_{33}OH$)

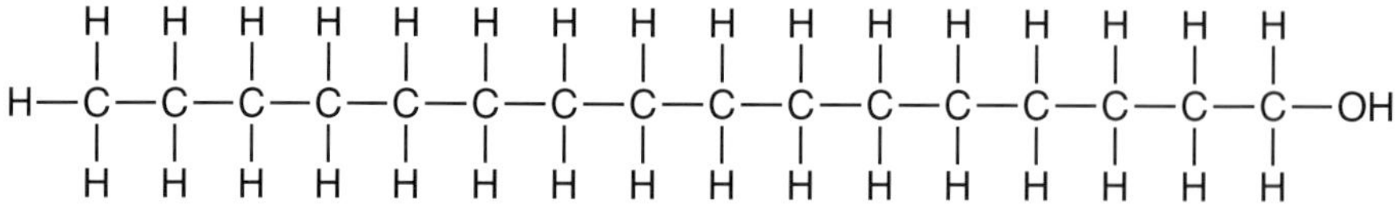

Da Cetylalkohol-Moleküle aus langen kettenförmigen Kohlenwasserstoff-Molekülen bestehen, herrschen zwischen den verschiedenen Molekülen starke *Van-der-Waals*-Kräfte. Deshalb ist Cetylalkohol bei Raumtemperatur fest. (Die Hydroxy-Gruppe hat hier keinen wesentlichen Einfluss auf die Schmelztemperatur.)

4.1 L Alkohole – eine Stoffklasse mit vielen Gesichtern

Erwartungshorizont

Cetylalkohol (Fortsetzung)

zu b) Cetylalkohol löst sich nicht in Wasser; in Pentan löst es sich langsam auf.
Aufgrund der Kettenlänge der Kohlenwasserstoff-Kette spielt die hydrophile Hydroxy-Gruppe keine Rolle bei der Löslichkeit. In Wasser kann sich keine Hydrathülle um das lange Alkohol-Molekül ausbilden. Die unpolaren Pentan-Moleküle können aber mit der langen Kohlenwasserstoff-Kette *Van-der-Waals*-Wechselwirkungen ausbilden. (Cetylalkohol ist lipophil.)

zu c) Beobachtungen
Die Bestandteile der Fettphase (Tegomuls, Bienenwachs, Cetylalkohol) lösen sich beim Erwärmen vollständig im Öl auf. Man erhält eine gelbliche Flüssigkeit.
Wird die wässrige Phase in die Fettphase gerührt, bildet sich eine zunächst noch sehr flüssige Emulsion. Beim Abkühlen erhält man eine weiße Creme.

zu d) Cremes sind Emulsionen (Mischung zweier normalerweise nicht mischbarer Flüssigkeiten) aus Öl und Wasser. Damit sich die Emulsion nicht mehr entmischt, benötigt man einen Emulgator. Emulgatoren sind Moleküle, die sowohl einen hydrophilen (Hydroxy-Gruppe) als auch einen hydrophoben (Kohlenwasserstoff-Kette) Teil besitzen.

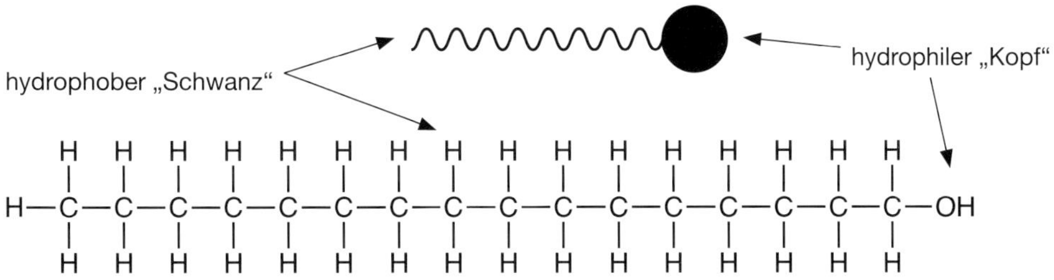

Cetylalkohol

Der hydrophile Kopf des Emulgatormoleküls löst sich im Wasser, der hydrophobe Schwanz im Öl. Je nach dem, ob winzige Öltropfchen im Wasser oder kleinste Wassertröpfchen im Öl verteilt sind, spricht man von einer Ö/W-Emulsion oder einer W/Ö-Emulsion (siehe Abbildung unten).

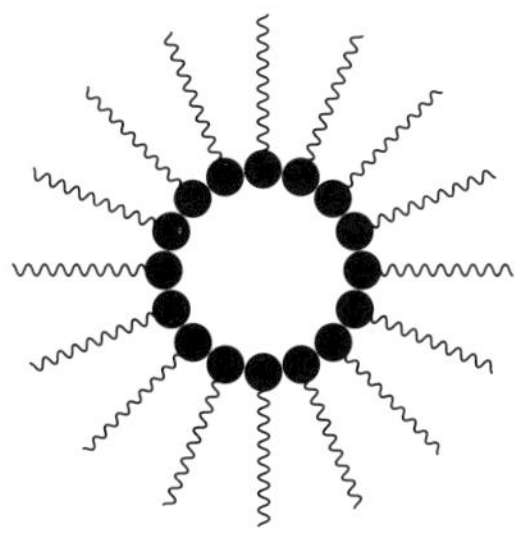

Wassertröpfchen in Fett (W/Ö)

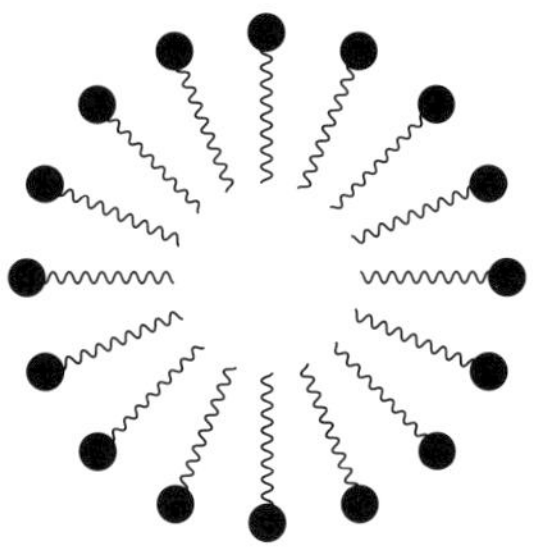

Fetttröpfchen in Wasser (Ö/W)

4.1 L Alkohole – eine Stoffklasse mit vielen Gesichtern

Erwartungshorizont

Cetylalkohol (Fortsetzung)

zu e) Steckbrief Cetylalkohol

Eigenschaften	Herstellung	Verwendung
– weißer wachsartiger Feststoff – Schmelztemperatur: 49,2 °C – Siedetemperatur: 312 °C – Dichte: 0,82 g/mL bei 20 °C – wasserunlöslich – gut löslich in Benzin	– früher: aus Walrat des Pottwals – Hochdruckhydrierung aus pflanzlichen Fetten und Ölen	– Salbengrundlage – Emulgator – Herstellung von Tensiden – Schmiermittel in der Metallindustrie

zu f)

Tegomuls:	Emulgator, Konsistenzgeber (bestimmt die Festigkeit der Creme)
Bienenwachs:	Konsistenzgeber
Cetylalkohol:	Emulgator
Pflanzenöl:	Fett
Glycerin:	Feuchthaltemittel
Panthenol:	Pro-Vitamin der Panthothensäure, fördert Wachstum der Hautzellen, glättet die Haut, mildert Hautschäden, die durch äußere Reize verursacht werden; spendet Feuchtigkeit
Vitamin E:	schützt die Haut vor freien Radikalen und verbessert das Feuchthaltevermögen der Haut
Paraben K:	Konservierungsmittel; verhindert die Verkeimung der Creme (gehört zu den PHB-Estern)

4.2 L Aspirin® und Aspirin® protect: Welche Form ist einzunehmen?

Thematik
Unterrichtsmethode

Grundlagen: funktionelle Gruppen (Alkyl-, -OH, -COOH, C=C , Ester), Protolyse, Hydrolyse, Protonen-Reaktionen, Veresterung, Gleichgewicht, Wasserstoffbrückenbindung, Polymerisation

Methodischer Vorschlag: 2-4-Alle-Methode

Durchführung: Kontext, M 1, M 2, M 3
M 1 kann als Folie zur Erläuterung der Vorgehensweise aufgelegt werden.
Nach individueller Einführung über den Kontext werden Schülerexperimente (M 2) in Zweier-Gruppen durchgeführt und ausgewertet; zur Unterstützung dienen Fachinformationen (M 3). Dann erfolgen Ergebnisaustausch in Vierer-Gruppen und Bearbeitung der Arbeitsaufträge c und d (M 1) zur Abklärung medizinischer Feststellungen und Ratschläge. Im anschließenden Plenum werden die Ergebnisse präsentiert und dabei eine Antwort auf die eingangs gestellte Frage herausgestellt.

Literaturangaben

Aspirin und Aspirin protect (Exp.), Nr. 1.1 in Materialien-Handbuch Kursunterricht Chemie Bd. 10/II, Aulis Verlag, Köln 2007
Die Aspirin-„Rose“, *A. Basalla*, u. a., MNU 62/6 (2009), S. 363

Zur Erweiterung
Materialien-Handbuch Bd.9: 3.8 (Ionen-Trapping), 3.9 (Applikationsarten)

Teilaufträge	**Sch-Experimente/Auswertung**	**Medizinische Anwendung**
Konzepte	Chemische Reaktion, Protolyse, Wasserstoffbrückenbindung	Struktur – Eigenschaft, Gleichgewichte, pH-Wert
Kompetenz-bereiche	Erkenntnisgewinnung: Sch'/Sch – nutzen geeignete Modelle und Formeln, um experimentelle Ergebnisse zu bearbeiten und auszuwerten. Kommunikation: Sch'/Sch – diskutieren chemische Sachverhalte mithilfe von Modellen und chemischen Darstellungen. Fachwissen	Kommunikation: Sch'/Sch – betrachten Aussagen aus verschiedenen Perspektiven und bewerten sie fachgerecht. Reflexion/Bewertung: Sch'/Sch – argumentieren fachlich und folgerichtig, entscheiden sich sachgerecht und kritisch. Fachwissen, Erkenntnisgewinnung
Anforderungs-bereiche	I, II, III	II, III

4.2 S Aspirin® und Aspirin® protect: Welche Form ist einzunehmen?

Kontext

Bereits der griechische Arzt *Hippokrates* (460 bis 377 v. Chr.) kannte die schmerzlindernde Wirkung der Extrakte von Weidenrinde (salix lat. Weide). Sie enthalten Salicylalkohol, der im menschlichen Körper zu Salicylsäure umgewandelt wird. Erst 1859 konnte *Hermann Kolbe* die Struktur der schmerzlindernden Salicylsäure aufklären (*o*-Hydroxybenzoesäure) und eine Synthese erarbeiten.
Felix Hoffmann versuchte, die Salicylsäure verträglicher zu machen, da sie grässlich schmeckte. 1897 konnte er erstmals Acetylsalicylsäure (ASS) herstellen. Heute ist ASS, häufig bekannt unter dem Handelsnamen Aspirin, das weltweit am meisten eingenommene Medikament. Früher wurden die ASS-Tabletten in Glasflaschen aufbewahrt. War die Luft zu feucht, trat nach einiger Zeit ein Geruch nach Essig auf; die Tabletten wurden ungenießbar. Heute sind sie einzeln in Folie eingeschweißt und luftdicht abgeschlossen.

Inzwischen hat man entdeckt, dass ASS das Verklumpen von Blutplättchen verhindert, so der Entstehung von Blutgerinnseln vorbeugt und damit vor Herzinfarkten und Schlaganfällen schützt. Allerdings muss man dazu täglich eine geringe Menge Aspirin einnehmen. Der häufige direkte Kontakt des Wirkstoffes mit der Magenschleimhaut kann diese jedoch schädigen. Zur Vermeidung dieser Nebenwirkung bei Dauereinnahme wurde eine neue Darreichungsform der Acetylsalicylsäure entwickelt: Aspirin protect.

Auf der Packung bzw. Packungsbeilage zu diesem Medikament ist u. a. zu lesen:

*„Zum Einnehmen unzerkaut mit reichlich Flüssigkeit. 1 magensaftresistente Tablette enthält 100 mg Acetylsalicylsäure. Sonstige Bestandteile: Maisstärke, Cellulosepulver, Methacrylsäure-Ethylacrylat-Copolymer 1:1-Dispersion … (*als Lacküberzug*) …*
Hinweis: Aspirin protect 100 mg eignet sich nicht zur Behandlung von Schmerzzuständen."

4.2 S Aspirin® und Aspirin® protect: Welche Form ist einzunehmen?

M1

Arbeitsaufträge (auch als OH-Folie einsetzbar)

1. Schritt (Zweier-Gruppen)

a) Informieren Sie sich über den Kontext der Untersuchungen, führen Sie dann die Experimente nach Anleitung M 2 durch und notieren Sie Ihre Beobachtungen.
b) Zeichnen/Skizzieren Sie mit Strukturformeln Ihr Wissen über die beteiligten chemischen Stoffe auf molekularer Ebene und erklären Sie das Verhalten bzw. Ihre Beobachtungen bei den Reaktionen der Aspirin® protect-Tabletten.
Falls nötig, können Sie als Hilfe die Fachinformationen M 3 zu Rate ziehen.

2. Schritt (Vierer-Gruppen)

Vergleichen und besprechen Sie Ihre Ergebnisse.

c) Erläutern Sie die verschiedenen medizinischen Ratschläge bzw. Feststellungen auf der Packungsbeilage von Aspirin® protect (magensaftresistent, Vorbeugung vor Herzinfarkt, keine Einnahme gegen akute Schmerzen, unzerkaut).Wichtige Fachinformationen sind in M 3 zusammengestellt.
d) Erläutern Sie den Vorzug der Folienverpackung von Aspirin®-Tabletten im Unterschied zur früheren Aufbewahrung in Glasflaschen.

3. Schritt (Plenum)

Als Team der Herstellerfirma soll Ihre Gruppe anschließend vor Fachpublikum ihre Ergebnisse vorstellen und die eingangs gestellte Frage begründet beantworten.

4.2 S Aspirin® und Aspirin® protect: Welche Form ist einzunehmen?

M2

Schülerexperimente

Geräte
Bechergläser, Kristallisierschale, Heizplatte, Thermometer

Chemikalien
2 Tabletten Aspirin®, 3 Tabletten Aspirin® protect, verd. Salzsäure (Xi, reizend), verd. Natronlauge (C, ätzend)

Sicherheitshinweise: Schutzbrille tragen

Entsorgung
Die Lösungen können im Sammelbehälter für Säuren und Laugen entsorgt werden.

Versuchsdurchführung

V 1, 2 In zwei Bechergläser füllt man jeweils 5 mL verd. Salzsäure und erwärmt auf 37 °C, in zwei weitere gibt man jeweils 5 mL verd. Natronlauge und erwärmt ebenfalls auf 37 °C.
Man nimmt je zwei Tabletten Aspirin® und Aspirin® protect, betrachtet ihr Äußeres und gibt zeitgleich je eine von beiden in die Bechergläser zur Salzsäure und je eine Tablette in die Bechergläser zur Natronlauge.

V 3 Die Kristallisierschale wird mit etwas Wasser so weit gefüllt, dass eine Tablette gerade eintauchen kann. Man ritzt nun eine Tablette Aspirin® protect mit spitzer Nadel (z. B. Zirkelspitze) leicht ein und legt sie mit einer Pinzette so in die Mitte der Wasseroberfläche, dass die beschädigte Seite nach oben gerichtet ist. (Dieses Experiment dient in der pharmazeutischen Industrie dazu, die Unversehrtheit des Tablettenüberzugs zu prüfen.)

4.2 S Aspirin® und Aspirin® protect: Welche Form ist einzunehmen? *M3*

Fachinformationen

Strukturformeln von Benzoesäure, *o*-, *m*-, *p*-Hydroxybenzoesäure

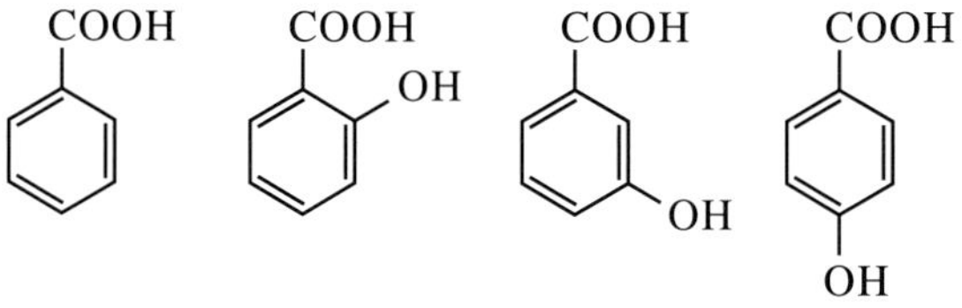

Strukturformel von Acetylsalicylsäure

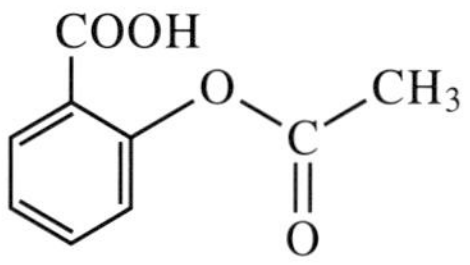

Stukturformel von Methacrylsäure

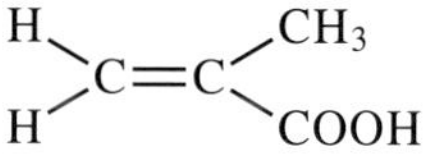

Ethylacrylat (Ethylacrylatethylester)

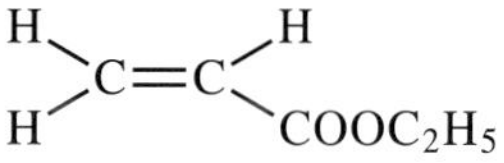

Strukturformel-Ausschnitt: 1:1-Copolymer

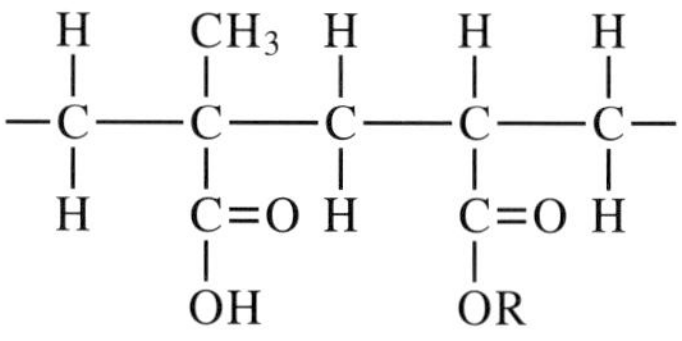

Cellulose

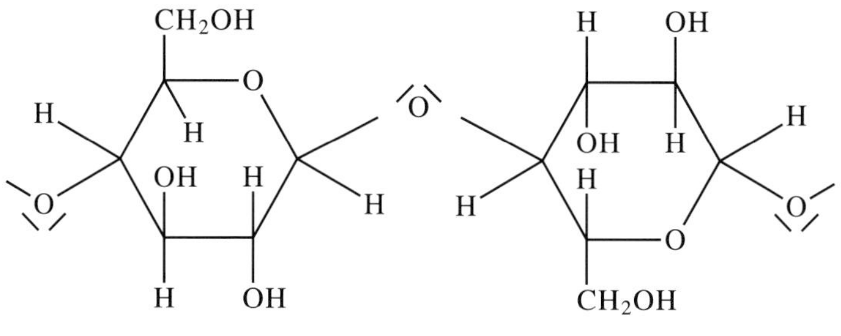

Stärke

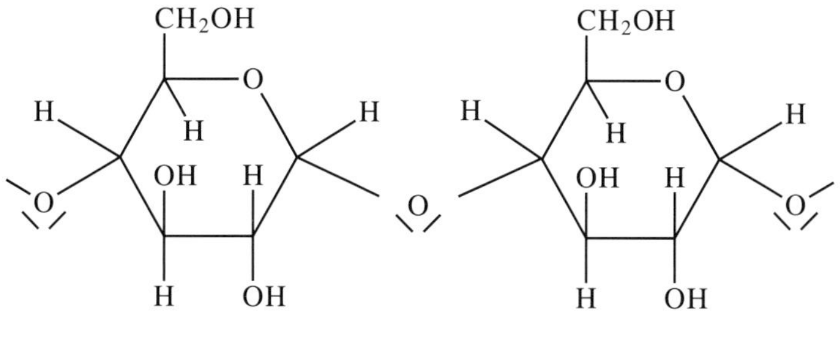

pH-Werte im Magen pH 1-2, im Darm pH 6-8

4.2 L Aspirin® und Aspirin® protect: Welche Form ist einzunehmen?

Erwartungshorizont

Arbeitsaufträge

zu a) Beobachtungen
Eine Aspirin®-Tablette ist bedeutend voluminöser als eine Aspirin® protect-Tablette. Letztere hat eine stabile, glatte (lackartige) Oberfläche; von der Aspirin®-Tablette lässt sich Pulverstaub abkratzen.

V1 Aspirin® zerfällt in verd. Säure sofort.
Aspirin® protect zerfällt in verd. Säure nicht.

V2 Aspirin® zerfällt in verd. Natronlauge sofort.
Aspirin® protect zerfällt in verd. Natronlauge nach einigen Minuten.

V3 An der beschädigten Stelle quillt weißes Pulver blütenartig heraus.

zu b) Aspirin® protect ist mit einem Copolymer aus Methacrylsäure und Ethylacrylat überzogen. Es hat folgenden molekularen Aufbau:

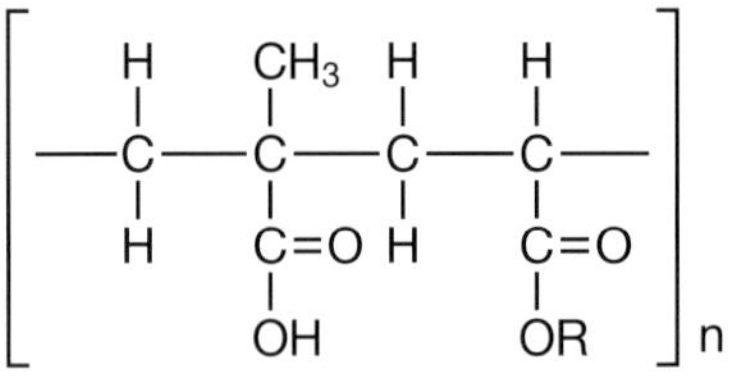

Über die Carboxyl-Gruppen im Polymer bildet sich im Kontakt mit Wasser folgendes Gleichgewicht:

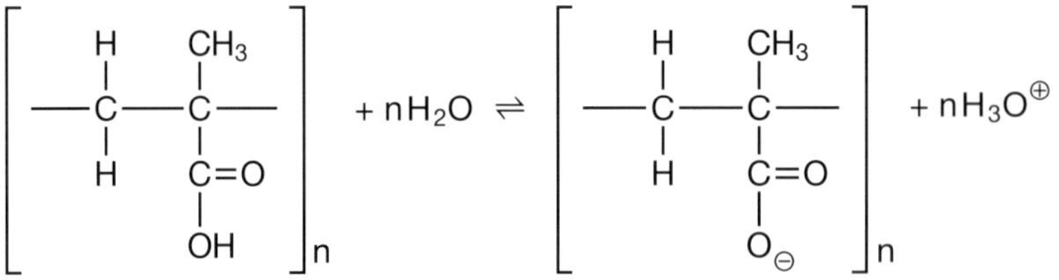

V1 In einer Säure mit Hydroxonium-Ionen liegt das Gleichgewicht auf der linken Seite und damit beim Lack in der undissoziierten Form; sie ist aufgrund der vielen Alkyl-Gruppen nicht in der Säure löslich. Daher kann Aspirin® protect nicht zerfallen.

V2 In neutraler bzw. alkalischer Lösung werden Protonen abgespalten und das Gleichgewicht liegt auf der rechten Seite, so dass negative Ladungen entstehen. Das Säure-Anion löst sich aufgrund der Ladung und somit kann Aspirin® protect zerfallen.

4.2 L Aspirin® und Aspirin® protect: Welche Form ist einzunehmen?

Erwartungshorizont

(Fortsetzung)

zu b) V3 An der geritzten Stelle kann Wasser in die Tablette eindringen und kommt so mit den Inhaltsstoffen in Berührung, also ASS, Stärke- und Cellulose-Pulver. ASS kann sich – wie bei V2 – allmählich in Wasser lösen. Stärke und Cellulose gehören zu den Polysacchariden aus Glucose-Einheiten, z. B. in folgender Form:

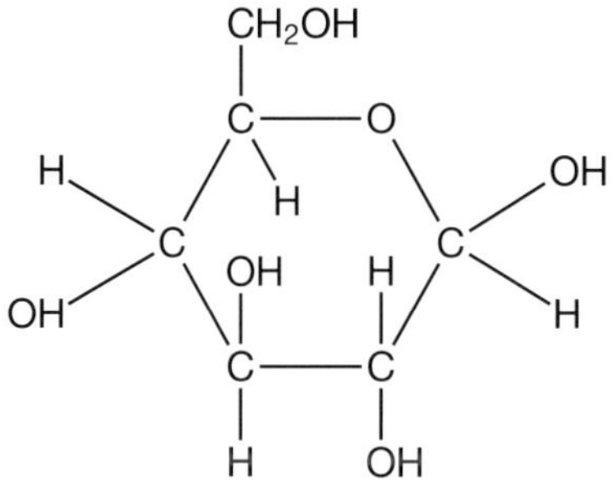

Sie polymerisieren über O-Brücken.

Eine Cellulose-Struktur kann vereinfacht so gesehen werden:

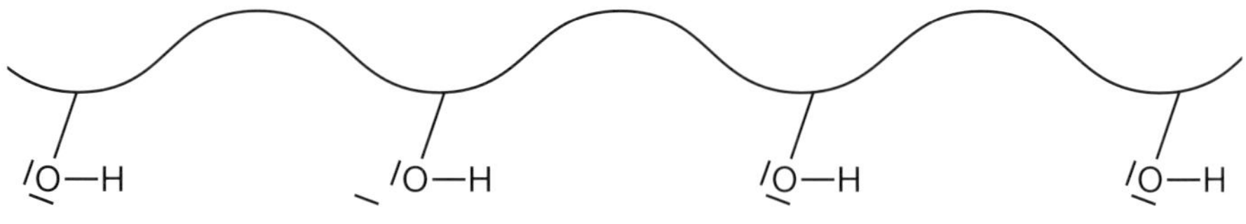

An die vielen Hydroxy-Gruppen (-OH) werden Wasser-Moleküle (H_2O) über Wasserstoffbrückenbindungen angelagert, so dass die Pulvermasse aufquillt und die Blütenform entsteht. Durch den Quellvorgang wird ASS schneller nach außen ins Wasser gedrückt und zur Auflösung gebracht.

zu c) Aspirin® protect-Tabletten sind magenresistent: Im Magen liegt ein pH-Wert von 1 bis 2 vor, also Magensäure. Nach V1 zerfällt Aspirin® protect nicht im Magensaft und gelangt so unversehrt in den Dünndarm mit pH-Wert 6 bis 8, also neutrales bis leicht alkalisches Milieu, in dem nach V2 Aspirin® protect nach kurzer Zeit zerfällt.

Zur Vorbeugung von Herzinfarkten muss man ASS regelmäßig einnehmen. Um den Kontakt mit der Magenschleimhaut zu vermeiden, nimmt man Aspirin® protect, das sich im Magen (pH 1-2) nicht löst, wohl aber im Darm (pH 6-8).

Kopfschmerzen hat man nicht regelmäßig, so dass man Aspirin® nur einmalig einzunehmen braucht. Dabei kann sich die Tablette schon im Magen lösen (s. Experiment), denn eine Schädigung der Magenschleimhaut ist beim einmaligen Einnehmen sehr unwahrscheinlich.

4.2 L Aspirin® und Aspirin® protect: Welche Form ist einzunehmen?

Erwartungshorizont

(Fortsetzung)

zu c) Hat man Kopfschmerzen, so möchte man, dass sie durch das Medikament *schnell und nachhaltig* beseitigt werden. Also nimmt man die Form, die größer ist und sich umgehend bereits im Magen, d. h. bei pH von 1 bis 2, auflöst. Dies ist Aspirin® und nicht Aspirin® protect.

Tablette unzerkaut mit viel Flüssigkeit einnehmen: Die Aspirin® protect-Tablette soll durch Speiseröhre und Magen in den Dünndarm gelangen. Dafür darf der Überzug nicht beschädigt sein, da nach V3 sonst das Innere der Tablette von Anfang an herausquillt und ASS damit doch im Magen an die Schleimhäute gelangt und sie so auf Dauer schädigt.

zu d) Mit der Folienverpackung ist es gelungen, die Tabletten luftdicht zu verschließen und damit vor Luftfeuchtigkeit (H_2O) zu schützen. Aufgrund des Geruchs an der früher üblichen Glasflasche ist davon auszugehen, dass hier mit Wasser allmählich Essigsäure entsteht:

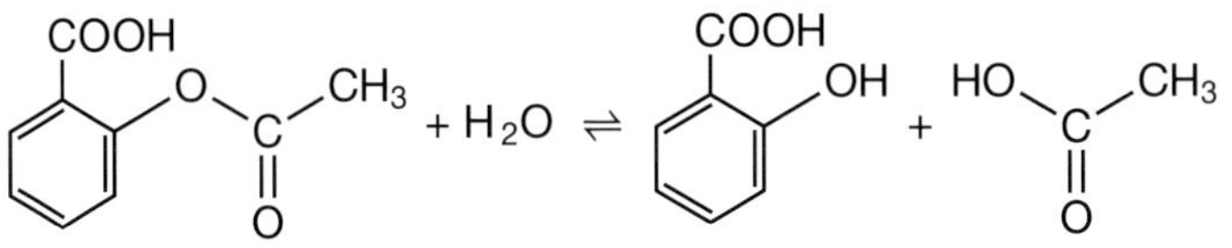

Das Estergleichgewicht erfährt eine Verschiebung nach rechts und so bilden sich Essigsäure und Salicylsäure.
Daher ist es erforderlich, ASS-Tabletten vor Feuchtigkeit zu schützen, da sie sonst allmählich zerfallen. Hat man dagegen eine Tablette in Wasser gelöst, dann soll man sie möglichst umgehend einnehmen, um einem Zerfall zuvorzukommen.

4.3 L Entdeckungen beim Ablauf von Additionsreaktionen

Thematik
Unterrichtsmethode

Grundlagen: Station 1, 2: Alkene, Gasgesetze, Rechnen mit Größen, GC; Heterolyse, Dipol- und Ionen-Anlagerung; Station 3, 4: Alkene, cyclische Verbindungen, Elektronegativität, I-Effekte, polar/unpolar, Carbenium-Ionen, Energiediagramm für Reaktionsverläufe
Nicht vorausgesetzt, sondern hergeleitet: 2-Schritt-Folge bei elektrophilen Additionen, Stabilität von Carbenium-Ionen, Vertiefung der Reaktionsvorstellung

Methodischer Vorschlag: Lernstraße

Durchführung: Kontext, M 1, M 2, M 3, M 4
In Kleingruppen informieren sich die Schülerinnen und Schüler über den Kontext und bearbeiten die Stationen 1 bis 4 (M 1, M 2, M 3, M 4) in dieser Reihenfolge. Darin entwickeln sie aus Experimenten, Chromatogrammen, Größenberechnungen und grafischen Darstellungen eine 2-Schritt-Folge für den Ablauf elektrophiler Additionen und vertiefen diese Vorstellung durch Anwendung auf weitere Beispiele.
Im anschließenden Plenum werden Verständnisfragen diskutiert und die Ergebnisse der Stationenarbeit präsentiert.

Literaturangaben
Elektrophile Addition an Ethen, Nr. 1.28, Elektrophile Addition an Propen, Nr. 1.30, Substituenten- und Lösemitteleinfluss bei elektrophilen Additionen, Nr. 1.32 in Materialien-Handbuch Kursunterricht Chemie Bd. 2, Aulis Verlag, Köln 1991
Mechanismus der Alkenbromierung, *H. Wambach,* wdr-Lehrerinformationen in Praxis Schulfernsehen, Heft 19 (1978) S. 61f
Lehrbuch der Organischen Chemie, *R. T. Morrison, R.N. Boyd,* Verlag Chemie Weinheim

Zur Erweiterung
Materialien-Handbuch Bd. 2: 1.33 (Elektrophile Additionsreaktionen bei Dienen)

<table>
<tr><th>Teilaufträge</th><th>Stationen 1, 2</th><th>Stationen 3, 4</th></tr>
<tr><td>Konzepte</td><td>Stoff – Teilchen
chemische Reaktion
physikalische Größen</td><td>Stoff – Teilchen
chemische Reaktion
Energie</td></tr>
<tr><td rowspan="2">Kompetenz-bereiche</td><td>Erkenntnisgewinnung: Sch'/Sch
– bilden Hypothesen, formulieren Vermutungen und prüfen sie an experimentellen Beobachtungen und Ergebnissen,
– interpretieren chemische Reaktionen auf der Teilchenebene,
– wenden mathematisch-physikalische Gesetze an zur Lösung exemplarischer chemischer Fragestellungen.</td><td>Fachwissen: Sch'/Sch
– deuten Stoff- und Energieumwandlungen durch Veränderung von Teilchen und den Umbau von Bindungen.

Erkenntnisgewinnung: Sch'/Sch
– wenden geeignete Modelle an zur Beschreibung und Erklärung chemischer Sachverhalte und Reaktionen.</td></tr>
<tr><td colspan="2">Kommunikation: Sch'/Sch
– argumentieren sachlogisch und begründen schlüssig (auf Phänomen- und Teilchenebene) chemische Sachverhalte und Fragestellungen,
– präsentieren ihre Arbeitsergebnisse fach- und adressatengerecht.</td></tr>
<tr><td>Anforderungs-bereiche</td><td>I, II</td><td>II, III</td></tr>
</table>

4.3 S Entdeckungen beim Ablauf von Additionsreaktionen

Kontext

Chemie ist die Welt der Stoffe und Reaktionen. Besonders hilfreich beim Lernen und Verstehen sind Systematisierungen und Modellvorstellungen; dies gilt für den Aufbau von Stoffen wie den Ablauf chemischer Reaktionen in Natur, Technik und Lebenswelt.
Chemische Reaktionen werden in verschiedene Reaktionstypen wie Additionen, Eliminierungen und Substitutionen eingeteilt. Wer Kenntnisse über charakteristische Reaktionsschritte und Zwischenstufen erworben hat, kann den Einfluss von Molekülstrukturen auf das Reaktionsverhalten abschätzen, Vorhersagen für Zwischenprodukte machen und gezielte Steuerung zur Gewinnung und Produktion von Alltagsprodukten vornehmen.

Ein bedeutender Reaktionstyp sind die Additionsreaktionen. Hier wird aus mindestens zwei Stoffen ein neuer gewonnen; auf der Modellebene addieren sich die Atome der Eduktmoleküle zu einem neuen Molekül. Im Folgenden werden charakteristische Kohlenwasserstoffe ausschnittweise auf ihrem mehrstufigen Weg aus Erdöl/Erdgas hin zu Anwendungsprodukten betrachtet, z. B. Arzneimittel, Kunststoffe, Kautschuk und Gummi, Pflanzenschutzmittel.
Die Reaktionsfolgen laufen über mehrere Zwischenprodukte; exemplarisch werden Ethen, Propen, Buten, Cyclohexen herausgegriffen. Sie alle sind gekennzeichnet durch eine Kohlenstoff-Kohlenstoff-Doppelbindung $>C=C<$.
Charakteristische Fortsetzungsprodukte sind beispielsweise Halogenalkane, die auf weiteren diversen Wegen zu Anwendungsprodukten führen können.

Auf der folgenden Lernstraße sind vertiefend zahlreiche experimentelle Beobachtungen und Ergebnisse bei verschiedenen Additionsreaktionen zusammengetragen, um so den Reaktionsablauf – auch bei nur kurzer Reaktionszeit – näher zu analysieren und dabei ein Reaktionsmodell zu entwickeln und anzuwenden.

Station 1: Reaktion von Ethen mit Brom

Station 2: Addition von Brom an Propen

Station 3: Additionen an 1-Hexen, Cyclohexen, 1,2-Dichlorethen

Station 4: Übung und Vertiefung

4.3 S Entdeckungen beim Ablauf von Additionsreaktionen

M1

Station 1: Reaktion von Ethen mit Brom

Versuch mit chemischer Reaktion

Ein trockener, mit Bromdampf gefüllter Standzylinder wird auf einen mit Ethen gefüllten trockenen Standzylinder gestellt und die Trennscheiben entfernt: Bromdämpfe sinken ab.

Nach einiger Zeit ist zu beobachten:
- die Gasmischung entfärbt sich,
- es bilden sich Tröpfchen in der unteren Hälfte.

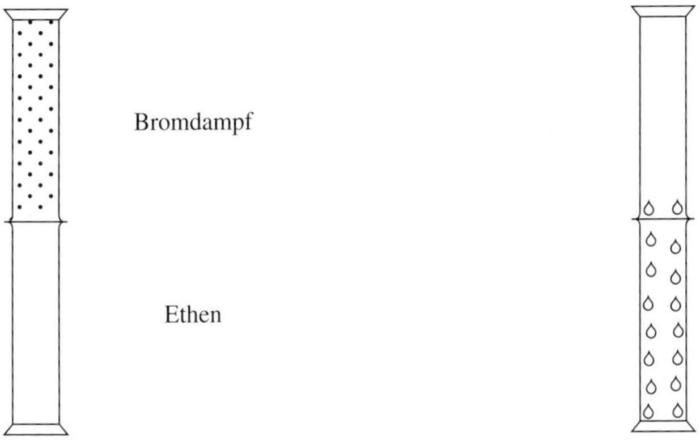

Prüf-Experimente
(1) Eine Knallgasreaktion mit den gasförmigen Inhalten fällt negativ aus.
(2) Die Beilsteinprobe mit flüssiger, tröpfchenförmiger Substanz fällt positiv aus.
(3) Mischt man etwas Tröpfchen-Substanz mit Wasser, so bilden sich zwei Phasen.
(4) Prüft man mit Säure-Base-Indikator, tritt keine Farbänderung auf.
(5) Prüft man auf Bromid-Ionen mit etwas Silbernitrat-Lösung, fällt kein Niederschlag aus.
(6) Quantitativ kann man ermitteln, dass in einem Volumen von 235 mL Ethen und 0,5 mL Brom ($\rho = 3{,}11$ g/cm) bei 19 °C und 1013 mbar beide Stoffe vollständig miteinander reagieren.

Aufgaben
a) Stellen Sie anhand der Versuchsbeobachtungen und der Strukturformeln der beiden Edukte verschiedene Vermutungen über formal mögliche Reaktionen und Reaktionsprodukte auf.
b) Welche Aussagen lassen sich aus den qualitativen Prüf-Experimenten (1) bis (5) herleiten? Überprüfen Sie damit Ihre Vermutungen.
c) Berechnen Sie aus den Ergebnissen von (6) das Stoffmengenverhältnis n (Ethen) zu n (Brom) und schließen Sie auf das Produktmolekül.

4.3 S Entdeckungen beim Ablauf von Additionsreaktionen

M2

Station 2: Addition von Brom an Propen

(1) Leitet man Propen, ein unsymmetrisches Alken, so lange durch eine methanolische Brom-Lösung, bis sie entfärbt ist, dann kann mit einem Gaschromatographen das Endprodukt 1,2-Dibrompropan nachgewiesen werden (s. Abb. 1).

(2) Leitet man nun Propen durch eine methanolische Brom-Lösung, in der zusätzlich Lithiumchlorid gelöst ist, dann kann mit dem Gaschromatographen (s. Abb. 2) 1-Brom-2-chlorpropan als weiteres Reaktionsprodukt nachgewiesen werden.

(3) Lässt man Propen mit Bromwasserstoff (HBr) reagieren, könnten formal zwei Brompropane gebildet werden; im Experiment findet man aber nur ein Reaktionsprodukt.

Abb. 1

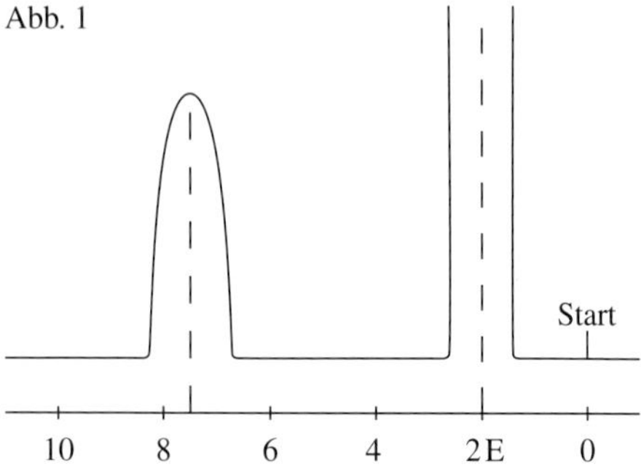

Abb. 2

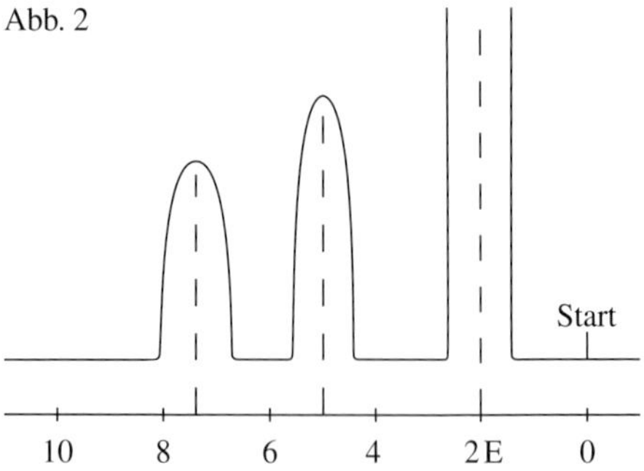

Aufgaben

a) Stellen Sie Vermutungen für die Reaktion (1) auf; nehmen Sie für den Ablauf an, dass die Addition der beiden Brom-Atome gleichzeitig oder stufenweise stattfinden kann.

b) Prüfen Sie die Reaktionsmodelle aus a an der Reaktion (2). An welcher Zwischenstufe entscheidet sich, dass 1-Brom-2-chlorpropan und nicht 2-Brom-1-chlorpropan entsteht?

c) Wenden Sie das bestätigte Reaktionsmodell auf die Reaktion (3) an und entscheiden Sie, welches Produkt dabei entstanden sein kann.

4.3 S Entdeckungen beim Ablauf von Additionsreaktionen

M3

Station 3: Additionen an 1-Hexen, Cyclohexen, 1,2-Dichlorethen

Sechs Experimente

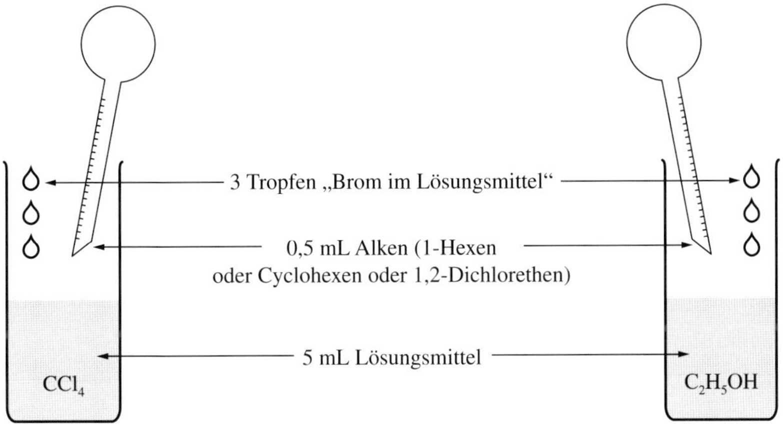

Beobachtungen

Lösungsmittel / Edukt	Tetrachlorkohlenstoff (CCl_4)	Ethanol (C_2H_5OH)
1-Hexen	sofortige Entfärbung	sofortige Entfärbung
Cyclohexen	Entfärbung nach einigen Sekunden	sofortige Entfärbung
1,2-Dichlorethen	keine Entfärbung	keine Entfärbung

Aufgaben

a) Beschreiben Sie zusammenhängend mit Ihren Worten die Versuchsdurchführung und die Beobachtungen.

b) Ermitteln Sie anhand der Beobachtungstabelle verschiedene Einflüsse auf den Reaktionsverlauf durch Variation des Lösungsmittels oder Substituenten.

c) Begründen Sie die in b gefundenen Einflüsse. Wie kann es zu Beginn einer Reaktion zwischen Brom und Alken zu einer Heterolyse von Brom-Molekülen kommen?

4.3 S Entdeckungen beim Ablauf von Additionsreaktionen

M4

Station 4: Übung und Vertiefung

Aufgaben

1. Die folgenden Skizzen zeigen spezielle Reaktionen von Ethen. Beschreiben und erläutern Sie sie.

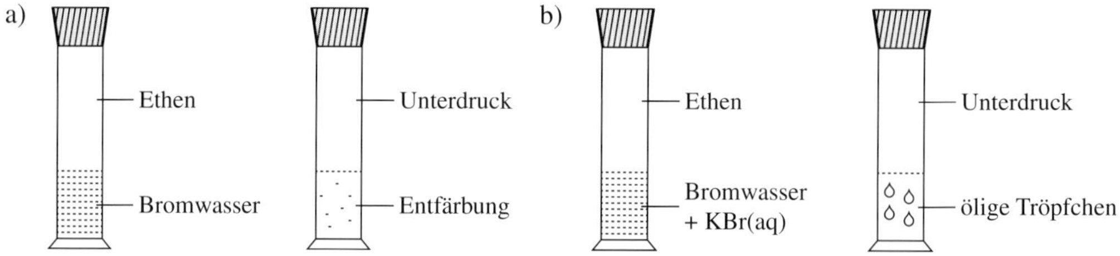

2. Beschreiben und deuten Sie die Darstellungen unterschiedlicher Reaktivitäten von Alkenen gegenüber Säuren (H^+).

a)

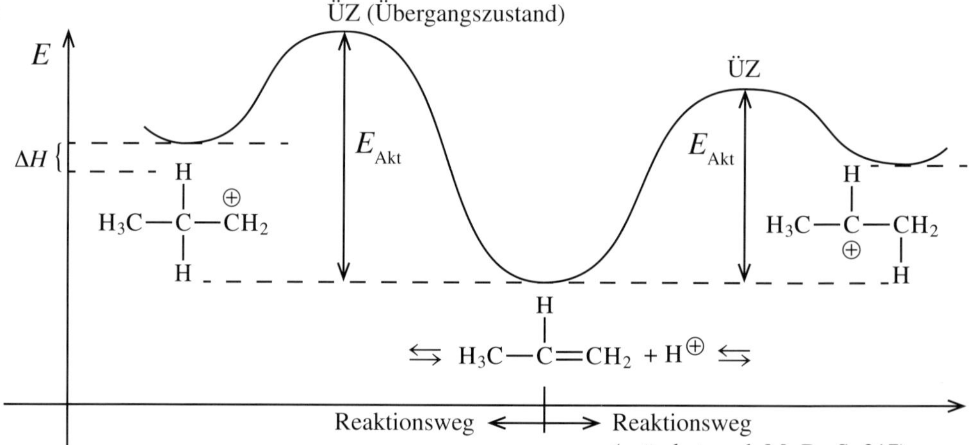

(geändert nach M.-B., S. 217)

b) > bedeutet reaktiver als

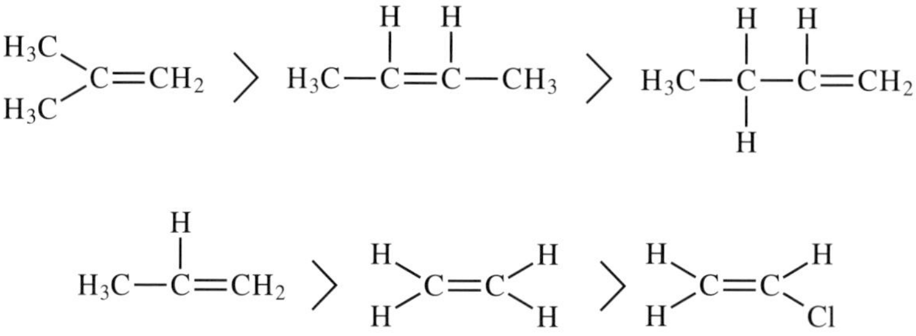

3. Hochpolymeres Polyisobuten, z. B. Butylkautschuk, gewinnt man aus Isobuten (2-Methylpropen) in Gegenwart von Protonen. Entwickeln Sie mit dem gefundenen Reaktionsmodell die Bildung und den Aufbau dieser Makromoleküle.

4.3 L Entdeckungen beim Ablauf von Additionsreaktionen

Erwartungshorizont

Station 1

zu a) Vermutungen:

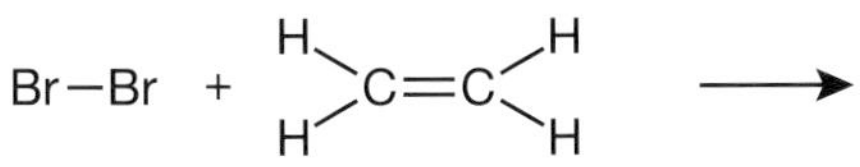

I 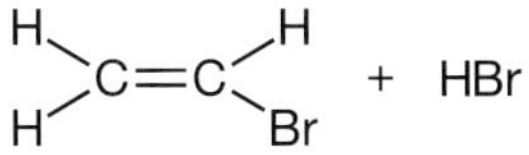

II 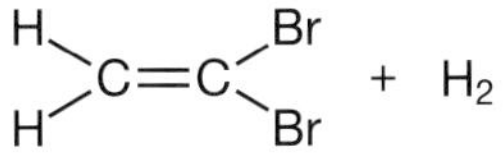

III 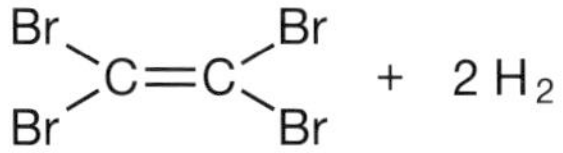

IV 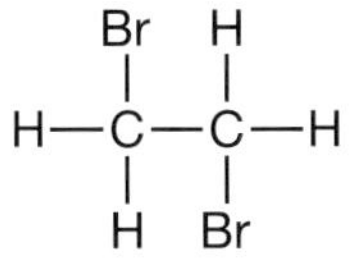

V $H{-}C{\equiv}C{-}H + 2\,HBr$

VI 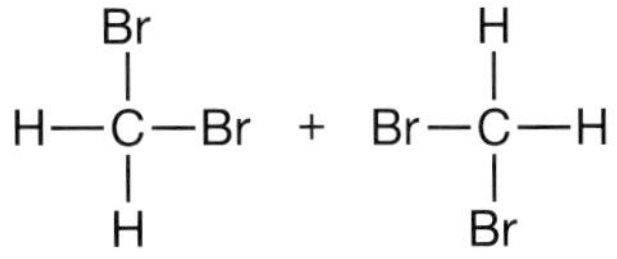

zu b) Nach (1) enthalten die Standzylinder kein Wasserstoffgas.
Nach (2) enthalten die Tröpfchen-Stoffe Brom-Atome.
Nach (3) sind die Produkt-Moleküle unpolar.
Nach (4) ist keine Säure/Base entstanden, also kein Bromwasserstoff (HBr).
Nach (5) sind keine Bromid-Ionen ($Br^{\ominus}$) entstanden.

Zusammengefasst: kein Wasserstoff (H_2), unpolare Moleküle, Brom-Atome in Produkt-Molekülen, kein Bromwasserstoff (HBr), keine Bromid-Ionen ($Br^{\ominus}$).

Demnach sind nur noch die Vermutung IV und eventuell VI möglich.

zu c) Volumen von Ethen unter Normbedingungen:

$$V_0 = \frac{p_1 \cdot V_1 \cdot T_0}{T_1 \cdot p_0} \text{ mit } p_0 = p_1 = 1013 \text{ mbar},\ V_1 = 235 \text{ mL},\ T_0 = 273 \text{ K},\ T_1 = 292 \text{ K}$$

ergibt: V_0 (Ethen) = 219,71 mL

$$\text{Stoffmenge } n \text{ (Ethen)} = \frac{V_0}{V_{mn}} = \frac{219{,}71 \text{ mL}}{22{,}4 \text{ mL/mmol}} = 9{,}81 \text{ mmol}$$

4.3 L Entdeckungen beim Ablauf von Additionsreaktionen

Erwartungshorizont

Station 1 (Fortsetzung)

zu c) Diese Stoffmenge Ethen reagiert mit

$$\text{Stoffmenge } n\,(\text{Brom}) = \frac{m\,(Br_2)}{M\,(Br_2)} = \frac{\rho\,(Br_2) \cdot V\,(Br_2)}{M\,(Br_2)} = \frac{3{,}11\ \text{g/cm}^3 \cdot 0{,}5\ \text{cm}^3}{158{,}8\ \text{g/mol}} = 9{,}73\ \text{mmol}$$

Also reagieren gleich große Stoffmengen miteinander und daher je 1 Molekül Ethen ($H_2C = CH_2$) mit 1 Molekül Brom (Br-Br), d. h., Vermutung IV trifft zu:

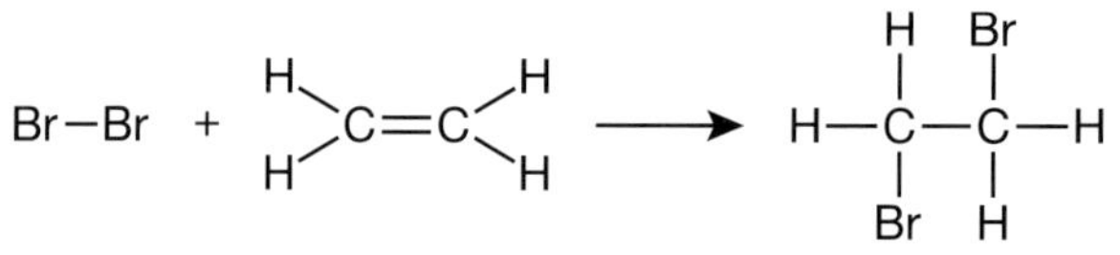

Station 2

zu a) Vermutung zu Reaktion (1), gleichzeitige Addition in einem Schritt

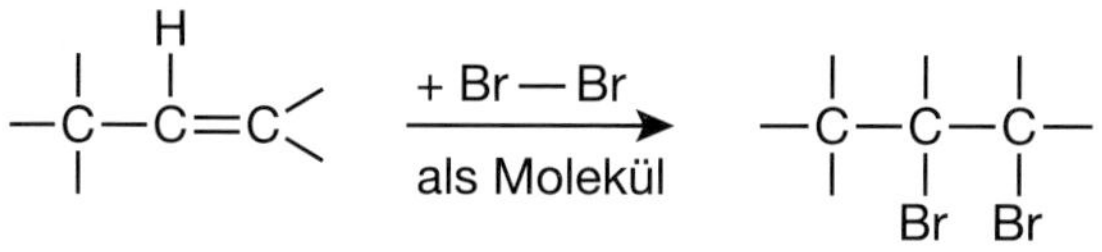

(mit Drehbarkeit der Einfachbindungen)

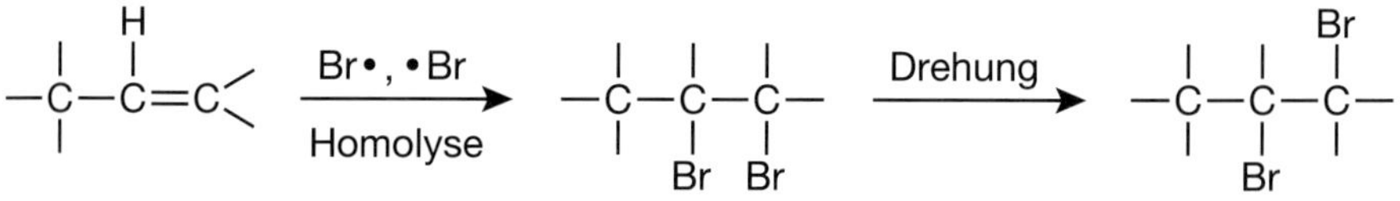

Vermutung zu Reaktion (1), stufenweise Addition in zwei Schritten

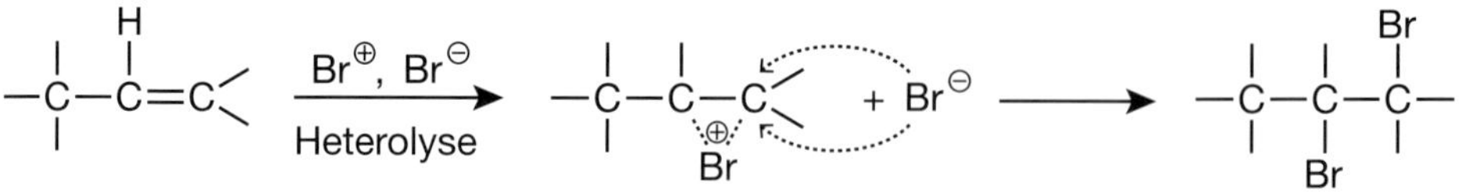

$Br^{\ominus}$ wird zunächst von den Elektronen der Doppelbindung abgestoßen, daher stufenweise Addition.

4.3 L Entdeckungen beim Ablauf von Additionsreaktionen

Erwartungshorizont

Station 2 (Fortsetzung)

zu b) Das Chromatogramm der Reaktion (2) weist drei Peaks auf: vom Start aus zunächst einen besonders großen Peak des Lösungsmittels, dann einen Peak, den es bei Reaktion (1) noch nicht gibt, also eine neue Substanz, nämlich 1-Brom-2-chlorpropan, und dann einen Peak, den es etwas höher schon bei Reaktion (1) gibt, also Dibrompropan, das bei Reaktion (2) in geringerer Ausbeute entsteht:

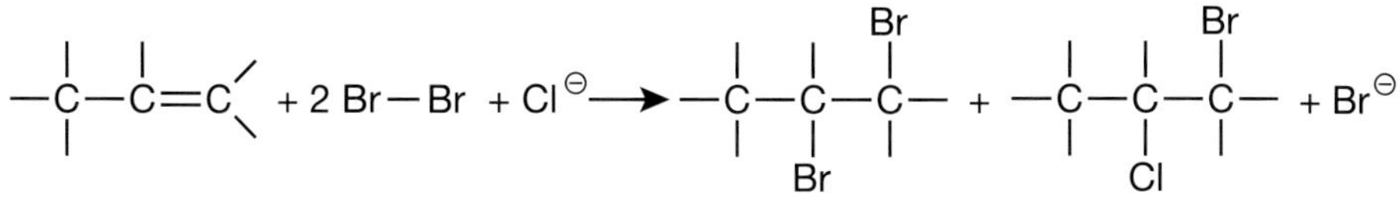

Denkbar wäre auch 2-Brom-1-chlorpropan, das ist aber nicht nachweisbar:

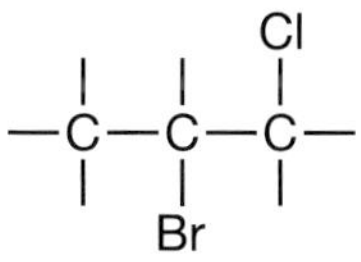

1. Folgerung: Ein-Schritt-Modelle entfallen, weil im Produkt noch Chlor-Atome auftreten.
2. Folgerung: Im stufenweisen Ablauf tritt eine positive Ladung am mittleren Kohlenstoff-Atom auf (sekundäres Carbenium-Ion), die Chlorid- neben Bromid-Ionen anzieht.
3. Folgerung: Im Reaktionsablauf tritt keine positive Ladung an einem endständigen Kohlenstoff-Atom (primäres Carbenium-Ion) auf, da sonst 2-Brom-1-chlorpropan entstanden wäre.

zu c) Übertragung auf Reaktion (3)

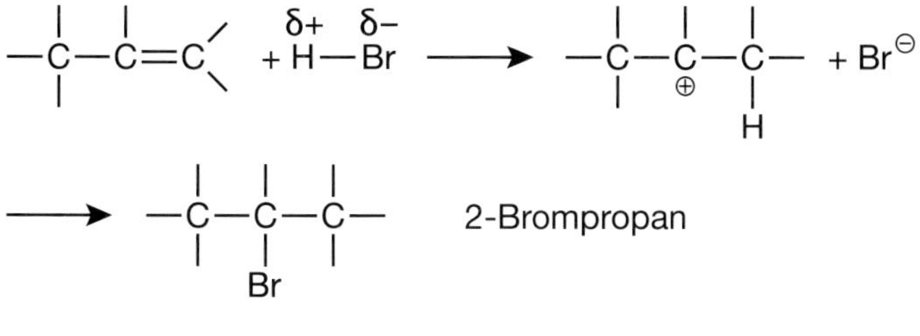

2-Brompropan

Das positiv polarisierte Proton wird von den Elektronen der Doppelbindung angezogen; nach der 2. Folgerung (unter b) bildet sich das sekundäre Carbenium-Ion, das dann mit dem negativ geladenen Bromid-Ion reagiert.

4.3 L Entdeckungen beim Ablauf von Additionsreaktionen

Erwartungshorizont

(Fortsetzung)

Station 3

zu a) Die Addition von Brom an die Kohlenstoff-Kohlenstoff-Doppelbindung (KKD) hat man in zwei verschiedenen Lösungsmitteln (unpolar, polar) und mit den Stoffen

1-Hexen (KKD an einem freien Molekülende 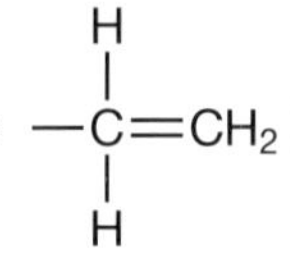),

Cyclohexen (KKD in einer Ringverbindung 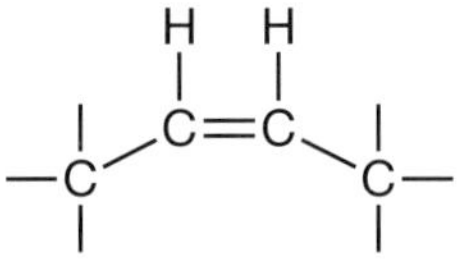), und mit

1,2-Dichlorethen (KKD mit je einem elektronegativen Chlor-Atom an den Kohlenstoff-Atomen 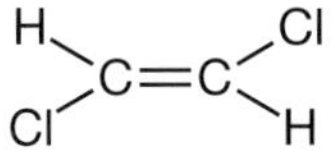) durchgeführt.

Dabei wird jeweils auf die Reaktionszeit geachtet, bis die Lösung entfärbt ist.

zu b) Lösemitteleinfluss stellt man fest bei der Bromierung von Cyclohexen, und zwar verläuft sie schneller im polaren Lösungsmittel.
Geht man von 1-Hexen aus – Doppelbindung frei zugänglich – dann beobachtet man bei Cyclohexen eine Reaktionsverzögerung, wenn die Doppelbindung sterisch fest im Ringsystem vorliegt.
Die beiden Chlor-Atome an den Kohlenstoff-Atomen üben einen –I-Effekt auf die Elektronen der Doppelbindung aus und behindern eine Brom-Addition.

zu c) Mit steigender Polarität des Lösemittels nimmt die Reaktionszeit ab bzw. die Reaktionsgeschwindigkeit zu: Nach Aufgabe b von Station 2 sind im Reaktionsablauf die Zwischenstufen durch Polarisierung, heterolytische Spaltung und Ladungstrennung gekennzeichnet. Hier können polare Lösemittel so wirken, dass sie den Übergang von Molekülen zu geladenen Teilchen (Ionen) durch Solvatisierungseffekte energetisch erleichtern und eine heterolytische Spaltung des Brom-Moleküls begünstigen. Dies ist dann der geschwindigkeitsbestimmende Schritt; die nachfolgende Ionenreaktion wird nämlich spontan verlaufen.
Die Addition von Brom ist auch abhängig von sterischen Bedingungen und Substituenten, wie Alkylgruppen oder Chlor-Atomen. Bei Cyclohexen wird die Reaktionszeit durch die Behinderung aufgrund der Ringstruktur geringfügig erweitert. Die elektronegativen Chlor-Atome verringern von zwei Seiten die Elektronendichte in der Doppelbindung, wodurch sie die Brom-Addition verhindern. Hier scheint ein Schlüssel zum Reaktionsstart zu liegen, die Elektronendichte. Nähert sich ein Molekül Br–Br mit außenliegenden, beweglichen Elektronen den zwischen Kohlenstoff-Atomen gebundenen Elektronen, dann wirken Abstoßungskräfte elektronenschiebend auf das „große“ Brom-Molekül: Am bindungsfernen Ende erhöht sich die

4.3 L Entdeckungen beim Ablauf von Additionsreaktionen

Erwartungshorizont

Station 3 (Fortsetzung)

zu c) Elektronendichte, am bindungsnahen Ende wird sie verringert, so dass hier positive Polarisierung bemerkbar wird. Dieses positiv polarisierte Ende tritt dann in Wechselwirkung mit der π–Elektronenwolke der Doppelbindung (sog. π–Komplex) und bewirkt schließlich eine heterolytische Spaltung des Brom-Moleküls. Sobald ein Carbenium-Ion entstanden ist, kann ein Bromid-Ion angezogen und addiert werden.

Zusammenfassung (als 2-Schritt-Mechanismus in Erweiterung von 2b):

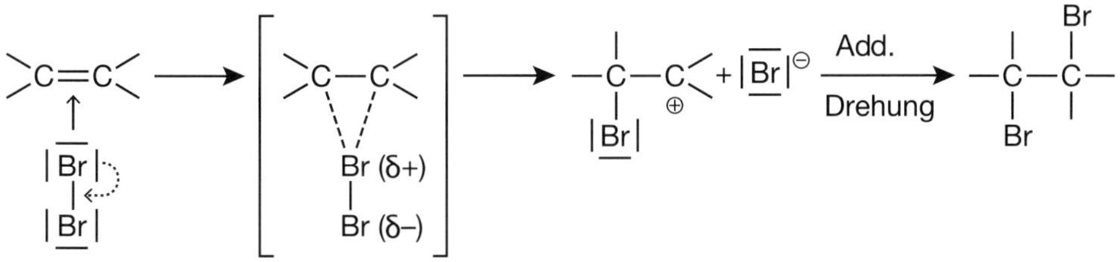

Elektrophiler Angriff auf die Doppelbindung (geschwindigkeitsbestimmend), nucleophiler Angriff auf das im 1. Schritt gebildete kationische Zwischenprodukt.

Station 4

zu 1a) Ethen, Brom und Wasser werden geschüttelt und vermischt. Entfärbung heißt, Brom hat reagiert, bekanntermaßen mit Ethen; daher entsteht ein Unterdruck in der Gasphase. „Alle“ Produkte befinden sich in der wässrigen Phase, also kein Dibromethan, das mit Wasser nicht mischbar ist.
Aber im 2-Schritt-Mechanismus kann ja noch eine Reaktion des Carbenium-Kations mit dem Dipol H_2O ablaufen:

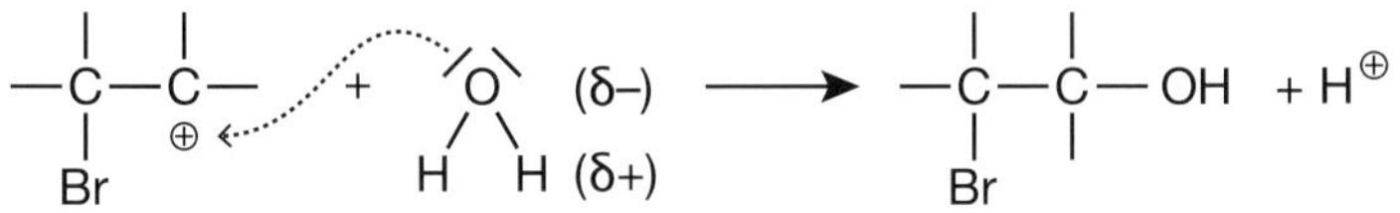

Dieses Produkt ist Brom-Ethanol; die Moleküle haben ein polares Ende, so dass über Dipol-Dipol-Wechselwirkungen eine Mischung mit Wasser möglich ist.

zu 1b) Mit den öligen Tröpfchen ist eine mit Wasser nicht mischbare Substanz entstanden; offenkundig ist dies 1,2-Dibromethan. Durch gelöstes Kaliumbromid (KBr) liegt ein großer Überschuss an Bromid-Ionen vor, die mit den Carbenium-Kationen reagieren – statt H_2O nach 1a.

zu 2a) Das Reaktionsdiagramm zeigt die energetische Situation der Produkte entlang der Reaktionswege. Gestartet wird mit Propen und Proton:

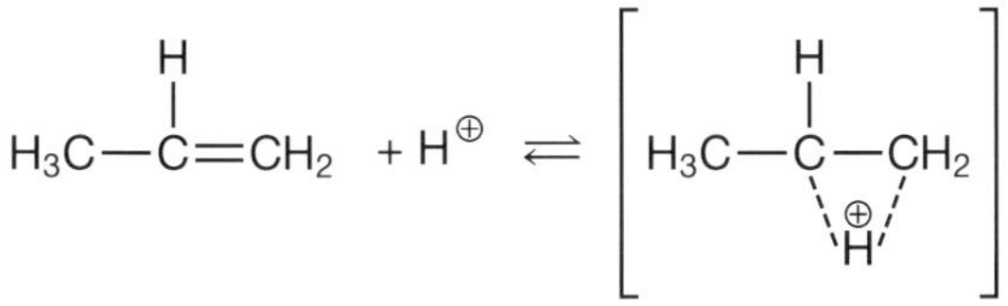

4.3 L Entdeckungen beim Ablauf von Additionsreaktionen

Erwartungshorizont

Station 4 (Fortsetzung)

zu 2a) In der Fortsetzung kann das Proton als Wasserstoff-Atom einmal an das sekundäre Kohlenstoff-Atom (linke Hälfte) und einmal an das primäre Kohlenstoff-Atom (rechte Hälfte) gebunden werden und die positive Ladung dann am primären oder am sekundären Kohlenstoff-Atom auftreten.
Im Energie-Diagramm ist ersichtlich, dass die Aktivierungsenergie (rechte Hälfte) geringer und daher die Bildung schneller verläuft, wenn sich das sekundäre Carbenium-Kation bildet; dieses ist auch energetisch um ΔH stabiler ist als ein primäres Kation. Reaktionsgeschwindigkeit und Stabilität weisen also bei Konkurrenz von primären und sekundären Kationen in die gleiche Richtung, nämlich Bildung des sekundären Carbenium-Kations.

zu 2b) Bei der Behandlung der Reaktivität kommt es nach 2a auf die Zwischenstufe des Carbenium-Ions an:

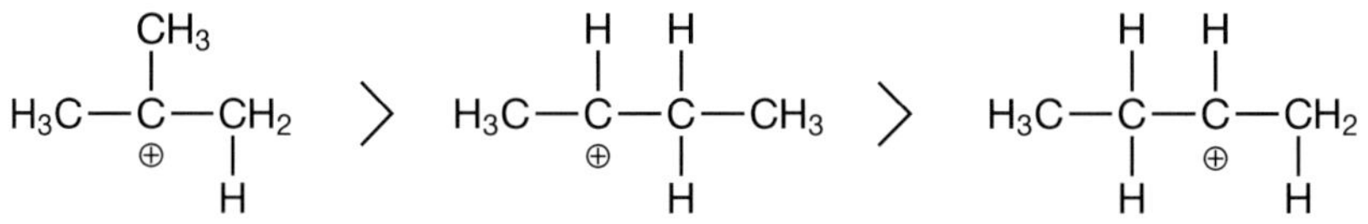

tertiäres Kation > sekundäres Kation > sekundäres Kation

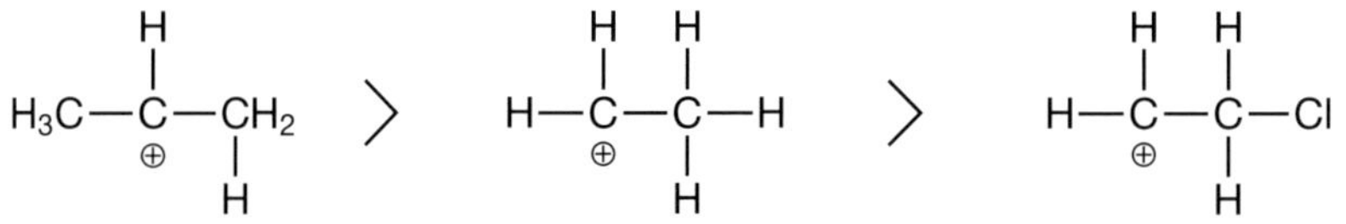

sekundäres Kation > primäres Kation > primäres Kation

Isobuten, aus dem ein tertiäres Kation entsteht, reagiert schneller als Butene, die sekundäre Kationen bilden.
Der kleine Unterschied zwischen 2- und 1-Buten, die gleiche sekundäre Kationen bilden, liegt im vorgeschalteten Übergangszustand (ÜZ) zwischen positiver Ladung im Proton und danach an einem Kohlenstoff-Atom (Carbenium-Kation). Im ÜZ (siehe 2a) ist die C-H-Bindung teilweise gebildet, die Doppelbindung etwas gelöst, die positive Ladung zwischen Wasserstoff- und Kohlenstoff-Atom verteilt.
Substituenten wie die Methyl-Gruppe mit +I-Effekt, also elektronenliefernd, wirken verteilend auf die positive Teilladung und stabilisieren den Übergangszustand, so dass die Aktivierungsenergie sinkt und die Bildung schneller abläuft; daher ist 2-Buten reaktiv begünstigt.
Entgegengesetzt wirken Substituenten mit –I-Effekt wie elektronegative Halogen-Atome; sie ziehen Elektronen an und verstärken die positive Ladung. Damit steigt die Aktivierungsenergie und die Bildung wird erschwert. Demzufolge ist Vinylchlorid $H_2C{=}CHCl$ weniger reaktiv als Ethen, wenngleich beide ein primäres Kation als Zwischenstufe bilden.
Propen, das ein sekundäres Kation bildet, reagiert schneller als Ethene, aus denen primäre Kationen entstehen.

4.3 L Entdeckungen beim Ablauf von Additionsreaktionen

Erwartungshorizont

Station 4 (Fortsetzung)

zu 3.

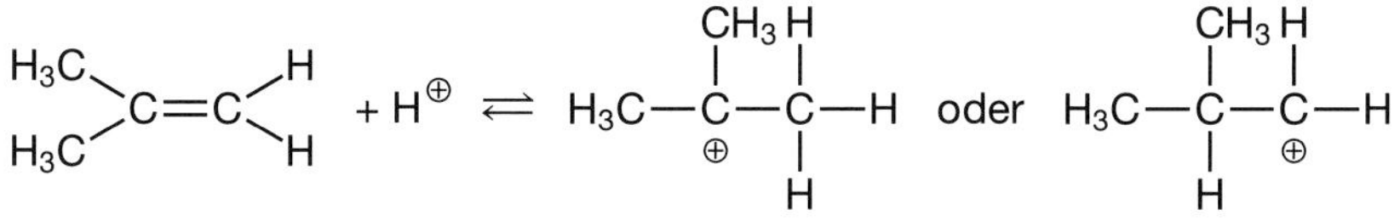

Von diesen beiden formal möglichen Carbenium-Kationen wird das tertiäre schneller gebildet und hat die etwas größere Stabilität. Als Kation kann es elektrophil mit einem Propen-Molekül reagieren:

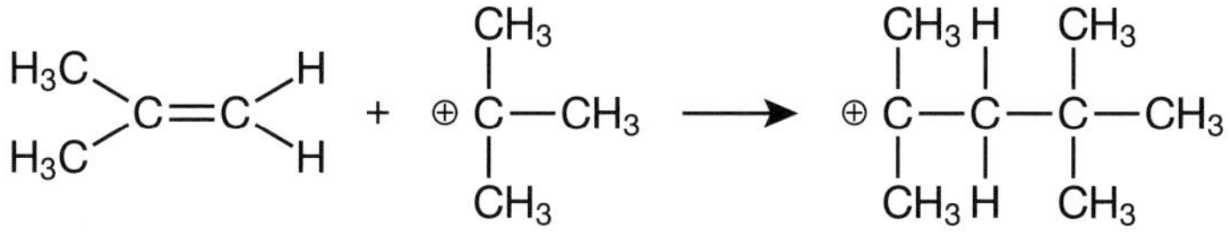

Es entsteht wieder das stabilere tertiäre Carbenium-Kation, das die Reaktion fortsetzt:

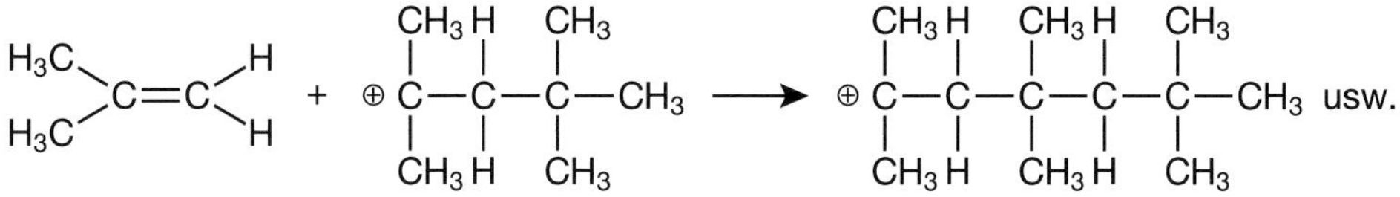

Ein Polymer-Molekül wächst wie eine Kette heran, bei der nacheinander ein Glied an das andere angebaut wird:

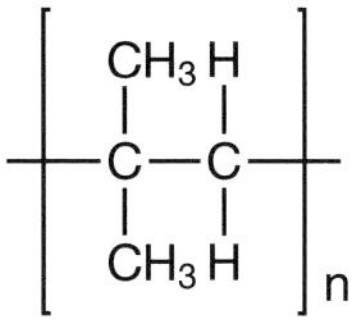

5.1 L Kohlefreie Durchschreibpapiere

Thematik
Unterrichtsmethode

Grundlagen: Farbigkeit organischer Verbindungen, Triphenylmethan-Farbstoffe, Indikatoren, Protolyse-Hydrolyse, Gleichgewicht

Methodischer Vorschlag: Lernstraße mit Experimenten

Durchführung: Kontext, M 1 bis M 7
Nach individueller Einführung über den Kontext durchlaufen die Schüler in Zweier-Gruppen die Lernstraße in numerischer Reihenfolge, beginnend bei Station 1 (M 1). Sie führen die Experimente durch und bearbeiten die Aufgaben.
Im anschließenden Plenum werden die Ergebnisse präsentiert und diskutiert.

Hinweis zur praktischen Durchführung der Versuche
Es gibt verschiedene Typen Durchschreibpapiere. Für die Experimente der Lernstraße müssen kohlefreie Durchschreibpapiere verwendet werden, die auf der Rückseite des Originals einen Indikatorfarbstoff in Leukoform besitzen und auf der Vorderseite der Kopie mit einer Säure beschichtet sind. Geeignet sind z. B. die Bareinzahlungs-Formulare vieler Sparkassen.

Literaturangaben

Kohlefreie Durchschreibpapiere, Nr. 2.9 in Materialien-Handbuch Kursunterricht Chemie Bd. 6, Aulis Verlag, Köln 1999
Kohlefreie Durchschreibpapiere – Eine Anwendung der Farbstoffchemie, *U. Hilgers* und *H. Sommerfeld*, Chemie in der Schule 43 (1996) H. 9, S. 322–325
Versuche zur Mikroverkapselung, *B. Hobein* und *B. Lutz*, PdN-Ch 36 (1987) H. 2, S. 20-24
Mikroverkapselung, *B. Hobein* und *B. Lutz*, Praxis-Schriftenreihe – Abteilung Chemie – Band 49, Aulis Verlag, Köln 1989

Zur Erweiterung
Materialien-Handbuch Bd. 6: 2.7 (Kristallviolett), 2.14 (Phenolphthalein), 2.15 (o-Kresolphthalein)

Stationen	**Stationen 1, 2, 3, 5**	**Stationen 4, 6, 7**
Konzepte	Struktur–Funktion, Protolyse	Donator – Akzeptor, Farbigkeit, Gleichgewichte, Indikatoren
Kompetenzbereiche	Erkenntnisgewinnung: Sch'/Sch – können Hypothesen bilden, Voraussagen formulieren und sie experimentell überprüfen. Fachwissen	Erkenntnisgewinnung: Sch'/Sch – können Hypothesen bilden, Voraussagen formulieren und sie experimentell überprüfen, – wenden geeignete Modelle zur Erklärung chemischer Sachverhalte an. Fachwissen Kommunikation
Anforderungsbereiche	I, II, III	II, III

5.1 S Kohlefreie Durchschreibpapiere *Kontext*

Durchschreibpapiere finden vielfältige Verwendung im Alltag: z. B. als Bareinzahlungsformulare bei Sparkassen, oder in vielen Geschäften und Firmen.
Früher verwendete man zur Anfertigung von Durchschriften schwarze Kohlepapiere oder anders gefärbte Papiere, die zwischen Original und Kopie gelegt wurden. Durch den Druck, den man mit einem Stift beim Schreiben auf das Original und das darunter liegende Kohlepapier ausübt, wird der Farbstoff vom Kohlepapier auf das darunter befindliche Blatt gedrückt.
Derartige Durchschreibpapiere findet man heute nur noch selten. Zumeist werden so genannte kohlefreie Durchschreibpapiere verwendet. Hierbei fehlt das farbige Blatt zwischen Original und Kopie. Beim Beschriften des Originals erscheint wie von Geisterhand der Schriftzug auch auf der Kopie.

Die folgende Lernstraße entschlüsselt das Geheimnis dieser kohlefreien Durchschreibpapiere Schritt für Schritt. Daher ist die Reihenfolge der Stationen nicht beliebig. Beginnen Sie mit der Bearbeitung bei Station 1 und folgen Sie den Stationen der Lernstraße in numerischer Reihenfolge.

Übersicht über die Stationen der Lernstraße:

Station 1: Experiment mit Durchschreibpapier

Station 2: Experiment mit Methylrot

Station 3: Experiment mit Salzsäure

Station 4: Chemie der kohlefreien Durchschreibpapiere

Station 5: Kohlefreie Durchschreibpapiere unter dem Mikroskop

Station 6: Experiment mit Natronlauge

Station 7: Kohlefreie Durchschreibpapiere mit Fluoranen

5.1 S Kohlefreie Durchschreibpapiere *M1*

Station 1: Experiment mit Durchschreibpapier

Versuchsmaterialien
Kohlefreies Durchschreibpapier, Kugelschreiber, 2 Blatt weißes Papier.

Durchführung
Trennen Sie Original und Kopie eines kohlefreien Durchschreibpapiers voneinander.

1. Legen Sie ein weißes Blatt Papier unter das Original und schreiben Sie mit einem Stift auf dem Original. Sehen Sie sich anschließend das Papier unter dem Original an.
2. Legen Sie ein weißes Blatt Papier über die Kopie und schreiben Sie mit einem Stift auf diesem Papierblatt. Sehen Sie sich anschließend die Kopie unter dem Blatt an.

Entsorgung: Hausmüll

Aufgaben

a) Schildern Sie die Versuchsbeobachtungen.
b) Formulieren Sie anhand der Versuchsbeobachtungen eine Hypothese hinsichtlich Aufbau und Funktion des Durchschreibpapiers.

Beobachtungen:

Hypothesen:

5.1 S Kohlefreie Durchschreibpapiere *M2*

Station 2: Experiment mit Methylrot

Versuchsmaterialien
Kohlefreies Durchschreibpapier, Pasteurpipette, Methylrot-Lösung in Ethanol (F, leichtentzündlich) (w(Methylrot) = 0,1 % ; σ(Ethanol) = 90 %)

Sicherheitshinweis: Keine offene Flamme, Schutzbrille tragen! 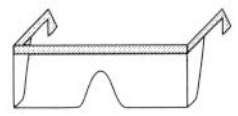

Durchführung
Trennen Sie Original und Kopie eines kohlefreien Durchschreibpapiers voneinander.
Geben Sie auf die Rückseite des Originals und auf die Vorderseite der Kopie jeweils einen Tropfen Methylrot-Lösung. Warten Sie zwei bis drei Minuten, bis das Lösungsmittel verdunstet ist.

Entsorgung: Hausmüll

Ergänzende Hinweise
Methylrot ist ein Indikator.
Farbe der Indikatorsäure: rot; Farbe der Indikatorbase: gelb
Umschlagbereich: pH 4,4 bis 6,2

Aufgaben
a) Schildern Sie die Versuchsbeobachtungen.
b) Korrigieren/Ergänzen Sie Ihre Hypothese hinsichtlich Funktion und Aufbau des kohlefreien Durchschreibpapiers.

Beobachtungen:

Hypothesen:

5.1 S Kohlefreie Durchschreibpapiere *M3*

Station 3: Experiment mit Salzsäure

Versuchsmaterialien
Kohlefreies Durchschreibpapier, Pasteurpipette, Kugelschreiber (ohne Mine), Salzsäure (c(HCl) = 0,01 mol · L^{-1}).

Sicherheitshinweis: Schutzbrille tragen! 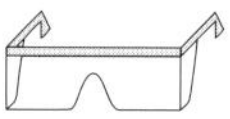

Durchführung
Trennen Sie Original und Kopie eines kohlefreien Durchschreibpapiers voneinander.
Geben Sie auf die Rückseite des Originals einen Tropfen Salzsäure. Rauen Sie diese Stelle anschließend mit einem Kugelschreiber ohne Mine leicht auf.

Entsorgung: Hausmüll

Aufgaben
1. Schildern Sie die Versuchsbeobachtungen.
2. Korrigieren/Ergänzen Sie Ihre Hypothese hinsichtlich Funktion und Aufbau des kohlefreien Durchschreibpapiers.

Beobachtungen:

Hypothesen:

5.1 S Kohlefreie Durchschreibpapiere M4

Station 4: Chemie der kohlefreien Durchschreibpapiere

Beim Entstehen der Durchschrift spielen die folgenden Verbindungen eine Rolle:

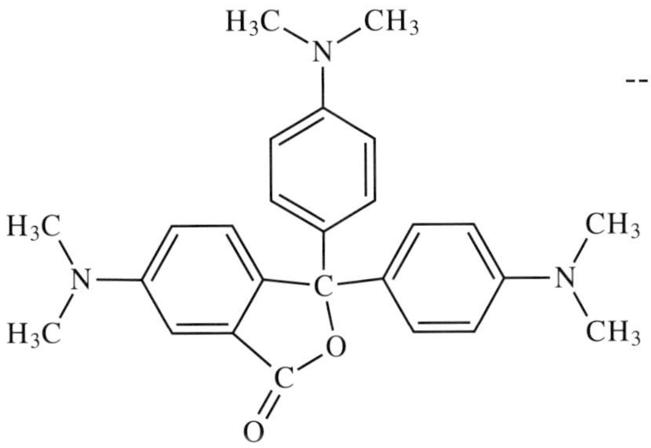

Kristallviolettlacton

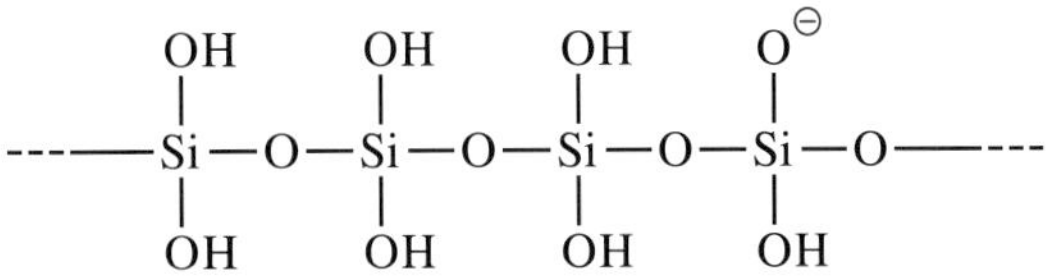

Polysilicat (Ausschnitt)

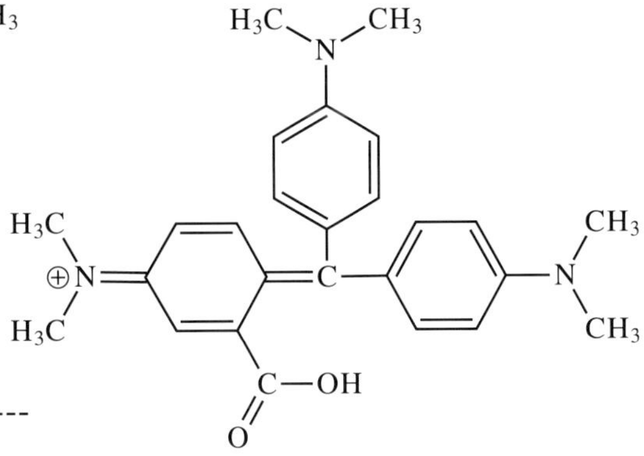

Kristallviolettsäure

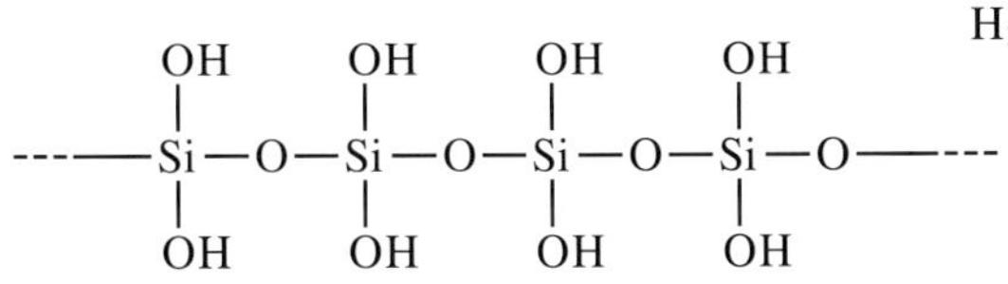

Polykieselsäure (Ausschnitt)

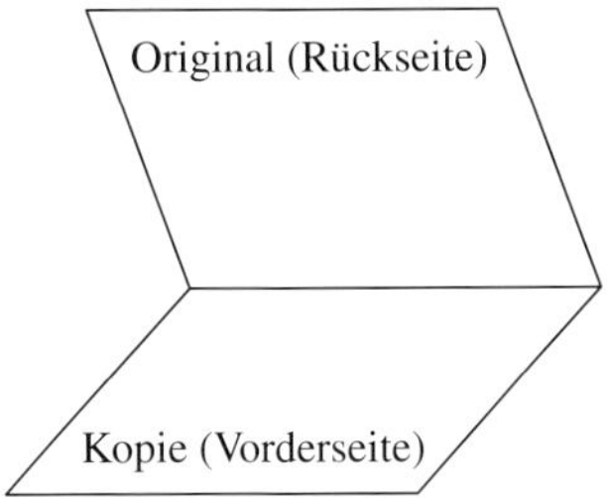

aufgeklapptes Durchschreibpapier vor der Beschriftung

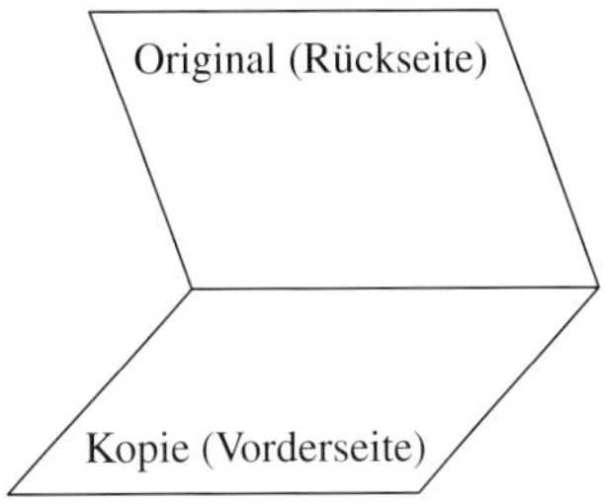

aufgeklapptes Durchschreibpapier nach der Beschriftung

Aufgaben

a) Welche Aussagen lassen sich hinsichtlich der Farbe von Kristallviolettsäure und Kristallviolettlacton machen? Begründen Sie Ihre Aussage.

b) Ordnen Sie die vier abgebildeten Verbindungen der Rückseite des Originals und der Vorderseite der Kopie vor und nach dem Beschriften zu.

c) Erklären Sie die chemischen Vorgänge beim Beschriften des Durchschreibpapiers.

5.1 S Kohlefreie Durchschreibpapiere M5

Station 5: Kohlefreie Durchschreibpapiere unter dem Mikroskop

Das Bild zeigt eine elektronenmikroskopische Aufnahme der Rückseite eines kohlefreien Durchschreibpapiers. Eines der beiden Bilder wurde vor, das andere nach der Beschriftung des Papiers aufgenommen.

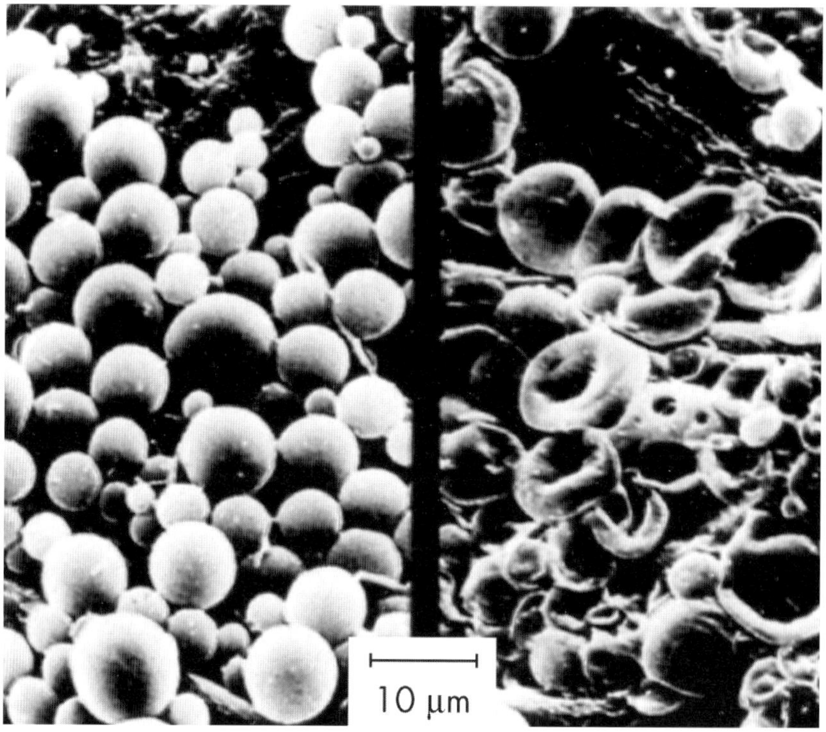

Fundstelle: M. Tausch und M. von Wachtendonk (Hrsg.): Chemie 2000+ – Sekundarstufe II, C.C. Buchners Verlag, Bamberg 2007, S. 322.

Aufgaben

a) Geben Sie an, welches der beiden Bilder vor und welches nach der Beschriftung aufgenommen wurde.

b) Erläutern Sie die Vorgänge beim Beschriften eines Durchschreibpapiers unter Berücksichtigung der elektronenmikroskopischen Aufnahme.

c) Welche Funktion hat das Aufrauen der Rückseite des Originals mit einem Stift bei Station 3?

5.1 S Kohlefreie Durchschreibpapiere M6

Station 6: Experiment mit Natronlauge

Versuchsmaterialien
Kohlefreies Durchschreibpapier, Kugelschreiber, Pinsel, Natronlauge ($c(NaOH) = 1\ mol \cdot L^{-1}$) (C, ätzend)

Sicherheitshinweis: Schutzbrille tragen! 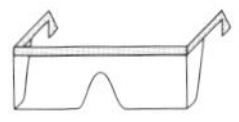

Durchführung
Beschriften Sie zunächst ein kohlefreies Durchschreibpapier mit einem Kugelschreiber. Trennen Sie anschließend das Original von der Kopie und bestreichen Sie den Schriftzug auf der Kopie dünn mit etwas Natronlauge. Beobachten Sie den Schriftzug ein paar Minuten.

Entsorgung: Hausmüll

Ergänzende Information

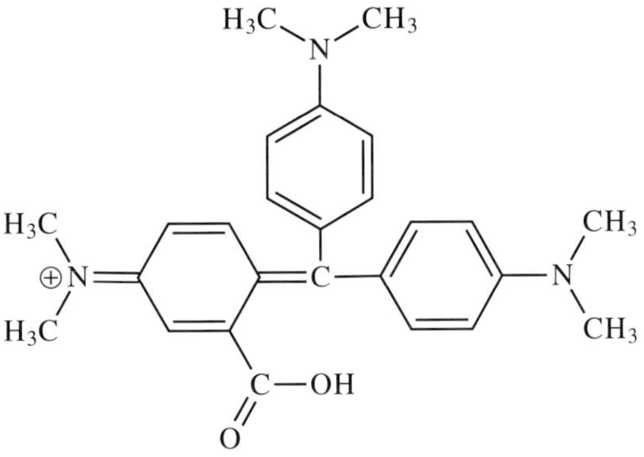

Kristallviolettsäure

Aufgaben
a) Formulieren Sie anhand Ihres Wissens über kohlefreie Durchschreibpapiere eine Vorhersage über den Verlauf des Experiments.
b) Schildern Sie die Versuchsbeobachtungen.
c) Stellen Sie die Reaktionsgleichung für die Reaktion von Kristallviolettsäure mit Hydroxid-Ionen auf.
d) Erklären Sie den Farbwechsel.

Vorhersage:

Beobachtungen:

Reaktionsgleichung:

Erklärung Farbwechsel:

5.1 S Kohlefreie Durchschreibpapiere M7

Station 7: Kohlefreie Durchschreibpapiere mit Fluoranen

In vielen kohlefreien Durchschreibpapieren findet sich kein Kristallviolettlacton. Stattdessen werden Fluorane verwendet.

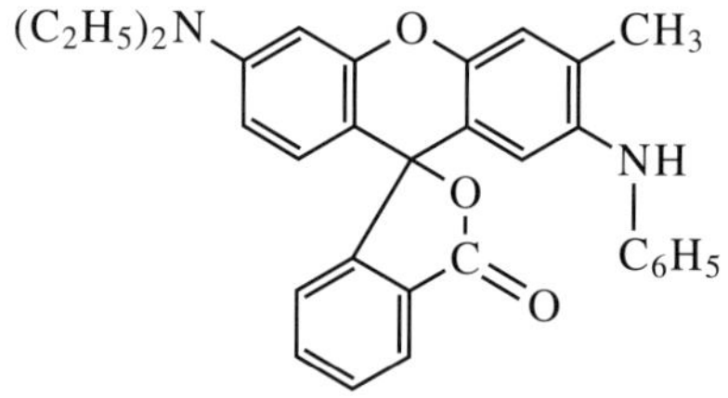

Beispiel für ein Fluoran

Aufgaben

a) Geben Sie die chemische Reaktion beim Beschriften eines kohlefreien Durchschreibpapiers an, das ein Fluoran enthält.

b) Erklären Sie den Farbwechsel beim Entstehen des Schriftzugs auf der Kopie.

5.1 L Kohlefreie Durchschreibpapiere *Erwartungshorizont*

Station 1

zu a) Bei Teilversuch 1 ist kein Schriftzug auf der Unterlage (weißes Blatt Papier) erkennbar. Bei Teilversuch 2 ist ebenfalls kein Schriftzug auf der Unterlage (Kopie des Durchschreibpapiers) erkennbar.

zu b) Mögliche Hypothese: Das Durchschreibpapier funktioniert nur in der Kombination von Original und Kopie. Daher muss das Original eine Substanz enthalten, die beim Aufdrücken des Stiftes auf das Original auf die Kopie übertragen wird. Dort reagiert sie mit einer anderen Substanz, die sich auf der Oberfläche der Kopie befindet, zu einem Farbstoff.

Station 2

zu a) Auf der Rückseite des Originals ist an der Stelle des Auftropfens der Methylrot-Lösung nach dem Verdunsten des Lösungsmittels ein orangegelber Fleck zu erkennen. Auf der Vorderseite der Kopie ist an der Stelle des Auftropfens der Methylrot-Lösung nach dem Verdunsten des Lösungsmittels ein dunkelroter Fleck zu erkennen.

zu b) Die Rotfärbung auf der Vorderseite der Kopie zeigt an, dass die Kopie mit einer Säureschicht überzogen ist. Auf der Rückseite des Originals befindet sich hingegen keine Säureschicht. Die Färbung zeigt, dass die Rückseite des Originals neutral bis schwach sauer ist. Es kann vermutet werden, dass sich auf der Rückseite des Originals ein Stoff befindet, der beim Übertragen auf die Kopie mit der Säure zu einem Farbstoff reagiert.

Station 3

zu a) Nach dem Auftropfen der Salzsäure auf die aufgeraute Stelle färbt sich die Stelle (leicht) dunkelviolett. (Hinweis: Je nach verwendetem Durchschreibpapier können auch andere Färbungen auftreten.)

zu b) Der Versuch zeigt, dass sich auf der Rückseite des Originals eine farblose Substanz befindet, die bei Kontakt mit der Säure zu einem Farbstoff reagiert. Diese farblose Substanz wird demnach beim Beschriften des Originals durch den Druck des Stiftes auf die Vorderseite der Kopie übertragen und reagiert dort mit der Säure zu dem Farbstoff. Es handelt sich somit um einen Indikatorfarbstoff.

Station 4

zu a) Kristallviolettsäure enthält ein ausgedehntes System konjugierter Doppelbindungen. Zudem sind zahlreiche chromophore Gruppen vorhanden. Dies führt zu einer Verschiebung der Absorption in den langwelligen Bereich. Kristallviolettsäure sollte daher farbig sein. Hingegen ist das System der konjugierten Doppelbindungen am zentralen Kohlenstoff-Atom des Moleküls unterbrochen. Das Absorptionsmaximum liegt daher nicht im sichtbaren Bereich. Die Substanz erscheint farblos.

5.1 L Kohlefreie Durchschreibpapiere *Erwartungshorizont*

Station 4 (Fortsetzung)

zu b)

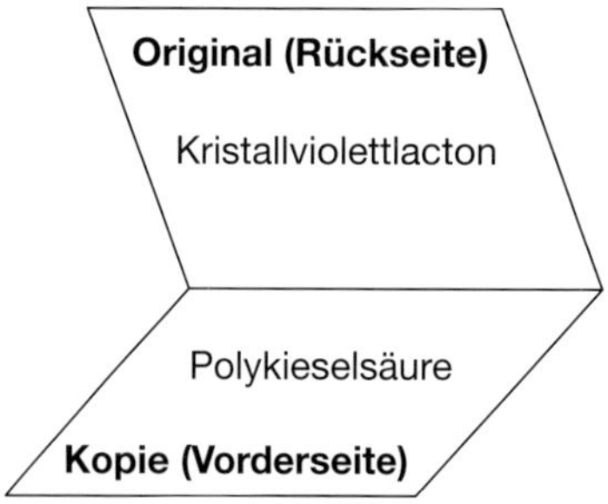

aufgeklapptes Durchschreibpapier
vor der Beschriftung

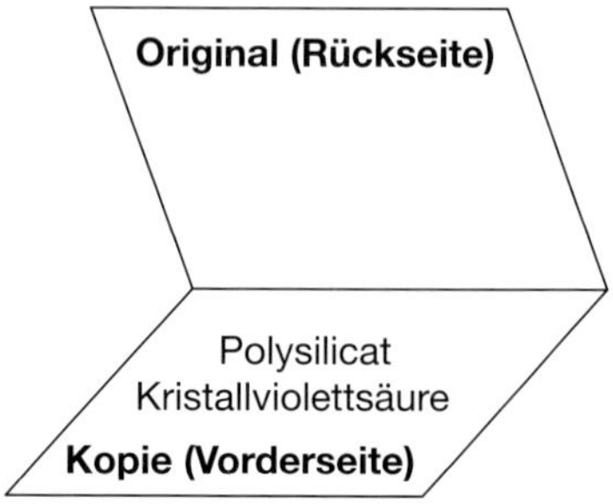

aufgeklapptes Durchschreibpapier
nach der Beschriftung

zu c) Farbloses Kristallviolettlacton wird beim Beschriften des Durchschreibpapiers durch den Druck des Stiftes von der Rückseite des Originals auf die Vorderseite der Kopie übertragen. Bei Kontakt mit der Polykieselsäure entsteht violette Kristallviolettsäure und Polysilicat.

Station 5

zu a) Das linke Bild wurde vor der Beschriftung aufgenommen, das rechte nach der Beschriftung.

zu b) Auf dem linken Bild sind viele Mikrokapseln auf der Oberfläche der Rückseite des Originals zu erkennen. Sie enthalten das farblose Kristallviolettlacton. Beim Beschriften führt der Druck des Stiftes zum Platzen der Kapseln, so dass das Kristallviolettlacton auf die Vorderseite der Kopie gelangt und mit Polykieselsäure zur violetten Kristallviolettsäure reagiert. Das rechte Bild zeigt die geplatzten und entleerten Mikrokapseln.

zu c) Das Aufrauen der Oberfläche der Rückseite des Originals mit einem Stift bei Station 3 soll bewirken, dass die Mikrokapseln platzen, damit die Salzsäure Kontakt mit dem Kristallviolettlacton bekommt und Kristallviolettsäure entsteht.

Station 6

zu a) Vorhersage: Verblassen der Schrift, da sich Kristallviolettlacton zurückbildet.

zu b) Nach dem Auftragen der Natronlauge auf den Schriftzug der Kopie verblasst der Schriftzug immer mehr und ist nach kurzer Zeit nicht mehr erkennbar.

5.1 L Kohlefreie Durchschreibpapiere *Erwartungshorizont*

Station 6 (Fortsetzung)

zu c) Mit Hydroxid-Ionen bildet sich wieder Kristallviolettlacton zurück:

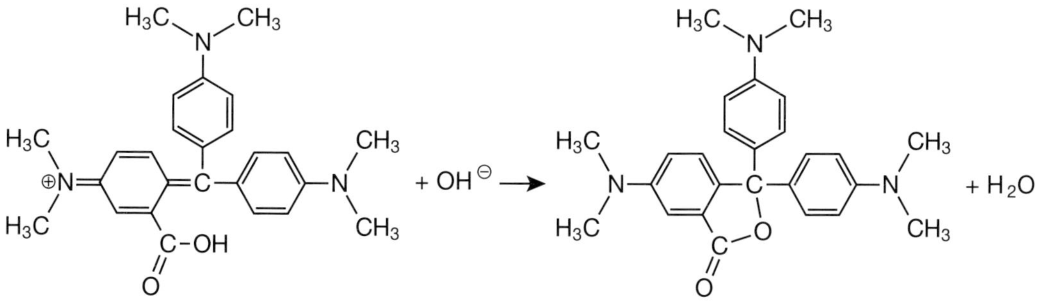

zu d) Aufgrund der Unterbrechung des konjugierten Doppelbindungssystems ist Kristallviolettlacton farblos. Die Rückbildung des Kristallviolettlactons erklärt das Verblassen des Schriftzugs.

Station 7

zu a) Die Reaktion des Fluorans erfolgt analog zur Reaktion des Kristallvioletts:

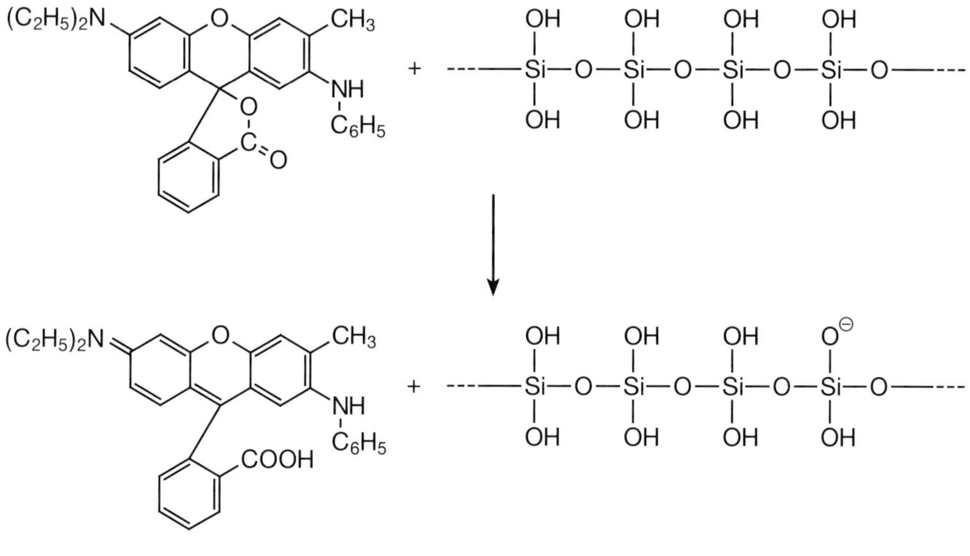

zu b) Auch in diesem Fall wird ein Lactonring durch die Reaktion mit der Polykieselsäure geöffnet. Die Unterbrechung des konjugierten Doppelbindungssystems am zentralen Kohlenstoff-Atom wird hierdurch aufgehoben. Das farblose Lacton wird zur farbigen Carbonsäure. Alle anderen Vorgänge der Entstehung des Schriftzugs auf der Kopie erfolgen analog zu den Durchschreibpapieren mit Kistallviolettlacton.

5.2 L Wie färbt sich Wäsche mit Rotkohlextrakt?

Thematik
Unterrichtsmethode

Grundlagen: Säure-Base-Gleichgewichte, Wechselwirkungen zwischen Farbstoff- und Faser-Molekülen, Chromophor, auxochrome und antiauxochrome Gruppen, konjugierte Doppelbindungen, Chinon-Struktur, Chelatkomplex, Cyanidin

Methodischer Vorschlag: 2-4-Alle-Methode

Durchführung: Kontext mit Aufgaben, M 1, M 2, M 3
Das Färben mit Rotkohlextrakt kann in eine Unterrichtsreihe über Farbstoffe in der Sekundarstufe II integriert werden. Der Einstieg wird über ein authentisches Problem motiviert. Die Lehrkraft berichtet, dass beim Essen etwas Rotkohl auf das weiße Hemd gekommen ist. Das Problem: Der Fleck ist nach dem Waschen immer noch im Hemd.
Nach diesem mündlichen Einstieg informiert die Lehrkraft mit Folie M 1 über die Unterrichtsmethode 2-4-Alle, bei der jede Schülerin und jeder Schüler eingebunden wird. Dazu erhalten die Schüler Kopien des Kontextes mit Aufgaben und der Anleitung zu den Schülerexperimenten (M 2).
Für den Fall, dass bei der Erarbeitung Informationslücken, z. B. bei den Formeln, auftreten, liegen abgestufte Hilfen in Form von Karteikarten (M 3) zur Einsicht aus.
Der Abschluss mit Plakaten kann auch arbeitsteilig erfolgen, so dass eine Hälfte der Lernenden die theoretischen Hintergründe zum Färbeverfahren, die andere Hälfte die theoretischen Hintergründe zur pH-Abhängigkeit präsentiert.

Literaturangaben
Färben mit Rotkohlsaft, Nr. 4.15, pH-Abhängigkeit von Blumen- und Fruchtfarbstoffen, Nr. 4.14 in Materialien-Handbuch Kursunterricht Chemie Bd. 6, Aulis Verlag, Köln, 1999
Versuchsprotokolle kooperativ erstellen, *T. Witteck, I. Eilks*, Naturwissenschaften im Unterricht Chemie 15 (82/83), 54-56 (2004)

Zur Erweiterung
Materialien-Handbuch Bd. 6: 4.16 (Anthocyan-Farbstoffe), Bd. 10/II: 2.1 (Rote Rose), 2.2 (Elektrolyse von Rotkohlsaft), 2.5 (Blütenfarben-Vielfalt)

Konzepte
Struktur – Eigenschaft, Gleichgewichte, aromatische Systeme, Donator – Akzeptor

Kompetenzbereiche
Fachwissen: Sch'/Sch
- beschreiben, veranschaulichen oder erklären chemische Sachverhalte unter Verwendung der Fachsprache.

Erkenntnisgewinnung: Sch'/Sch
- führen Experimente durch, notieren Beobachtungen und werten Ergebnisse fachlich aus,
- nutzen Modelle und Formeln zur Auswertung.

Kommunikation: Sch'/Sch
- diskutieren und argumentieren über chemische Sachverhalte.

Anforderungsbereiche: I, II, III

5.2 S Wie färbt sich Wäsche mit Rotkohlextrakt? *Kontext*

Blaukraut oder Rotkraut?

Bei Blaukraut und Rotkohl handelt es sich um das gleiche Gemüse. In Norddeutschland wird es allerdings mit Essig oder sauren Äpfeln gekocht. Durch die Zugabe einer Säure wird das Gemüse rot. Daher sprechen die Norddeutschen von „Rotkohl“. In Süddeutschland wird das Gemüse ohne Zusatz von Säuren gekocht. Es bleibt blau und wird „Blaukraut“ genannt.
Im Rotkohl ist die Farbsäure Cyanidin enthalten.
Bei unterschiedlichen pH-Werten ändert sich die Farbe des Cyanidin, so dass man die Farbsäure auch als Indikator einsetzen kann. Wenn man den Farbstoff zu Säuren und Laugen unterschiedlicher Konzentration hinzugibt, erhält man unterschiedliche Färbungen.
Rotkohl bzw. Rotkohlextrakt kann auch zum Färben von Wäsche eingesetzt werden – manchmal entsteht unvorsichtigerweise beim Essen ein Fleck. Die Farbsäure Cynadin färbt die Wäsche.

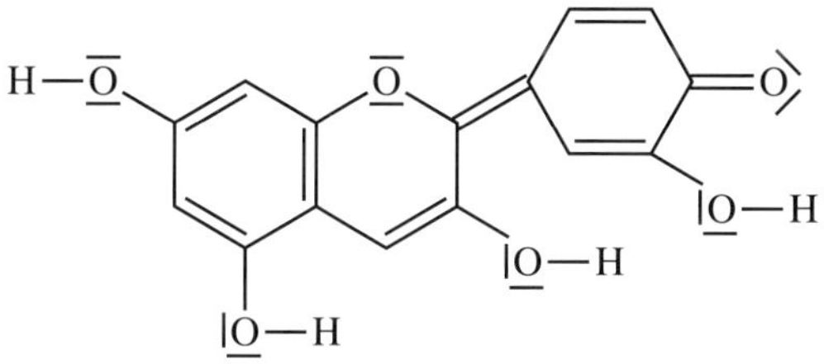

Das Cyanidin-Molekül bei pH 7

Aufgaben

a) Führen Sie die Versuche nach M 2 durch, notieren Sie Ihre Versuchsbeobachtungen und beurteilen Sie die Färbeergebnisse!
b) Wie „haftet“ der Essensfleck? Begründen und erläutern Sie das Färbeverfahren mit Vorbehandlung; benutzen Sie dabei Strukturformeln!
c) Geben Sie in jeweils ein Reagenzglas mit verdünnter Salzsäure $c(HCl) = 1 mol/L$ und eines mit verdünnter Natronlauge $c(NaOH) = 1 mol/L$ eine Probe Rotkohlextrakt; verdünnen Sie dann beide Proben etwas. Erläutern Sie anhand der Strukturformel des Cyanidins, warum der Rotkohlfarbstoff pH-empfindlich ist! Erläutern Sie auch den Zusammenhang zwischen unterschiedlichen Farben und Absorption.
d) Ist der Rotkohlfarbstoff als gesundheitlich unbedenklicher Naturfarbstoff zur Textilfärbung geeignet? Begründen Sie Ihre Meinung!
e) Erstellen Sie ein Plakat, auf dem die Arbeitsergebnisse, insbesondere die theoretischen Hintergründe zum Färbeverfahren und zur pH-Abhängigkeit, auch auf molekularer Ebene aufgeführt sind.

Hinweis: Falls Sie Diskussionsanregungen benötigen, sind abgestufte Hilfen in Form von Karteikarten bei der Lehrkraft einsehbar.

5.2 S Wie färbt sich Wäsche mit Rotkohlextrakt? *M1*

Ablauf der 2-4-Alle-Methode (auch als OH-Folie einsetzbar)

Wie färbt sich Wäsche mit Rotkohlextrakt?

Phase 1
Informieren Sie sich über den Kontext der Untersuchungen und bearbeiten Sie die Aufgaben a und b. Bei Bedarf helfen Ihnen die Karteikarten M 3 weiter.

Phase 2
Vergleichen und besprechen Sie in einer Vierer-Gruppe die zuvor erstellten Vorschläge. Erarbeiten Sie ein gemeinsames Ergebnis. Bearbeiten Sie die Aufgaben c bis e – phasenweise auch arbeitsteilig.
Falls bei der Besprechung Schwierigkeiten auftreten, können Sie bei der Lehrkraft zur Hilfe die Karteikarten M 3 einsehen.

Phase 3
Stellen Sie Ihre Ergebnisse im Plenum vor.

5.2 S Wie färbt sich Wäsche mit Rotkohlextrakt? *M2*

Schülerexperimente

Geräte
Bechergläser (600 mL, 3 x 400 mL), Heizrührer, Glasstab, Teesieb, Pinzette, Messer, Föhn, Waage, Zeitungspapier (als Unterlage)

Chemikalien
Kaliumaluminiumsulfat (Alaun), 3 bis 4 Rotkohlblätter, zwei Gewebestücke (10 x 10 cm) aus Baumwolle

Sicherheitshinweise: Schutzbrille, Schutzhandschuhe (beim Färben)

Durchführung

Herstellen von Rotkohlextrakt

1) Ein 600 mL-Becherglas wird mit 200 mL Wasser befüllt; das Wasser wird mithilfe des Heizrührers erhitzt. Auf einer Papierunterlage werden 3 bis 4 Rotkohlblätter mit einem Messer zerkleinert. Die Schnipsel werden in das kochende Wasser gegeben und ca. 10 min aufgekocht.

2) Nach einer kurzen Abkühlphase wird der Inhalt durch ein Teesieb gegeben, so dass der Extrakt abgetrennt wird. Der Extrakt wird auf zwei Bechergläser (400 mL) verteilt.

Färben mit Rotkohlextrakt

1) Ein Gewebestück wird in die eine Hälfte des heißen Rotkohlextrakts gegeben und darin etwa 10 min bewegt. Nach dem Herausnehmen wird die Probe unter fließendem Wasser ausgewaschen und auf saugfähigem Papier zum Trocknen ausgelegt.

2) Das zweite Stück wird in eine Lösung aus 200 mL Wasser mit 2 bis 3 g Alaun gegeben und so bewegt, dass das Gewebe gut benetzt wird. Die Probe wird herausgenommen, zuerst auf Zeitungspapier gelegt und dann mit einem Föhn getrocknet.

3) Anschließend wird die Probe in das Becherglas mit der zweiten Hälfte des Rotkohlextrakts gegeben und bei gelegentlichem Umrühren und schwacher Erwärmung 10 min darin belassen. Nach dem Herausnehmen wird sie wie die erste Probe gewaschen und getrocknet.

5.2 S Wie färbt sich Wäsche mit Rotkohlextrakt? *M3*

Abgestufte Lernhilfen

Karte 1: Aufeinandertreffende Ionen

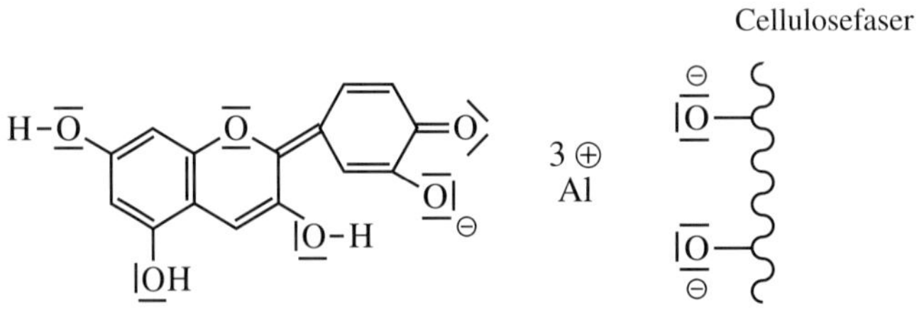

Beizenfärbung
Die Färbung wird Beizenfärbung genannt.

Karte 2: Haftung bei der Beizenfärbung

Bei der Beizenfärbung wird die Haftung der wasserlöslichen Farbstoffe auf der Cellulose verbessert. Zwischen den Hydroxy-Gruppen der Cellulose-Moleküle und den Aluminium-Kationen bildet sich eine Bindung aus. Mit dem Farbstoff bildet sich dann eine unlösliche Verbindung aus Farbstoff und Metallkomponente. Das Metall-Kation ist dabei sowohl an die Faser als auch an das Farbstoff-Molekül koordinativ gebunden:

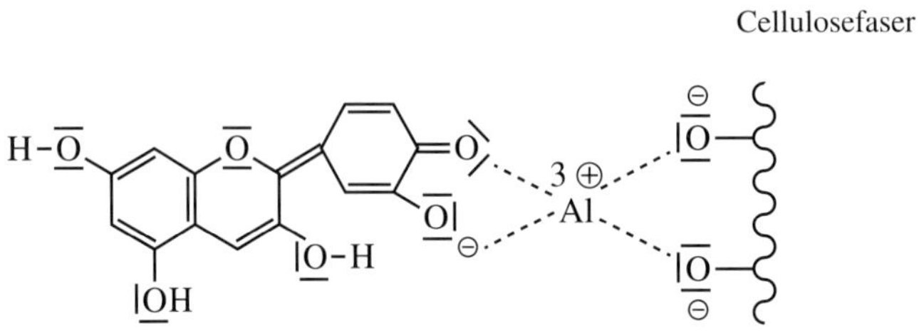

5.2 S Wie färbt sich Wäsche mit Rotkohlextrakt? *M3*

Karte 3: Cyanidin-Variationen

violett

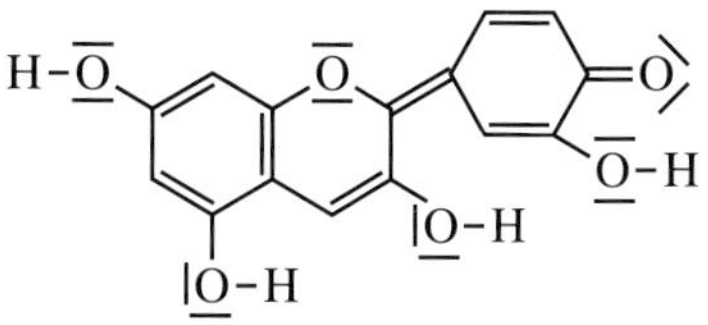

rot

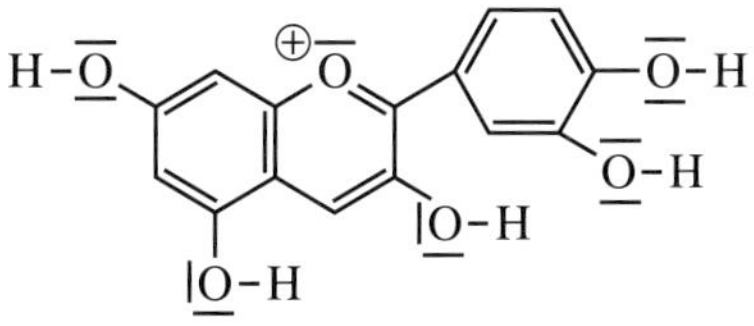

blaugrün

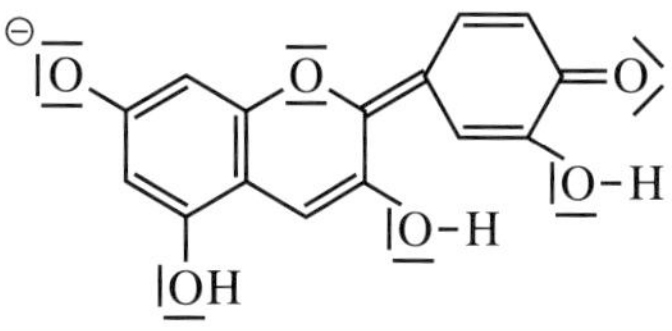

gelb

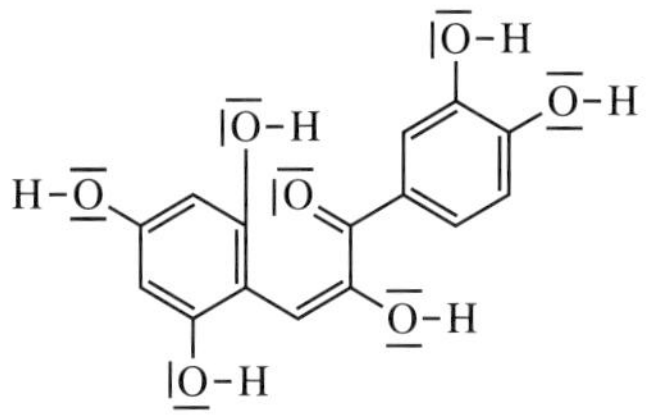

Karte 4: Zusammenhang von absorbierter Wellenlänge, zugehöriger Spektralfarbe und beobachtbarer Komplementärfarbe

Wellenlänge in nm	Spektralfarbe	Komplementärfarbe
400–435	violett	gelbgrün
435–480	blau	gelb
480–490	grünblau	orange
490–500	blaugrün	rot
500–560	grün	purpur
560–580	gelbgrün	violett
580–595	gelb	blau
595–605	orange	grünblau
605–770	rot	blaugrün

5.2 L Wie färbt sich Wäsche mit Rotkohlextrakt? *Erwartungshorizont*

Kontext

zu a) Die Baumwolle wird in beiden Verfahren rötlich-violett. Die Vorbehandlung bewirkt einen deutlich intensiveren Farbton, der nicht so stark ausgewaschen wird.

zu b) Beim Essensfleck treffen Substanzen mit polaren Hydroxy-Gruppen und Atomen mit freien Elektronenpaaren aufeinander. So entstehen Dipol-Dipol-Wechselwirkungen und Wasserstoffbrücken-Bindungen zwischen Farbstoff und Textil.
Die Färbung mit Vorbehandlung durch das Metallsalz, die sog. Beizenfärbung, wird eingesetzt, um die Haftung wasserlöslicher Farbstoffe auf Cellulose zu verbessern. Zwischen den Hydroxy-Gruppen der Cellulose-Moleküle und den Aluminium-Kationen bildet sich eine Bindung aus. Mit dem Farbstoff bildet sich dann eine unlösliche Verbindung aus Farbstoff und Metallkomponente. Das Metall-Kation ist dabei sowohl an die Faser als auch an das Farbstoff-Molekül koordinativ gebunden:

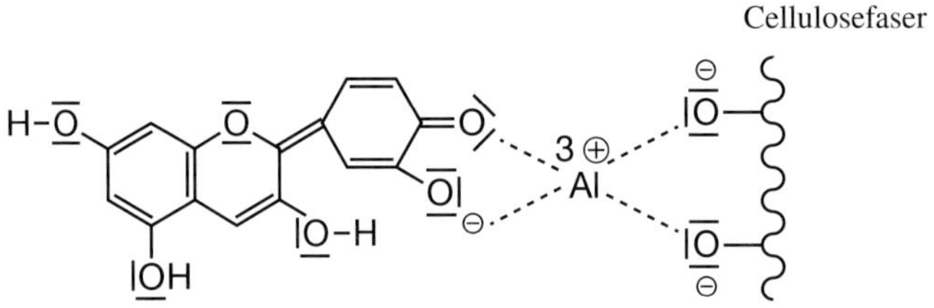

zu c) Stark saure Lösung: rot, schwach saure Lösung: rot-pink, neutrale Lösung: violett (purpur), alkalische Lösung: blau bis grün, stark alkalische: gelb.
In neutraler Lösung liegt das Cyanidin in der ungeladenen (violetten) Form A vor. In stark saurer Lösung können Protonen an die Chinon-Gruppe addiert werden und es bildet sich das (rote) Oxonium-Kation, Form B. Durch die Protonierung wird die einzige Akzeptor-Gruppe in eine weitere Donator-Gruppe umgewandelt und der Ausgleich zwischen auxochromen und antiauxochromen Gruppen ist gestört. Es wird Licht höherer Energie zur Elektronenanregung benötigt. Die Lichtabsorption verschiebt sich in den Bereich kürzerer Wellenlängen.
In alkalischer Lösung wird ein Proton von einer Hydroxy-Gruppe abgespalten. Dadurch wird der Ausgleich zwischen auxochromen und antiauxochromen Gruppen verbessert. Folglich wird weniger Anregungsenergie benötigt. Es erfolgt eine bathochrome Verschiebung. Das Anion C ist blau gefärbt. Bei einem pH-Wert größer 8 bricht ein Ring auf, die Lichtabsorption verschiebt sich weiter in den Bereich der kürzeren Wellenlänge und das Teilchen D ist gelb gefärbt.

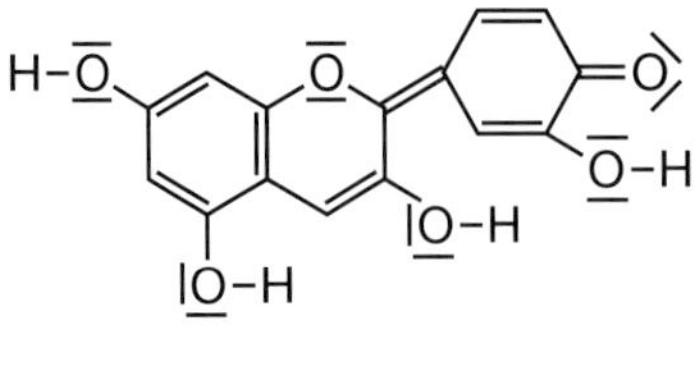

A

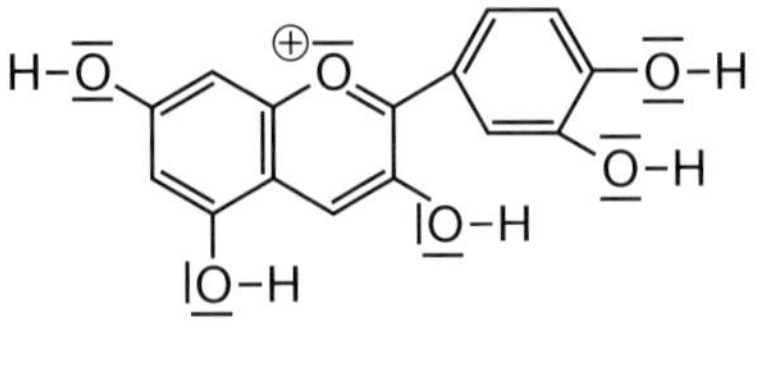

B

5.2 L Wie färbt sich Wäsche mit Rotkohlextrakt? *Erwartungshorizont*

(Fortsetzung)
zu c)

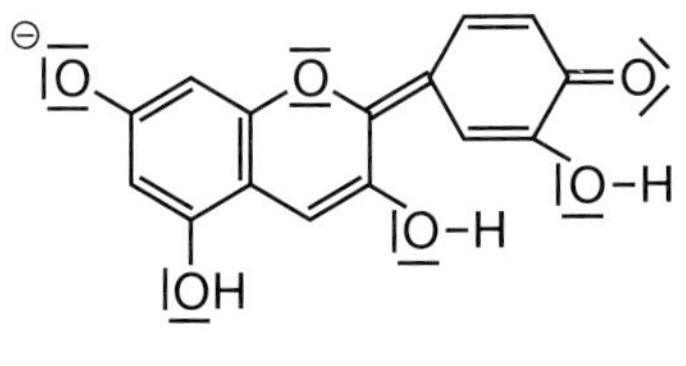

C

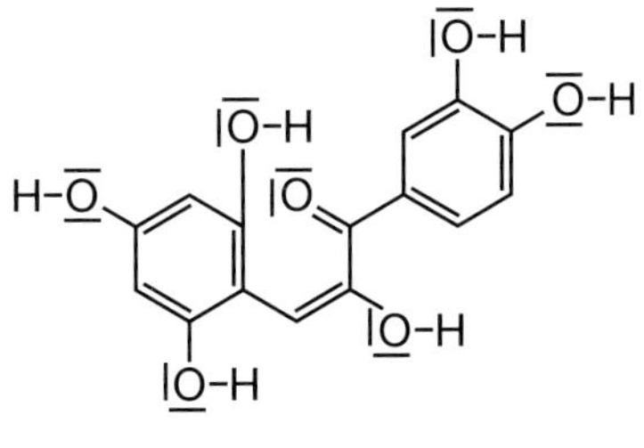

D

zu d) Der Rotkohlfarbstoff ist zwar gesundheitlich unbedenklich und kann deshalb auch als Lebensmittelfarbstoff verwendet werden. Da jedoch seine Farbe in einem geringen pH-Bereich zwischen rot und blau wechselt, ist er als Textilfarbstoff nicht geeignet. Außerdem ist er – wie die meisten Naturfarbstoffe – nicht lichtecht. So kann er z. B. durch Oxidationsmittel in Waschmitteln ausgebleicht werden. Für die meisten Ansprüche genügt auch die geringe Brillanz der Färbung nicht.

Der Essensfleck nimmt beim Auswaschen durch polare Wasser-Moleküle in der Färbung ab, aber in der Regel sind mehrere Vorgänge erforderlich.

5.3 L Farbenspiele (Bromthymolblau, Indigocarmin) *Thematik Unterrichtsmethode*

Grundlagen: Lichtspektrum, Dualismus von Licht, Absorptionsspektrum, Farbenkreis; Bromthymolblau/Triphenylmethan-Farbstoff, Indigocarmin/Carbonyl-Farbstoff, Donator-Akzeptor-Reaktionen, Glucose (als Reduktionsmittel); chromophor, aromatische Systeme, Delokalisierung, Mesomerie.

Methodischer Vorschlag: 1-2-4-Alle-Methode

Durchführung: Kontext, M 1, M 2, M 3
Nach individueller Einarbeitung über den Kontext und den Fragen dazu werden Zweier-Gruppen gebildet, gleich viele A (Bromthymolblau)- und B (Indigocarmin)-Gruppen, die jeweils die Experimente durchführen und die Aufgaben dazu bearbeiten (M 1 oder M 2). Zur Unterstützung können die Schüler/-innen das Lehrbuch Chemie benutzen sowie – je nach Lernstand – ein Exemplar des Info-Textes „Farbigkeit – delokalisierte Elektronen – Molekülstrukturen" (M 3) zur Durcharbeit erhalten. Es ist zu empfehlen, dass die Fachkraft den Erwartungshorizont zur Einsicht auf dem Lehrerpult auslegt.
Je eine A- und eine B-Gruppe bilden eine Vierer-Gruppe, in der jede Teilgruppe ihre Ergebnisse und Überlegungen vorstellt. Gemeinsam wird – phasenweise auch arbeitsteilig – an zwei Plakaten gearbeitet: das Farbenspiel im Donator-Akzeptor-Konzept, hier Protonen- und Redoxreaktionen, und das Farbenspiel im Mesomerie-Modell zur submikroskopischen Deutung, hier als Triphenyl- und Carbonyl-Farbstoff.
Die Vierer-Gruppen stellen dem Kurs ihre Plakate vor.

Literaturangaben
Farbe und Licht, Nr. 1.8 in Materialien-Handbuch Kursunterricht Chemie Bd. 6, Aulis Verlag, Köln 1999
Extinktionsspektren von Bromthymolblau, AK *Kappenberg*, http://kappenberg.com/experiments/foto/pdf/i03.pdf, (Zugriff 30.1.11)
Grün – Rot – Gelb: eine ungewöhnliche Verkehrsampel, V 99 in *H. W. Roesky, K. Möckel*: Chemische Kabinettstücke, VCH Weinheim 1994
Indigo – Bleu de Genes/Blue Jeans, Nr. 4.7 in Materialien-Handbuch Kursunterricht Chemie Bd. 6, Aulis Verlag, Köln 1999

Zur Erweiterung
Materialien-Handbuch Bd. 6: 2.8 (Triphenylmethan-Farbstoffe), 2.16 (pH-Abhängigkeit von Phenolrot), 4.1 (Synthese Carbonyl-Farbstoff)

Konzepte
Stoff – Teilchen (Orbital-Modell), Struktur – Eigenschaft, Licht u. Farbigkeit (Energie), Donator – Akzeptor, Mesomerie

Kompetenzbereiche
Fachwissen: Sch'/Sch
- können selbstständig chemische Experimente durchführen, beobachten, beschreiben und bewerten,
- erkennen Zusammenhang zwischen Struktur, Eigenschaft und Verwendung der Stoffe.

Erkenntnisgewinnung: Sch'/Sch
- wenden geeignete Modelle zur Beschreibung und Erklärung chemischer und physikalischer Sachverhalte an.

Kommunikation: Sch'/Sch
- argumentieren fachlich korrekt und folgerichtig,
- reflektieren, strukturieren und präsentieren ihre Arbeiten als Team.

Anforderungsbereiche: II, III

5.3 S Farbenspiele (Bromthymolblau, Indigocarmin) *Kontext*

„Betrachte unaufhörlich, wie alles Werdende kraft einer Umwandlung entsteht, und gewöhne dich so an den Gedanken, dass die Allnatur nichts so sehr liebt, wie das Vorhandene umzuwandeln, um daraus Neues von ähnlicher Art zu schaffen; denn alles Vorhandene ist gewissermaßen der Samen dessen, was aus ihm werden soll.“ (Marc Aurel)

Konstante im Farbenmeer ist seit Menschengedenken das kontinuierliche Spektrum des Regenbogens, der regelmäßig unter bestimmten Wetterbedingungen (Gewitter, Regen, Sonne) am Himmel wiederkehrt und unsere Farbenlehre bestimmt.
Für die Wellenlängen dieses sichtbaren Spektrums kann man Merkregeln formulieren:
1) Die Wellenlängen liegen zwischen 400 und 700 nm in der Reihenfolge violett, blau, grün, gelb, rot.
2) Dabei gilt in etwa folgende Zuordnung:
UV, 400 violett 430, 430 blau 500, 500 grün 570, 570 gelb 600, 600 rot 700, IR

Monochromatisch leuchtende Gegenstände und Flüssigkeiten erhalten ihre Farbe dadurch, dass ein Teil des weißen Lichtes absorbiert wird – anders als beim Regenbogen, wo es durch kleinste Wassertröpfchen gebrochen und zerlegt wird. Die von uns wahrgenommene Farbe des Gegenstandes/der Lösung ist die Komplementärfarbe des absorbierten Lichtanteils. Für den Zusammenhang von absorbierter Wellenlänge, zugehöriger Spektralfarbe und beobachtbarer Komplementärfarbe gilt:

Wellenlänge in nm	Spektralfarbe	Komplementärfarbe
400 – 435	violett	gelbgrün
435 – 480	blau	gelb
480 – 500	blaugrün	rot
500 – 560	grün	purpur
560 – 580	gelbgrün	violett
580 – 600	gelb	blau
600 – 770	rot	blaugrün

Absorption des Lichtes bedeutet, dass im „belichteten“ Atom oder Molekül die Energie eines Lichtphotons für die Anregung von Molekülrotationen, Schwingungen im Molekül oder von Elektronen verwendet wird. Die Energie des Lichts im sichtbaren Bereich reicht in der Regel für den Wechsel von Elektronen aus dem Grundzustand in einen angeregten Zustand aus, wobei auch immer Rotationen und Schwingungen angeregt werden.

Aufgaben
a) Erklären Sie die Begriffe Spektralfarbe, Komplementärfarbe, Photon, Energieniveau, Lichtabsorption.
b) Ein Stoff absorbiert Licht der Wellenlänge (i) 590 nm, ein anderer (ii) 495 und 600 nm. In welcher Farbe sehen wir diese Stoffe?
c) Beleuchtet man einen Gegenstand, der im Sonnenlicht blau erscheint, nur mit gelbem Licht einer Natriumdampf-Lampe, dann erscheint dieser Gegenstand schwarz. Erklären Sie diese Beobachtung.

5.3 S Farbenspiele (Bromthymolblau, Indigocarmin) *M1*

Schülerexperimente

Bromthymolblau (3,3'-Dibromthymolsulfonphthalein) ist ein rosafarbenes Pulver, das sich leicht in Ehanol, weniger gut in Wasser lösen lässt.

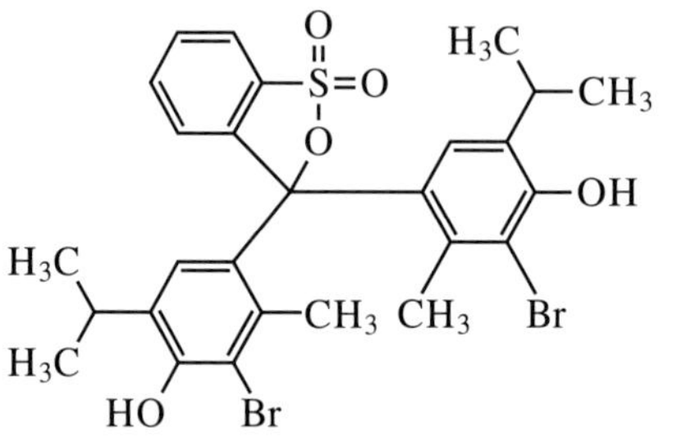

gelbe Lösung, saurer Bereich

Bromthymolblau gehört zu den Triphenylmethan-Farbstoffen; es wird als Indikator bei Säure-Base-Titrationen eingesetzt. Meist genügt eine 0,1%ige Lösung in Ethanol (Brennspiritus); der Umschlagsbereich liegt zwischen pH 5,8 und 7,8.

Geräte	3 große Reagenzgläser 2 Pipetten 200-mL-Becherglas
Chemikalien	0,1 g Bromthymolblau 100 mL Brennspiritus (F, leicht entzündlich) verd. Natronlauge (0,1 mol/L) (Xi, reizend) verd. Salzsäure (0,1 mol/L)
Sicherheitshinweise	keine offene Flamme, Schutzbrille tragen
Durchführung	Lösen Sie im Becherglas Bromthymolblau in Brennspiritus und füllen Sie die Reagenzgläser jeweils ca. 1 cm hoch mit der Indikatorlösung. Pipettieren Sie Salzsäure bzw. Natronlauge in einzelne Reagenzgläser und stellen Sie dabei einen pH-Wert im sauren, neutralen und basischen Bereich ein.

5.3 S Farbenspiele (Bromthymolblau, Indigocarmin) *M 1*

Schülerexperimente Bromthymolblau (Fortsetzung)
Mit einem Photometer hat man Absorptionsspektren von Bromthymolblau in Lösungen mit pH 4, 7 und 10 erstellt und folgende Ergebnisse erhalten:

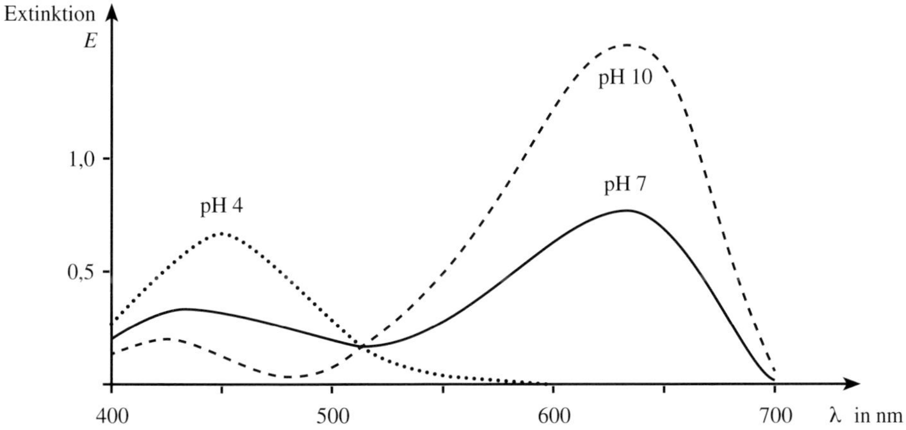

Aufgaben

a) Stellen Sie die Bromthymolblau-Lösungen her und notieren Sie die Farben auf einer pH-Skala von 0 bis 14.
b) Erläutern Sie mithilfe der Spektren den Zusammenhang zwischen Farbigkeit, Licht und Farbstoff in den Lösungen bei pH 4, 7, 10.
c) Erläutern Sie die Reaktion, die mit dem Bromthymolblau-Molekül im alkalischen Bereich erfolgt ist.
d) Versuchen Sie mit einem Mesomerie-Modell die beobachteten Farben bzw. Farbwechsel an den zwei Bromthymolblau-Molekülen zu erklären.
e) Lesen Sie den Text M 3 „Farbigkeit – delokalisierte Elektronen – Molekülstrukturen“ und überprüfen Sie Ihre Ergebnisse in der Teilaufgabe d.

5.3 S Farbenspiele (Bromthymolblau, Indigocarmin) *M2*

Schülerexperimente

Indigocarmin (Indigo-5,5'-disulfonsäure) ist ein blaues Pulver, das in Wasser und Ethanol gut löslich ist.

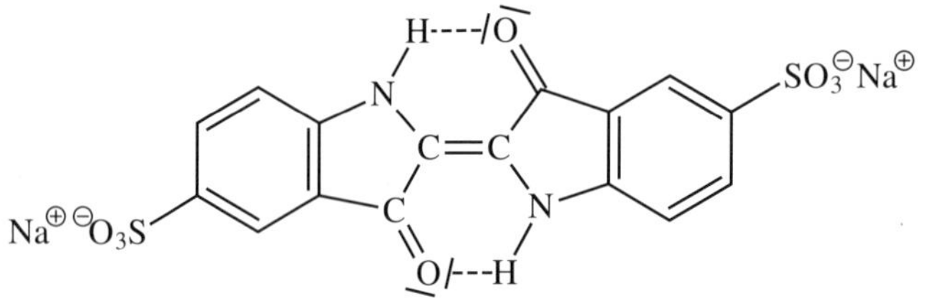

blaue Lösung

Indigocarmin gehört in die Klasse der Carbonyl-Farbstoffe; dazu gehören diejenigen, die im Molekül mindestens zwei miteinander in Konjugation stehende Carbonyl-Gruppen besitzen.
Indigocarmin ist als E 132 in Europa als Zusatzstoff in Lebensmitteln zugelassen zur Färbung von Zucker- und Süßwaren, Glasuren, Kunstspeiseeis, ferner in Kosmetika, Arznei- und Futtermitteln.

Geräte	2 Bechergläser (1 L, 2 L), Erlenmeyerkolben (500 mL), Heizplatte, Rührstab, Thermometer
Chemikalien	14 g Glucose, 6 g Natriumhydroxid (C, ätzend) 0,04 g Indigocarmin (Xn, gesundheitsschädlich)
Sicherheitshinweise	Schutzbrille tragen
Durchführung	Im Erlenmeyerkolben löst man 6 g Natriumhydroxid in 200 mL Wasser auf, im 1-L-Becherglas 14 g Glucose in 700 mL Wasser, das dann auf 35 °C erwärmt wird. Nach Zugabe von 0,04 g Indigocarmin ins Becherglas wird diese blaue Lösung mit der Natronlauge versetzt, um die reduzierende Wirkung von Glucose in Gang zu setzen: Das Farbenspiel läuft ab! Gießt man jetzt die „helle“ Lösung aus 60 cm Höhe in das leere 2-L-Becherglas, dann verfärbt sich die Flüssigkeit erneut zum Farbenspiel. Das Gießen mit anschließendem Farbenspiel kann man einige Male wiederholen!
Entsorgung	Lösung in den Ausguss

Aufgaben

a) Führen Sie die Versuche durch und beschreiben Sie das Farbenspiel.
b) Erläutern Sie die Reaktionen, die Sie als Schüttversuche durchgeführt haben, und ordnen Sie ihnen entsprechende Farbwechsel zu.
c) Versuchen Sie an obigen Molekülen mit einem Mesomerie-Modell die beobachteten Farbwechsel zu erklären.
d) Lesen Sie den Text M 3 „Farbigkeit – delokalisierte Elektronen – Molekülstrukturen“ und überprüfen Sie Ihre Ergebnisse in Teilaufgabe c.

5.3 S Farbenspiele (Bromthymolblau, Indigocarmin) *M3*

Farbigkeit – delokalisierte Elektronen – Molekülstrukturen

Farbige Stoffe absorbieren einen Teil der Spektralfarben des weißen Lichtes und erscheinen dann in der Mischung der nicht absorbierten Anteile. Diese Mischung der nicht absorbierten Anteile nennt man die Komplementärfarbe der absorbierten Spektralfarbe.
Farbstoff-Moleküle verfügen über ein ausgedehntes System von konjugierten Doppelbindungen, in dem die π-Elektronen delokalisiert sind und schon von Energiebeträgen des sichtbaren Lichtes angeregt werden können. Das absorbierte Licht kann umso längerwellig (und damit energieärmer) sein, je größer das System der delokalisierten Elektronen ist und je besser die Elektronen delokalisiert sind.

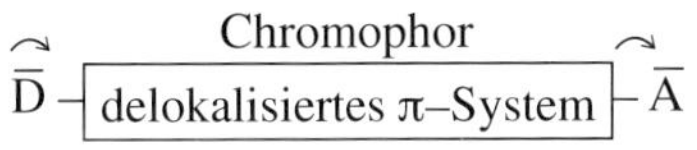

Elektronen-Donator
+M–Effekt

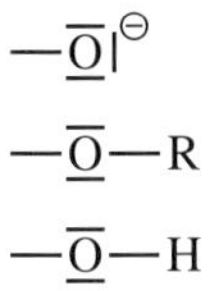

auxochrome Gruppe

Elektronen-Akzeptor
–M-Effekt

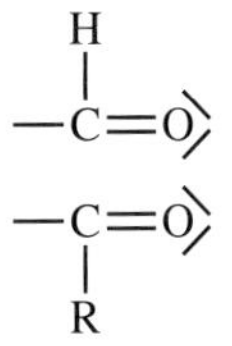

antiauxochrome Gruppe

Das System der delokalisierten Elektronen (bzw. delokalisiertes π-System) wird als Chromophor bezeichnet. Von seiner Ausdehnung und Geometrie wird die Farbe des Stoffes in hohem Maße bestimmt. Durch auxochrome (auxanein = wachsen) und antiauxochrome Gruppen wird die Delokalisierung der Elektronen weiter verstärkt.

Das delokalisierte π-System aus konjugierten Doppelbindungen einschließlich Donator- und Akzeptor-Gruppe entsteht durch Überlappen von p-Orbitalen benachbarter, planar angeordneter Atome, vor allem Kohlenstoff-Atome (C). Es kann durch mesomere Grenzstrukturen symbolisiert werden. Gleichwertige mesomere Grenzstrukturen zeigen eine vollständige Delokalisierung, ungleichwertige eine weniger ausgeprägte Delokalisierung. Je ausgedehnter das delokalisierte π-System ausfällt, umso geringer ist die Anregungsenergie im Grundzustand, also die Absorptionsenergie. Geringere Energie ist bei Licht gekoppelt mit größerer Wellenlänge.

Zur Charakterisierung von Farbstoffen bestimmt man in einem Photometer den absorbierten Strahlungsanteil in Abhängigkeit von der Wellenlänge im sichtbaren Bereich zwischen 400 und 700 nm. Die grafische Darstellung nennt man Absorptionsspektrum; sie zeigt für jede Wellenlänge, wie groß der Anteil der absorbierten Strahlung ausfällt. Das dafür definierte Maß ist die Extinktion *E*.

5.3 S Farbenspiele (Bromthymolblau, Indigocarmin) *M3*

Farbigkeit – delokalisierte Elektronen – Molekülstrukturen (Fortsetzung)

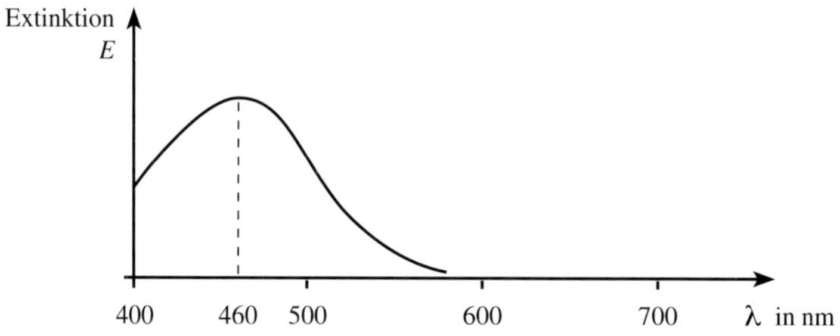

Absorptionsspektrum von Methylorange bei pH = 10

Beim Beispiel Methylorange, pH = 10, liegt das Maximum der Absorption bei 460 nm: λ_{max} = 460 nm. Absorbiert wird die Spektralfarbe blau, die Komplementärfarbe ist gelb; Methylorange erscheint im alkalischen Bereich bei pH = 10 gelb gefärbt.

Eine Verschiebung des Absorptionsmaximums in den längerwelligen Bereich (also Absorption von Lichtstrahlen geringerer Energie) bezeichnet man als bathochrome (bathos = tief) Verschiebung. Längerwelliges Licht (Richtung gelb, rot) wird absorbiert; die Komplementärfarbe wandert in Richtung blau, violett. So hat Methylorange bei pH = 2 das Absorptionsmaximum bei λ_{max} = 500 nm, absorbiert blaugrün und erscheint in der Komplementärfarbe rot.

Eine Verschiebung des Absorptiomsmaximums zu kleineren Wellenlängen bezeichnet man als hypsochrome Verschiebung.

5.3 L Farbenspiele (Bromthymolblau, Indigocarmin) *Erwartungshorizont*

Kontext

zu a) Zerlegt man weißes Licht, z. B. das Licht der Sonne durch Wassertropfen oder das Licht einer Lampe durch ein Glasprisma, dann erscheint ein Lichtspektrum in verschiedenen Farben, genannt Spektralfarben. Jede wird charakterisiert durch Farbe, Wellenlänge oder Frequenz und Energiegehalt. Zwei Spektralfarben, die sich zu weißem Licht ergänzen, werden als komplementär bezeichnet. Nach der Tabelle sind z. B. gelb und blau komplementär. Nach dem Korpuskelmodell sind Photonen „Lichtteilchen" bzw. Lichtquanten, die sich mit Lichtgeschwindigkeit bewegen. Für die Energie gilt: $E = (hc)/\lambda$; die Energie E ist also umgekehrt proportional zur Wellenlänge λ.
Gebundene Elektronen in Atomen oder Molekülen können nicht jeden beliebigen Energiezustand annehmen, sondern nur diskrete Werte; solche Energiezustände bezeichnet man als Energieniveaus. Wird Licht einer bestimmten Wellenlänge, deren Energiewert der Differenz zwischen zwei Energieniveaus entspricht, z. B. in eine Farbstofflösung eingestrahlt, dann wird diese Energie des Lichts von einem Elektron im Farbstoff-Molekül aufgenommen (absorbiert). Dieses Elektron befindet sich nach der Energieaufnahme in einem angeregten Zustand.
Die von uns wahrgenommene Farbe (Komplementärfarbe) ergibt sich als Mischung der nicht absorbierten Lichtanteile. Kehrt das Elektron in den Grundzustand zurück, wird die freiwerdende Energie i. A. als Wärme abgegeben und als Bewegungsenergie auf benachbarte Teilchen übertragen.

zu b) (i) Dieser Stoff absorbiert gelbes Licht und erscheint deshalb blau.
(ii) Dieser Stoff absorbiert blaugrünes und orangefarbenes Licht; die Komplementärfarben rot und blaugrün mischen sich zum Farbeindruck violett.

zu c) Ein blauer Gegenstand besitzt sein Absorptionsmaximum im gelben Bereich des sichtbaren Spektrums. Steht nur gelbes Licht zur Verfügung, dann wird dieses Licht vollständig absorbiert. Das bedeutet, der Gegenstand kann nur schwarz erscheinen.

M 1

zu a) gelb grün blau

0 1 2 3 4 5 6 7 8 9 10 11 12 13 14

zu b) Im sauren Bereich ist der Indikator gelb gefärbt; er absorbiert zwischen 400 und 500 nm, mit einem Maximum bei $\lambda = 450$ nm. Blaues Licht wird absorbiert; die Lösung erscheint in der Komplementärfarbe gelb.
Im basischen Bereich ist der Indikator blau gefärbt, er absorbiert im Bereich von 550 bis 700 nm, das Maximum liegt bei $\lambda = 620$ nm. Das Spektrum von grün bis rot wird absorbiert; also kann die Lösung nur in blau erscheinen.

5.3 L Farbenspiele (Bromthymolblau, Indigocarmin) *Erwartungshorizont*

M 1 (Fortsetzung)

zu b) Die Absorptionskurve bei pH = 7 erstreckt sich über das gesamte sichtbare Spektrum, wobei zwei Absorptionsmaxima auftreten, von denen das eine dem des Indikatorstoffs bei pH = 4 und das andere dem des Indikatorstoffs bei pH = 10 entspricht, jedoch mit geringeren Extinktionswerten. Diese Beschreibung deutet daraufhin, dass bei pH = 7 beide Indikatorstoffe vorliegen, jedoch in geringeren Konzentrationen: gelb und blau überlagern sich zu grün.

Schlussfolgerung: Bromthymolblau gibt es in zwei Molekülformen, die Licht unterschiedlicher Spektralfarben absorbieren:
bei pH = 4 kurzwelligeres, energiereicheres blaues Licht,
bei pH = 10 längerwelliges, energieärmeres gelb-rotes Licht.

zu c)

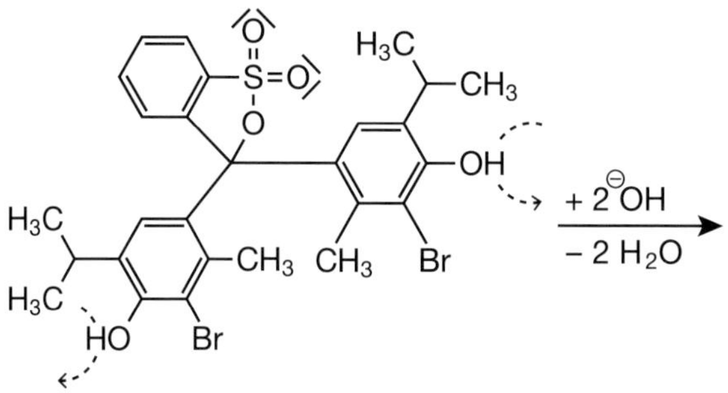

(I) gelbe Lösung im sauren Bereich

In alkalischen Lösungen reagieren Bromthymolblau-Moleküle der vorgegebenen Struktur (I) mit Hydroxid-Ionen. Dies erfolgt mit einem Proton aus dem Hydroxy-Substituent eines Benzol-Moleküls (vergleichbar mit Phenol und Phenolat-Ion in alkalischer Umgebung).

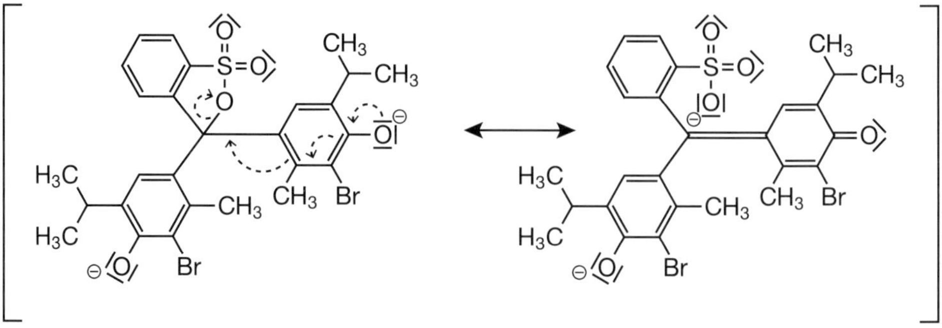

5.3 L Farbenspiele (Bromthymolblau, Indigocarmin) *Erwartungshorizont*

M 1 (Fortsetzung)

zu c) $^{\ominus}|\overline{O}$– übt einen +M-Effekt auf den aromatischen Ring und wird dadurch in das delokalisierte Elektronensystem integriert; zugleich wird der 5-Ring mit Sulfonsäure aufgespalten:

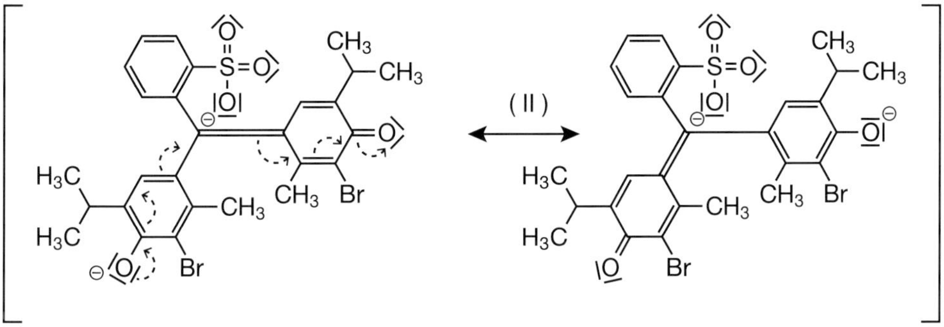

zu d) Bei (I) liegt im zentralen Kohlenstoff-Atom eine tetraedrische Struktur vor, C ist sp^3-hybridisiert; die Benzol-Ringe sind flügelartig jeweils senkrecht zueinander angeordnet, um Überschneidungen zu vermeiden.

Diese Anordnung am zentralen Kohlenstoff-Atom wandelt sich über sp^2-Hybridisierung in eine planare Struktur (II), in der die σ-Bindungen liegen, und ein dazu senkrechtes p-Orbital, so dass eine Delokalisierung von π-Elektronen über das zentrale C-Atom hinaus auf mehrere aromatische Moleküle ausgedehnt wird.

In (I) finden sich drei delokalisierte π-Systeme über die jeweiligen aromatischen Ringe, aber unterbrochen am zentralen Kohlenstoff-Atom.

In (II) wird das delokalisierte π-System enorm vergrößert, weil das Elektron im p-Orbital des zentralen C-Atoms in die Delokalisierung integriert wird und so die Benzol-Ringe überbrückt, $^{\ominus}|\overline{O}$– wirkt als auxochrome, ⟨O= als antiauxochrome Gruppe.

Der Farbwechsel von gelb nach blau stellt eine bathochrome Verschiebung dar, die mit einer Ausweitung des delokalisierten Systems einhergeht, das dann schon geringere Energiebeträge und damit längerwelliges Licht absorbieren kann. Daher ist plausibel, dass im alkalischen Bereich die Komplimentärfarbe blau erscheint.

M 2

zu a) Farbenspiel: Indigocarmin gelöst: blau,
mit Natronlauge/Glucose: grün – rot – gelb!
durch Luft gießen: grün – rot – gelb!

zu b) Bei Glucose und bei Indigocarmin findet man Carbonyl-Gruppen; laut Text wird Glucose in alkalischer Lösung oxidiert, also reagiert Carbonyl- zu Carboxyl-Gruppe. Dann wird Indigocarmin reduziert, also reagiert Carbonyl- zu Hydroxy-Gruppe:

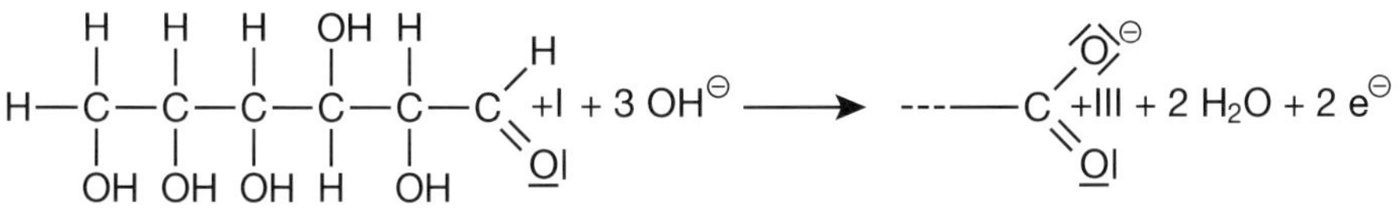

5.3 L Farbenspiele (Bromthymolblau, Indigocarmin) *Erwartungshorizont*

M 2 (Fortsetzung)

zu b) Für die Oxidationstufen gilt:
C in der Carbonyl-Gruppe bei Glucose wird von Oxidationsstufe +I zu +III oxidiert,
C in der Carbonyl-Gruppe im Farbstoff wird von Oxidationsstufe +II zu +I reduziert, dies dann an zwei Atomen.

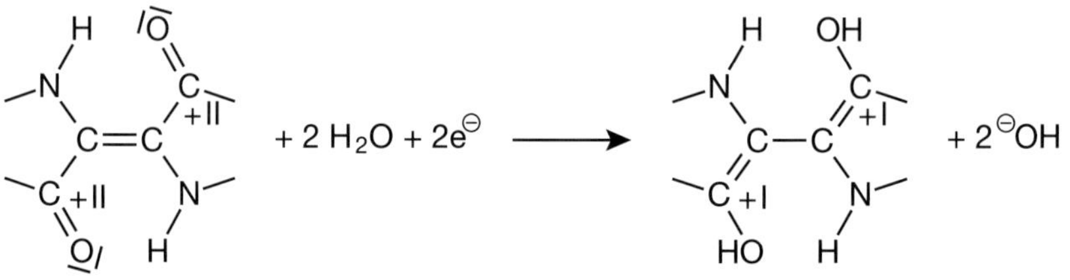

Indigocarmin (blau) (drehbare C-C-Einfachbindung) Leukoform (gelb)

Grüne Lösung: Grün entsteht aus blau und gelb, beide Strukturen liegen nebeneinander, also eine Mischung aus oxidiertem (blau) und reduziertem (gelb) Indigocarmin.

Außerdem kann bei der Oxidation von Indigocarmin noch eine Zwischenstufe formuliert werden, wenn mit einem Elektron pro Molekül partiell reduziert wird:

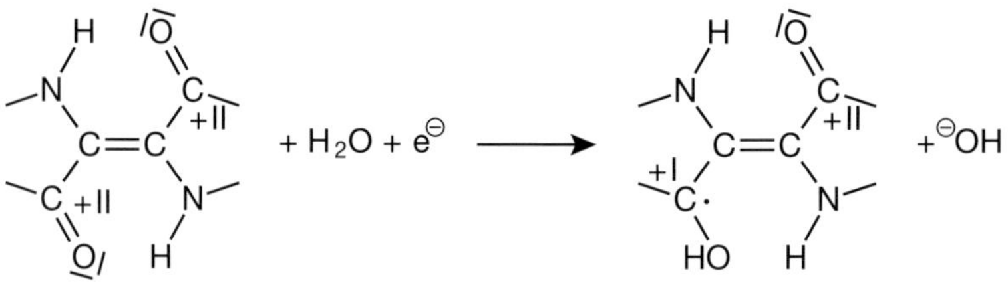

Ergebnis: blau - - - - - - - - - - - - - - rot - - - - - - - - - - - - - - gelb
Indigocarmin - - - - - - - - Radikalform - - - - - - - - Leukoform

Beim Ausgießen durch Luft reagiert Sauerstoff mit der Leukoform, der Sauerstoff wird reduziert und die Leukoform oxidiert:

$$O_2 + 2\ H_2O + 4\ e^{\ominus} \rightarrow 4\ OH^{\ominus}$$

$$\text{Leukoform} + 2\ OH^{\ominus} \rightarrow \text{Indigocarmin} + 2\ H_2O + 2\ e^{\ominus}$$

Liegen beide Formen nebeneinander, sieht man eine grüne Lösung. Indigocarmin reagiert – wenn noch Glucose vorhanden ist – wieder über Zwischenstufe (rot) zur Leukoform (gelb).

5.3 L Farbenspiele (Bromthymolblau, Indigocarmin) *Erwartungshorizont*

M 2 (Fortsetzung)

zu c) Die –C=C– Doppelbindung im Zentrum des Farbstoff-Moleküls bildet eine Elektronenbrücke zwischen den Carbonyl-Gruppen mit aromatischem Ring auf beiden Seiten: Alle Kohlenstoff-Atome in –C=C– und $\rangle C{=}O \langle$ sowie im Benzol-Ring sind sp^2-hybridisiert. Sie liegen daher in einer Ebene und haben dazu ein senkrecht stehendes p-Orbital. Die p-Orbitale können jeweils mit ihren Nachbarn überlappen und so ein ausgedehntes delokalisiertes π-Elektronensystem bilden. Hier genügt Energie des längerwelligen, energieärmeren Lichtes (gelb, rot), um Elektronen im Grundzustand anzuregen. Daher erscheint die Komplementärfarbe blau.

Wird Indigocarmin reduziert zur Leukoform, dann wird die zentrale –C=C– Doppelbindung in eine –C–C– Einfachbindung umgewandelt; die Hybridisierung aber bleibt aufgrund der Lage neuer Doppelbindungen an den Kohlenstoff-Atomen erhalten. Wegen der Drehbarkeit von Einfachbindungen und aufgrund der Atomausdehnungen im Molekül ist eine gewisse Drehung beider Hälften gegeneinander nicht mehr aufzuhalten; die planare Struktur wird gestört. So zerfällt das delokalisierte Elektronensystem und wird kleiner. Daher muss die absorbierte Energie größer ausfallen, die bei kürzerwelligem Licht zu finden ist. Die Absorption verschiebt sich im Spektrum nach links, infolgedessen die Komplementärfarben nach rechts: Leuko-Indigocarmin erscheint gelb, es handelt sich um eine hypsochrome Verschiebung.

Bathochrome Verschiebung durch Oxidation

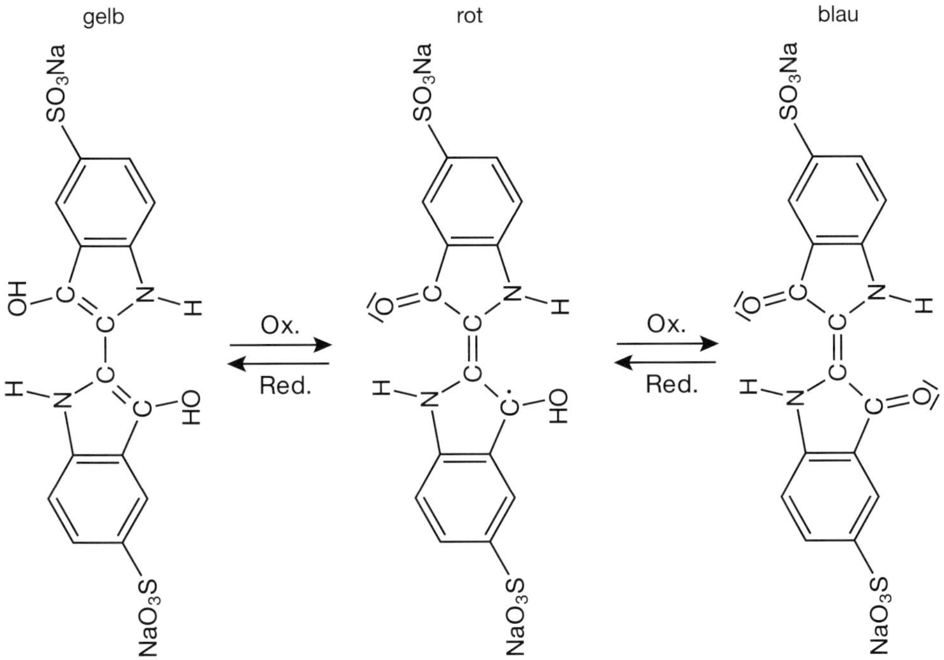

hypsochrome Verschiebung durch Redukion,
Leuko-Indigocarmin | radikale Zwischenstufe | Indigocarmin

6.1 L Kunststoffchemie beim Zahnarzt

Thematik
Unterrichtsmethode

Grundlagen: Methylacrylat, Glutaraldehyd, Polymerisation, Eigenschaften von Makromolekülen, organische Reaktionstypen.

Methodischer Vorschlag: Kugellager, in Kombination mit der Spickzettelmethode und Aufgaben zur Lernerfolgskontrolle

Durchführung: Kontext, M 1, M 2, M 3, M 4, M 5
Die Liste der Arbeitschritte (M 1) und die Anleitung für Spickzettel (M 2) können als Folie aufgelegt werden.
Nach individueller Einführung über den Kontext prägen sich die Schülerinnen und Schüler die Methode des Kugellagers ein. Der Innenkreis bearbeitet hierzu die Chemie der Synthese des Kunststoffes (M 3), der Außenkreis die Verankerung der Füllung am Zahn (M 4). Die Mitglieder der beiden Gruppen erstellen sich Spickzettel (M 2), die als Grundlage für die Information der jeweils anderen Gruppe dienen.
Der Innenkreis informiert den Außenkreis und umgekehrt; jeder Zuhörer macht sich Notizen. In der weiteren Rotation wiederholt der Innenkreis die neu notierten Inhalte (der Außenkreis korrigiert gegebenenfalls) und umgekehrt.
Jeder Schüler hat über sein Thema berichtet und das andere angehört; dann wiederholt er das zweite Thema und hört sein eigenes Thema an, das er gegebenenfalls korrigieren muss.
Zum Abschluss bearbeitet jeder individuell die Lernkontrollaufgaben (M 5).

Literaturangaben
Zahnfüllungen aus Kunststoff , Nr. 3.8 in Materialien-Handbuch Kursunterricht Chemie Bd. 5, Aulis Verlag, Köln 1997
Polymerisation durch sichtbares Licht bzw. UV-Strahlung, *Th. Scholl* in: *H. Bartl, J. Falbe* (Hrsg.), Houben-Weyl, Band E 20/1, 4. Aufl., Thieme-Verlag, Stuttgart 1987, S. 89–94.

Zur Erweiterung
Materialien-Handbuch Bd. 5: 1.4 (Styrol), 1.5 (1-Octen), 1.6 (Radikalische Polymerisation), 3.4 (Klassifizierung), Bd. 10/II: 3.10 (Plexiglas)

Gruppe	**Innenkreis**	**Außenkreis**
Konzepte	Struktur – Eigenschaft, Polymerisationen (radikalisch), makromolekulare Chemie	Struktur – Eigenschaft, Additionsreaktionen (nucleophil), makromolekulare Chemie
Kompetenzbereiche	Kommunikation: Sch'/Sch – strukturieren und vernetzen erworbenes Wissen über chemische Reaktionen und chemierelevante Anwendungen, – beschreiben und erklären in strukturierter sprachlicher Darstellung. Fachwissen	
Anforderungsbereiche	I, II	I, II

6.1 S Kunststoffchemie beim Zahnarzt *Kontext*

Zum Zahnarzt geht eigentlich niemand gerne; wenn es dann doch sein muss, ist es am besten, wenn er einfach nur die Zähne durchsieht und sagt: „Alles in Ordnung!“ Das ist aber leider nicht immer der Fall. Der Genuss von Süßigkeiten kann Karies zur Folge haben. Es bilden sich Löcher in den Zähnen und das kann sehr schmerzhaft sein. Früher wurde als Material für die Zahnfüllungen zumeist Amalgam verwendet. Auch heute wird es noch gelegentlich eingesetzt, aber das Quecksilber im Amalgam steht im Verdacht, negative Folgen für die Gesundheit zu haben, da es das Nervensystem zu schädigen vermag.
Man weicht daher immer mehr auf andere Zahnfüllungen aus. Füllungen aus Gold sind zwar sehr geeignet, aber leider sehr teuer. Eine günstige Alternative sind hingegen Zahnfüllungen aus Kunststoff. Um aber eine Kunststofffüllung dauerhaft im Zahn zu verankern, ist viel Chemie erforderlich, insbesondere makromolekulare Chemie.
Die beiden folgenden Texte vermitteln Ihnen die Fachkenntnisse hierzu. In einem Kugellager eignen Sie sich dieses Wissen an.

Im Anschluss an das Kugellager können Sie dann anhand von Aufgaben überprüfen, ob Sie alles behalten und verstanden haben.

Methodisches Vorgehen
Die Aneignung des Fachwissens erfolgt nach der Methode des Kugellagers:

Doppelkreis

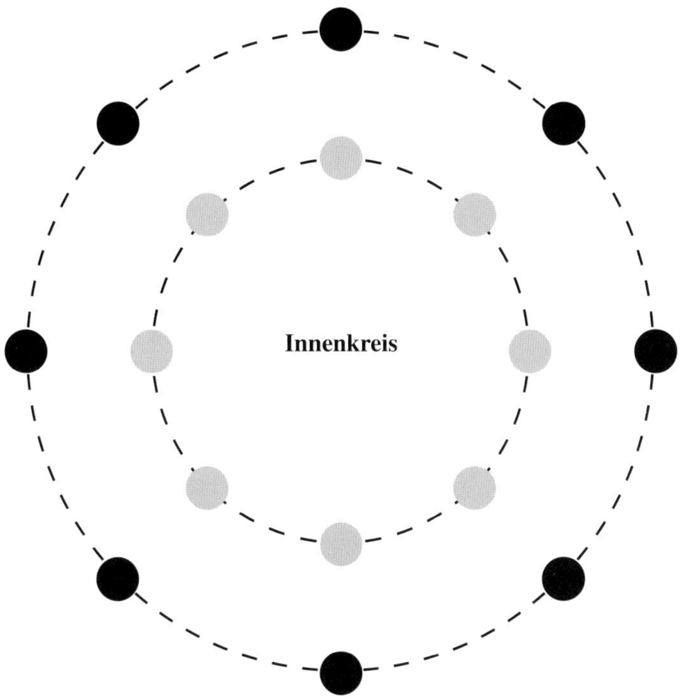

Außenkreis

6.1 S Kunststoffchemie beim Zahnarzt *M1*

Arbeitsschritte

1. Schritt
Die Lerngruppe teilt sich in zwei Teilgruppen auf. Sie bilden die Gruppen Innenkreis und Außenkreis. Individuell erarbeiten Sie sich nun Kenntnisse über die Chemie der Kunststoffzahnfüllungen.
Gruppe Innenkreis: Chemie der Synthese des Kunststoffs für Zahnfüllungen (M 3)
Gruppe Außenkreis: Chemie der Verankerung der Kunststofffüllung am Zahn (M 4)
Erstellen Sie jeweils individuell einen Spickzettel (Anleitung s. M 2).

2. Schritt
Bilden Sie gemäß der Abbildung einen Außen- und einen Innenkreis. Die Mitglieder des Innenkreises sollen stets jeweils genau einem Mitglied des Außenkreises gegenübersitzen.

3. Schritt
Der Innenkreis informiert zunächst den Außenkreis über die wesentlichen Inhalte des Textes über die Chemie der Kunststoffsynthese für Zahnfüllungen.
Es ist die Aufgabe des Sprechers, die zum Verständnis der Vorgänge wesentlichen Inhalte so darzustellen, dass der Zuhörer sie versteht. Der Sprecher hat Vorrang und wird nicht unterbrochen. Fragen werden erst am Ende der Gesprächsrunde gestellt. Der Zuhörer macht sich Notizen.

Rotation nach 8 min: Der Außenkreis dreht im Uhrzeigersinn einen Platz weiter. Der Innenkreis dreht im Gegenuhrzeigersinn einen Platz weiter.

4. Schritt
Nun informiert der Außenkreis den Innenkreis über die wesentlichen Inhalte des Textes über die Chemie der Verankerung der Kunststofffüllung im Zahn.
Auch hier ist es die Aufgabe des Sprechers, die zum Verständnis der Vorgänge wesentlichen Inhalte so darzustellen, dass der Zuhörer sie versteht. Der Sprecher hat Vorrang und wird nicht unterbrochen. Fragen werden erst am Ende der Gesprächsrunde gestellt. Der Zuhörer macht sich Notizen.

Rotation nach 8 min: Der Außenkreis dreht im Uhrzeigersinn einen Platz weiter. Der Innenkreis dreht im Gegenuhrzeigersinn einen Platz weiter.

5. Schritt
Der Innenkreis wiederholt die neu notierten Inhalte, der Außenkreis korrigiert gegebenenfalls.

Rotation nach 8 min: Der Außenkreis dreht im Uhrzeigersinn einen Platz weiter. Der Innenkreis dreht im Gegenuhrzeigersinn einen Platz weiter.

6. Schritt
Der Außenkreis wiederholt die neu notierten Inhalte, der Innenkreis korrigiert gegebenenfalls.

7. Schritt
Bearbeiten Sie nun individuell die Aufgaben zur Lernkontrolle: M 5.

6.1 S Kunststoffchemie beim Zahnarzt M2

Spickzettel

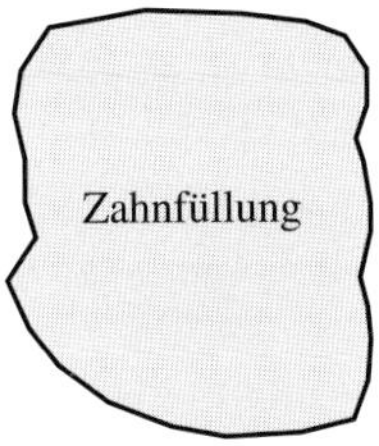

Spickzettel

Regeln zur Erstellung

- Fassen Sie den Text auf einem kleinen Spickzettel zusammen!
- Verwenden Sie möglichst wenige Stichwörter!
- Beschränken Sie sich auf Wesentliches!
- Sie dürfen Symbole verwenden und Zeichnungen anfertigen.

Sie sollen im nächsten Schritt Ihrem Gegenüber im Doppelkreis die Inhalte Ihres Textes über die Herstellung von Kunststofffüllungen darlegen und erläutern. Der Spickzettel dient Ihnen dabei als Hilfe. Daher ist die sorgfältige Anfertigung für das Gelingen wesentlich.

6.1 S Kunststoffchemie beim Zahnarzt *M3*

Information Innenkreis:

Chemie der Synthese des Kunststoffs für Zahnfüllungen
Für die Füllung eines Loches im Zahn kann kein fertiger Kunststoff verwendet werden, da er sich nicht fest im Zahn verankern ließe. Daher wird der Kunststoff erst nach der Füllung des Loches aus den Monomeren synthetisiert. Bei der Synthese handelt es sich um eine radikalische Polymerisation. In einer Kettenreaktion reagieren Moleküle mit Kohlenstoff-Kohlenstoff-Doppelbindung zu Makromolekülen. Als Edukte verwendet man ein Gemisch aus (2-Hydroxyethyl)-methacrylat (mit einer Kohlenstoff-Kohlenstoff-Doppelbindung) und Dimethacrylaten (mit zwei Kohlenstoff-Kohlenstoff-Doppelbindungen). Da mehrere verschiedene Monomere vorhanden sind, entsteht ein Copolymer. Hierbei handelt es sich um ein statistisches Copolymer, d. h., die Reihenfolge der Monomertypen im Makromolekül ist zufällig.

Da die Dimethacrylate jeweils zwei Kohlenstoff-Kohlenstoff-Doppelbindungen besitzen, führt dies zu einer Vernetzung der Makromolekülketten. Es entsteht ein Duromer. Dadurch hält der Kunststoff der mechanischen Beanspruchung beim Kauen besser stand. Hierzu dient ebenfalls die Beimengung von Quarz (SiO_2). Seine Gegenwart verbessert die physikalischen Eigenschaften der Füllung (z. B. Biegefestigkeit). Auch dadurch hält die Füllung den mechanischen Beanspruchungen beim Kauen besser stand. Die Füllung besitzt dadurch eine längere Lebensdauer.

Damit die radikalische Polymerisation startet, setzt man dem Monomerengemisch einen Radikalbildner zu. Normalerweise muss der Radikalbildner erhitzt werden, damit er in zwei Radikale zerfällt und die Kettenreaktion startet. Das geht natürlich hier nicht. Stattdessen wird die Füllung im Zahn mithilfe eines Belichtungsgerätes belichtet. Dies hat den gleichen Effekt.

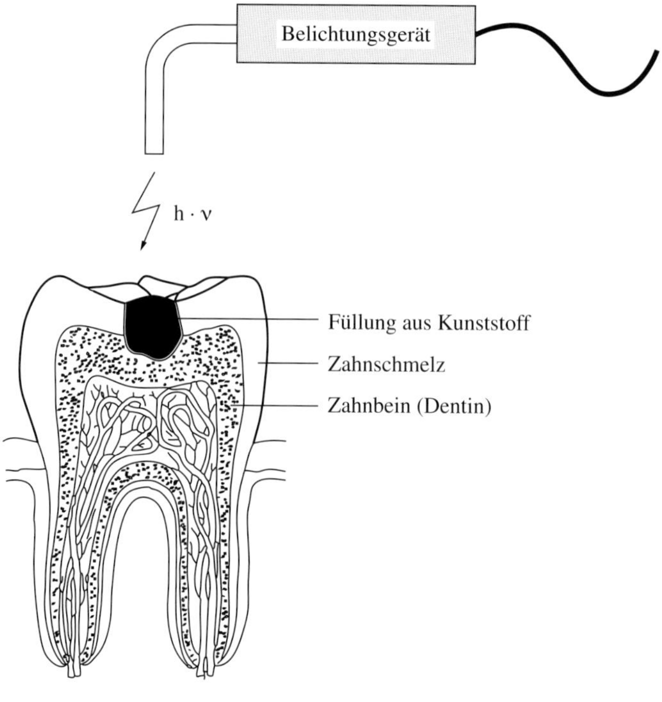

6.1 S Kunststoffchemie beim Zahnarzt *M4*

Information Außenkreis:

Chemie der Verankerung der Kunststofffüllung am Zahn
Damit der Kunststoff der Kunststofffüllung nicht gleich wieder herausfällt, muss er am Zahn verankert werden. Hierzu dient zunächst die kurzfristige Einwirkung von Phosphorsäure. Ihre Wirkung besteht in der oberflächlichen An- und Auflösung des Zahnschmelzes. Dies bedeutet eine Vergrößerung der Oberfläche und eine Verbesserung der Benetzbarkeit. Das wiederum bewirkt eine Verbesserung der Haftung und kann das Auftreten von Randspalten bei der anschließenden Applikation der Kunststofffüllung vermindern.

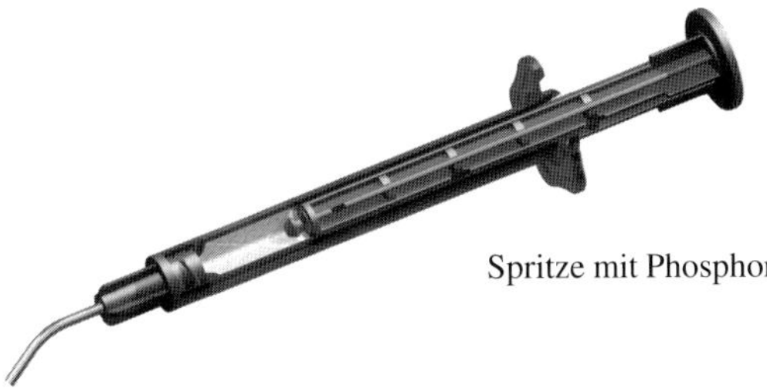

Spritze mit Phosphorsäure

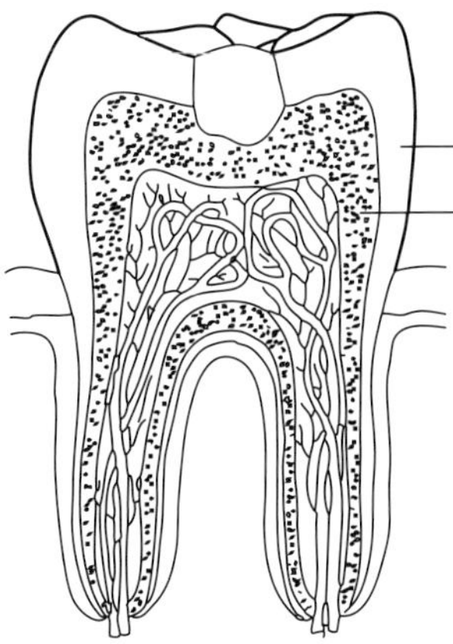

Zahnschmelz

Zahnbein (Dentin)

Dies allein reicht aber nicht zur Fixierung der Füllung aus. Erst durch eine chemische Bindung zwischen dem Zahn und der Füllung wird eine hinreichende Verankerung erreicht. Dabei wird Glutaraldehyd als vermittelnde Substanz eingesetzt.
Glutaraldehyd besitzt zwei Aldehyd-Gruppen. Eine dieser Aldehyd-Gruppen reagiert in einer nucleophilen Additionsreaktion mit einer Amino-Gruppe an der Oberfläche des Zahndentins. Die andere Aldehyd-Gruppe durchläuft ebenfalls eine nucleophile Additionsreaktion, und zwar mit einer freien Hydroxy-Gruppe des Kunststoffs. Durch viele derartige Bindungen wird der Kunststoff hinreichend fest an den Zahn gebunden.

6.1 S Kunststoffchemie beim Zahnarzt *M5*

Alles behalten? Alles verstanden? – Aufgaben zur Lernkontrolle

1. Füllen Sie die freien Felder der Tabelle mit den richtigen, unter der Tabelle stehenden Funktionen, Formeln und Skizzen.

Verbindung	Formel/Skizze	Funktion
2-Hydroxymethylacrylat		
Dimethylacrylat		
Duromer		
Glutaraldehyd		
Phosphorsäure		
Quarz		
Radikalbildner		

Formeln/Skizzen

a) 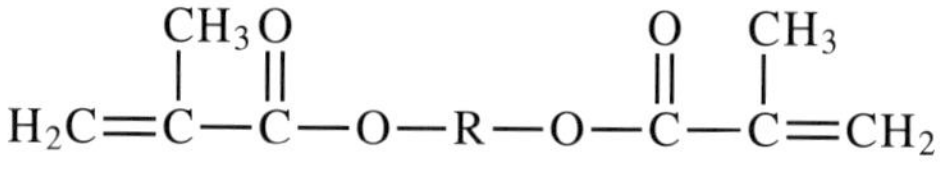

b) 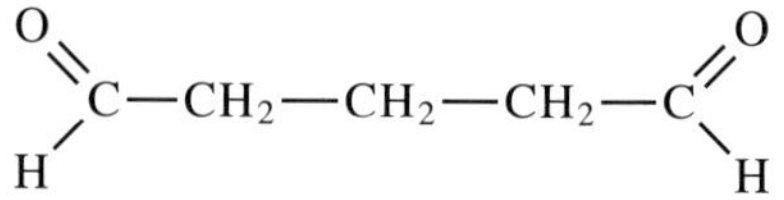

c) H_3PO_4

d) SiO_2

e) R-O-O-R'

f) 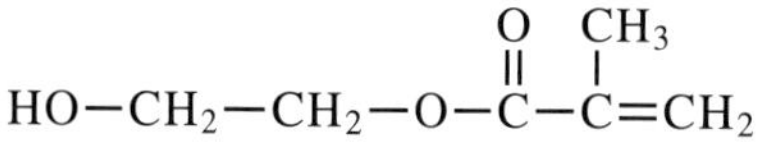

g) 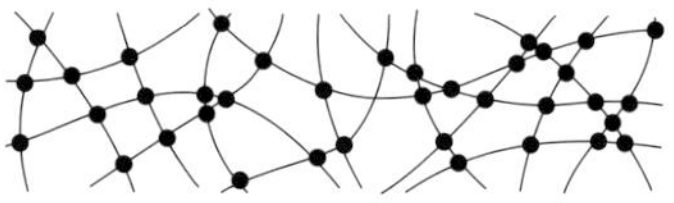

Funktionen

a) Vermittlung zwischen Zahn und Füllung
b) Kettenstarter der Kunststoffsynthese
c) Verbesserung der Biegefestigkeit der Füllung
d) Verbesserung der mechanischen Eigenschaften beim Kauen
e) Bindung an Glutaraldehyd
f) Führt zur Vernetzung der Makromolekülketten
g) Anlösen des Zahnschmelzes

6.1 S Kunststoffchemie beim Zahnarzt *M5*

Alles behalten? Alles verstanden? – Aufgaben zur Lernkontrolle (Fortsetzung)

2. Bringen Sie die vorgegebenen Formeln in die richtige Reihenfolge, so dass die Kunststofffüllung schrittweise am Dentin des Zahns verankert wird. Erläutern Sie den Ablauf der Reaktion.

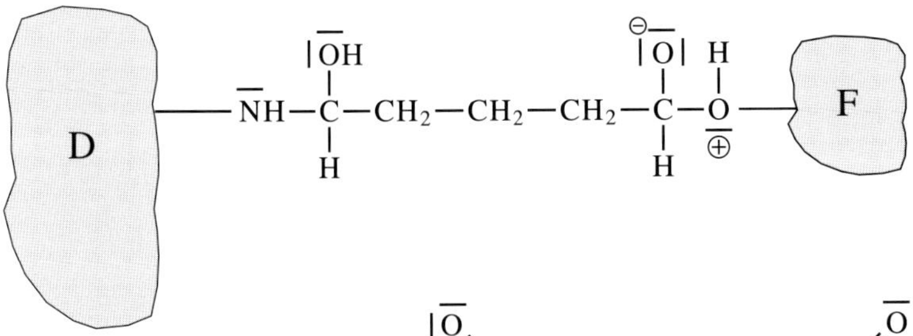

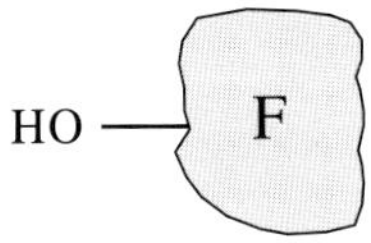

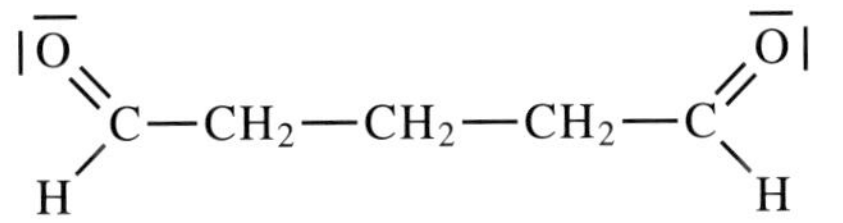

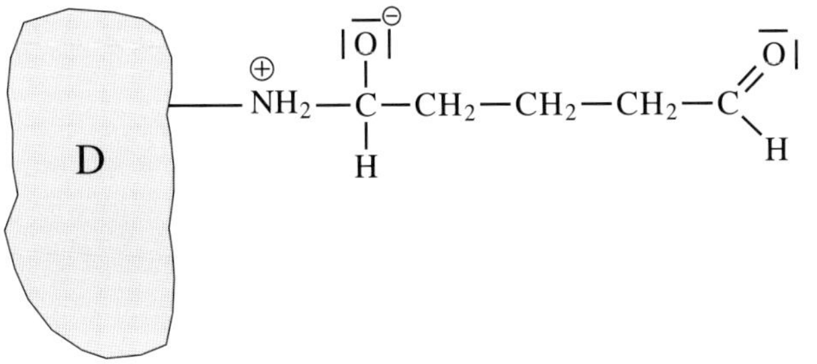

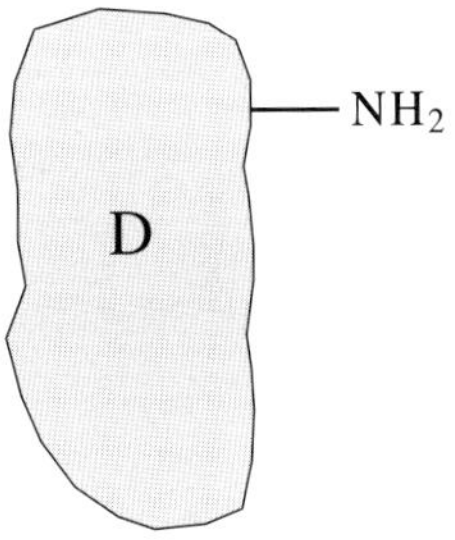

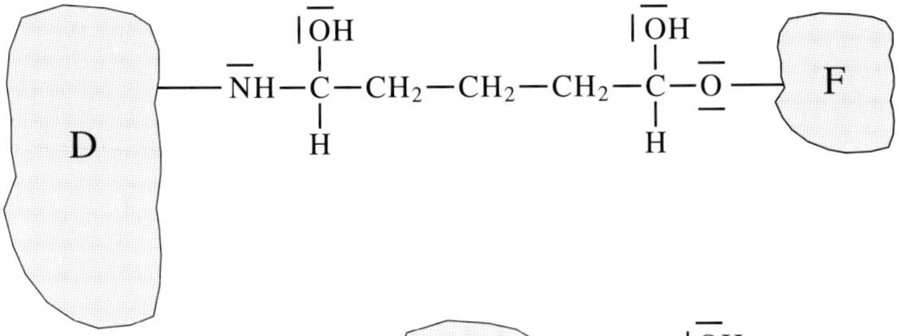

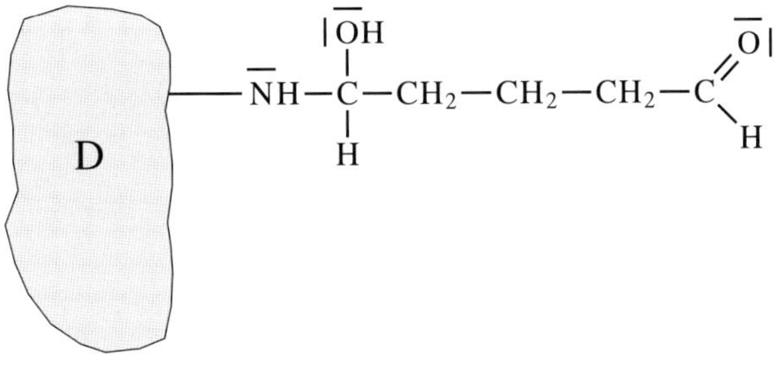

6.1 S Kunststoffchemie beim Zahnarzt *M5*

Alles behalten? Alles verstanden? – Aufgaben zur Lernkontrolle (Fortsetzung)

3. Kammrätsel

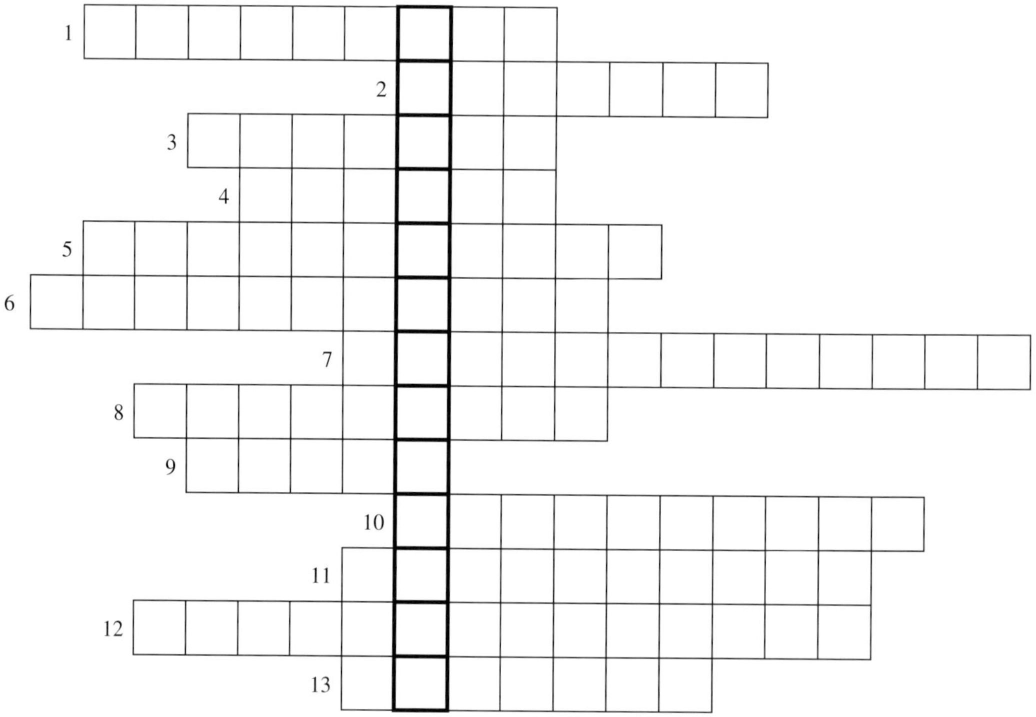

1: Polymer, das aus einem Gemisch von Monomeren synthetisiert wurde
2: Früher häufig verwendetes Material für Zahnfüllungen
3: Chemische Verbindung mit einem einzelnen, ungepaarten Elektron
4: Lieblingsinstrument des Zahnarztes
5: Negativ geladenes oder polarisiertes Teilchen
6: Härteste Substanz des Zahns
7: Bindungstyp im Monomer von Polyethen
8: Alte Bezeichnung für Duromer
9: Verbindungen mit NH_2-Gruppe
10: Bezeichnung für einen Stoff aus synthetischen Makromolekülen
11: Positiv geladenes oder polarisiertes Teilchen
12: Einer der Reaktionstypen zur Bildung von Makromolekülen
13: Verbindung mit der Gruppe CHO

Als Lösungswort ergibt sich in der markierten senkrechten Spalte ein zentraler Begriff der Kunststoffchemie!

6.1 L Kunststoffchemie beim Zahnarzt *Erwartungshorizont*

Lernkontrolle

zu 1)

Verbindung	Formel/Skizze	Funktion
2-Hydroxymethyl-acrylat	$HO-CH_2-CH_2-O-C(=O)-C(CH_3)=CH_2$	Bindung an Glutaraldehyd
Dimethylacrylat	$H_2C=C(CH_3)-C(=O)-O-R-O-C(=O)-C(CH_3)=CH_2$	Führt zur Vernetzung der Makromolekülketten
Duromer	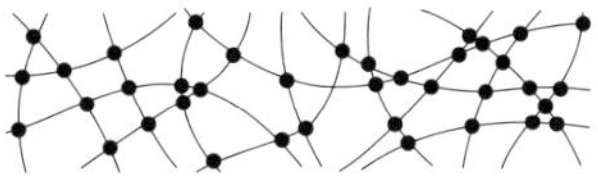	Verbesserung der mechanischen Eigenschaften beim Kauen
Glutaraldehyd	$O=C(H)-CH_2-CH_2-CH_2-C(H)=O$	Vermittlung zwischen Zahn und Füllung
Phosphorsäure	H_3PO_4	Anlösen des Zahnschmelzes
Quarz	SiO_2	Verbesserung der Biegefestigkeit der Füllung
Radikalbildner	R-O-O-R'	Kettenstarter der Kunststoffsynthese

zu 2) siehe nächste Seite

zu 3)

1	COPOLYMER	M
2	AMALGAM	A
3	RADIKAL	K
4	BOHRER	R
5	ELEKTROPHIL	O
6	ZAHNSCHMELZ	M
7	DOPPELBINDUNG	O
8	DUROPLAST	L
9	AMINE	E
10	KUNSTSTOFF	K
11	NUCLEOPHIL	U
12	POLYMERISATION	E
13	ALDEHYD	L

6.1 L Kunststoffchemie beim Zahnarzt *Erwartungshorizont*

Lernkontrolle (Fortsetzung)
zu 2)

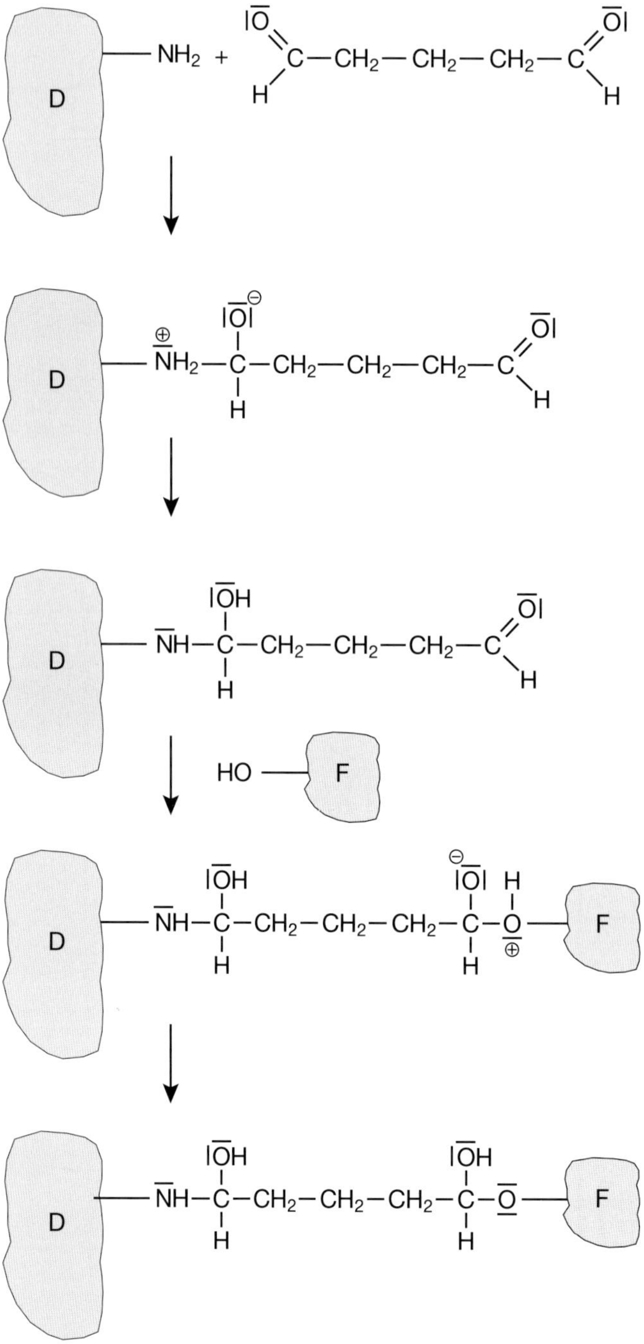

Nucleophile Addition:
Der partiell negativ geladene Stickstoff der Amino-Gruppe addiert sich an den partiell positiv geladenen Kohlenstoff der Aldehyd-Gruppe.

Protonenumlagerung

Nucleophile Addition:
Der partiell negativ geladene Sauerstoff der Hydroxy-Gruppe addiert sich an den partiell positiv geladenen Kohlenstoff der Aldehyd-Gruppe.

Protonenumlagerung

6.2 L Von der Milchsäure zur Polymilchsäure

Thematik
Unterrichtsmethode

Grundlagen: Alkohole, Alkanale, Alkanone, Alkansäure, Iodoformprobe, Titration, Esterbildung, -spaltung, Polykondensation, Glycolyse, Milchsäuregärung und Citronensäurecyclus, Polymerisation von Styrol

Methodischer Vorschlag: 2-4-Alle-Methode

Durchführung: Kontext und Arbeitsaufträge, M A, M B
Es werden Zweier-Gruppen, gleich viele A- und B-Gruppen, gebildet, die jeweils die Aufgaben A 1 und A 2 bzw. B 1 (mit Experiment) und B 2 bearbeiten (M A, M B).
Aus jeweils einer A- und einer B-Gruppe wird eine Vierer-Gruppe gebildet, in der jede Teilgruppe ihre Aufgaben und Ergebnisse vorstellt. Gemeinsam wird in der Vierer-Gruppe ein Plakat zum Thema „Von der Milchsäure zur Polymilchsäure" entwickelt, wobei die Ergebnisse der Aufgaben A 1, A 2, B 1 und B 2 genutzt werden sollen.
Die Vierer-Gruppen stellen dem Kurs ihr Plakat vor.
Eine weiterführende Aufgabe kann als zusätzliche Projektaufgabe bearbeitet werden.

Literaturangaben

Strukturformel der Milchsäure, Nr. 3.9, Titration mehrprotoniger Säuren, Nr. 3.11, in Materialien-Handbuch Kursunterricht Chemie Bd. 2, Aulis Verlag, Köln 1991
Herstellung und Eigenschaften eines Co-Polymers aus Hydroxysäuren, Nr. 1.19 in Materialien-Handbuch Bd. 5, Aulis Verlag, Köln 1997
Polymilchsäure – biologisch abbaubar, Nr. 2.8 in Materialien-Handbuch Bd. 8, Aulis Verlag, Köln 2003

Zur Erweiterung
Informationsserie Nachwachsende Rohstoffe, Fonds der chemischen Industrie, Frankfurt, 2009
http://fonds.vci.de/default2~cmd~shd~docnr~126115~rub~788~tma~940~nd~.htm#dwnldstbl (07.01.2011)

6.2 L Von der Milchsäure zur Polymilchsäure

Thematik
Unterrichtsmethode

(Fortsetzung)

Teilaufträge	A1	A2	B1	B2	Projektaufgabe
Konzepte	Struktur – Eigenschaft	Polymere	Säure-Base-Titration, Struktur – Eigenschaft	Co-Polymere	chemische Reaktionen
Kompetenzbereich	Fachwissen: Sch'/Sch – wenden ihre Kenntnisse von Eigenschaften organischer Moleküle an, um Aussagen über die Molekülstruktur von Milchsäure zu treffen.	Fachwissen: Sch'/Sch – wenden ihr Wissen zur Estersynthese und –hydrolyse auf die Bildung von Milchsäure-Dimere und -Polymere an, – wenden ihr Wissen zur Begründung von biologischer Abbaubarkeit an.	Fachwissen: Sch'/Sch – wenden ihre Kenntnisse zur Titration organischer Säuren an, um Aussagen über die Strukturformeln dieser Säuren zu treffen.	Fachwissen: Sch'/Sch – wenden ihr Wissen zur Estersynthese und -hydrolyse auf die Bildung und die hydrolytische Spaltung des Co-Polymers aus Milchsäure und Glykolsäure an, – wenden ihr Wissen zur Begründung von biologischer Abbaubarkeit an.	Reflexion/Bewertung: Sch'/Sch – bewerten Vor- und Nachteile der Herstellung von Kunststoffen aus nachwachsenden Rohstoffen. Kommunikation
Anforderungsbereich	II	II, III	I, II	II, III	II, III

6.2 S Von der Milchsäure zur Polymilchsäure *Kontext*

Milchsäure kommt in saurer Milch vor und wurde dort erstmalig entdeckt. Sie wird u. a. in Lebensmitteln als Säuerungsmittel verwendet. Aus Milchsäure hergestellte Kunststoffe werden als biologisch abbaubare Verpackungen verwendet. Sie können in der Medizin als chirurgisches Nähmaterial genutzt werden, da sie im Körper abgebaut werden und so das Ziehen der Fäden überflüssig geworden ist.

Arbeitsaufträge

1. Bilden Sie gleich viele A- und B-Zweier-Gruppen.

2. Jede Zweier-Gruppe bearbeitet die Aufgaben A 1 und A 2 (s. Arbeitsblatt M A) bzw. die Aufgaben B 1 und B 2 (mit Experiment, s. Arbeitsblatt M B).

3. Aus jeweils einer A- und einer B-Zweier-Gruppe wird eine Vierer-Gruppe gebildet.

4. Jede Zweier-Gruppe stellt ihre Aufgaben und Ergebnisse in der Vierer-Gruppe vor.

5. Erstellen Sie gemeinsam in der Vierer-Gruppe ein Plakat zum Thema „Von der Milchsäure zur Polymilchsäure“ und nutzen Sie die Ergebnisse der Aufgaben.

6. Die Vierer-Gruppen stellen ihr Plakat dem Kurs vor.

7. Eine weiterführende Aufgabe kann als zusätzliche Projektaufgabe bearbeitet werden.

Weiterführende Aufgabe (zusätzliche Projektaufgabe)

Polymilchsäure wird aus Stärke hergestellt, einem pflanzlichen und damit nachwachsenden Rohstoff. Recherchieren Sie den Produktionsweg von der Stärke zur Polymilchsäure und bewerten Sie die Vor- und Nachteile von Kunststoffen aus nachwachsenden Rohstoffen. Stellen Sie Ihre Ergebnisse in einer Präsentation mit Handzettel vor.

6.2 S Von der Milchsäure zur Polymilchsäure MA

Arbeitsblatt Gruppe A

A1: Aufklärung der Strukturformel von Milchsäure

Die quantitative Analyse eines Stoffes ergibt die Summenformel $C_3H_6O_3$.
Aus weiteren Untersuchungen erhält man folgende Informationen:
1) Die Schmelztemperatur der Substanz beträgt 26 °C, die Siedetemperatur 103 °C. Der Stoff ist leicht in Wasser löslich.
2) Eine wässrige Lösung der Substanz reagiert sauer.
3) Beim Erhitzen des Stoffes mit schwarzem Kupferoxid entsteht metallisches Kupfer.
4) Die Iodoformprobe fällt mit der Substanz positiv aus.

Hexan: molare Masse 86 g/mol, Schmelztemperatur –93,5 °C, Siedetemperatur 69 °C, kaum wasserlöslich

Aufgaben

a) Welche Konsequenzen ergeben sich für die Strukturformel des Stoffes aus 1)? Begründen Sie Ihre Aussage durch einen Vergleich mit Hexan.
b) Benennen und erläutern Sie die Reaktionen, die in 2) und 3) ablaufen! Welche Molekülgruppen können aufgrund dieser Ergebnisse im Molekül anwesend sein?
c) Beschreiben Sie Durchführung und Deutung der Iodoformprobe am Beispiel von Aceton und nennen Sie die Atomgruppierungen, die mit der Iodoformprobe nachgewiesen werden können.
d) Geben Sie die Strukturformel des Stoffes an und begründen Sie Ihre Wahl.

6.2 S Von der Milchsäure zur Polymilchsäure *MA*

Arbeitsblatt Gruppe A (Fortsetzung)

A2: Biologisch abbaubare Joghurtbecher aus Polymilchsäure

Zur Verringerung der Abfallmenge werden immer öfter biologisch abbaubare Kunststoffe verwendet. Hierzu gehört auch die Polymilchsäure (polylactic acid, PLA). Aus diesem Kunststoff lassen sich z. B. Joghurtbecher und Folien herstellen. Sie lassen sich kompostieren; bereits nach ca. zwei Wochen ist ein derartiger Becher weitgehend abgebaut. Im Gegensatz dazu lassen sich herkömmliche Joghurtbecher aus Polystyrol nicht kompostieren. Über Jahre bleiben derartige Becher auf dem Komposthaufen praktisch unzersetzt liegen.
Polymilchsäure lässt sich relativ leicht in Gegenwart einer Säure aus Milchsäure herstellen. Dabei erhält man jedoch auch eine cyclische Verbindung, die sich jedoch mittels Säure in Polymilchsäure umwandeln lässt.

cyclische Zwischenverbindung

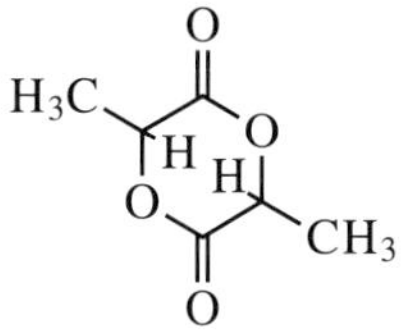

Ausschnitt aus der Strukturformel der Polymilchsäure

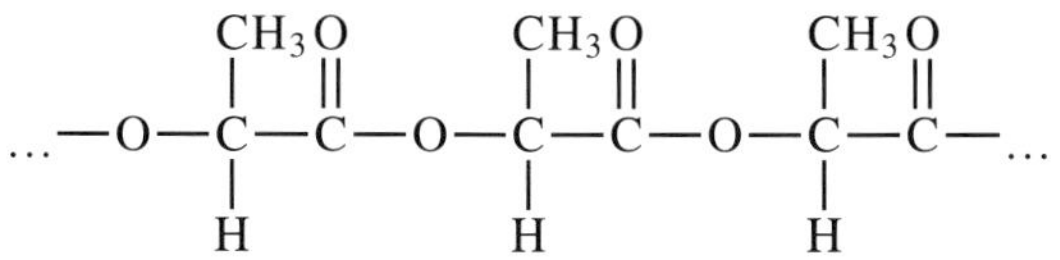

Ausschnitt aus der Strukturformel von Polystyrol

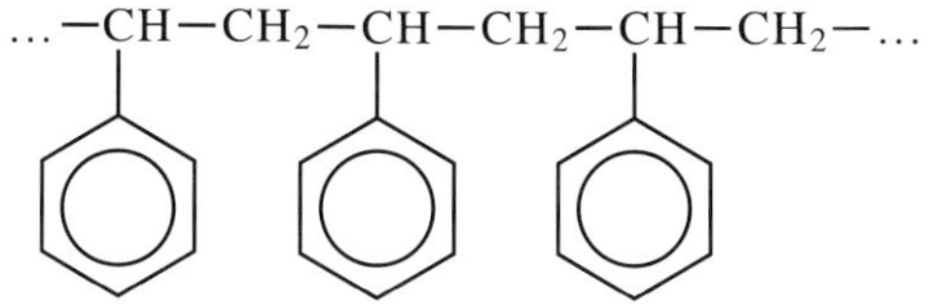

Aufgaben

a) Erläutern Sie die Bildung von Polymilchsäure aus Milchsäure. Gehen Sie hierbei auf den Mechanismus der Reaktion ein!
b) Erklären Sie die Bildung der cyclischen Zwischenverbindung und deren Umwandlung in Polymilchsäure.
c) Weshalb ist Polymilchsäure biologisch abbaubar?
d) Warum lässt sich ein Joghurtbecher aus Polystyrol biologisch nicht abbauen?

6.2 S Von der Milchsäure zur Polymilchsäure *MB*

Arbeitsblatt Gruppe B

B 1: Strukturaufklärung organischer Säuren mittels Titration

Durchführung

Schutzbrille!

Gleiche Volumina gleichkonzentrierter Lösungen (c = 0,1 mol/L) von Äpfelsäure, Milchsäure, Weinsäure und Citronensäure werden mit Natriumhydroxid-Lösung der Konzentration $c(OH^-)$ = 0,1 mol/L (Xi, reizend) titriert. Als Indikator wird Phenolphthalein-Lösung (w < 1 %) eingesetzt.

Aufgaben

a) Welche Volumina an Natriumhydroxid-Lösung haben Sie verbraucht?

b) Erläutern Sie die Titration und erklären Sie die Analysenergebnisse. Welche Rückschlüsse ergeben sich für die Strukturformeln der untersuchten Säuren?

c) Erklären Sie die Acidität von Carbonsäuren.

d) Recherchieren Sie die Strukturformeln der Säuren und vergleichen Sie sie mit Ihren Ergebnissen aus a) und b).

B 2: Chirurgisches Nähmaterial

Als chirurgisches Nähmaterial verwendet man heute häufig ein Co-Polymer aus 2-Hydroxyethansäure (Glykolsäure) und 2-Hydroxypropansäure (Milchsäure), das z. B. durch Erhitzen beider Stoffe im Verhältnis 1:1 hergestellt werden kann:

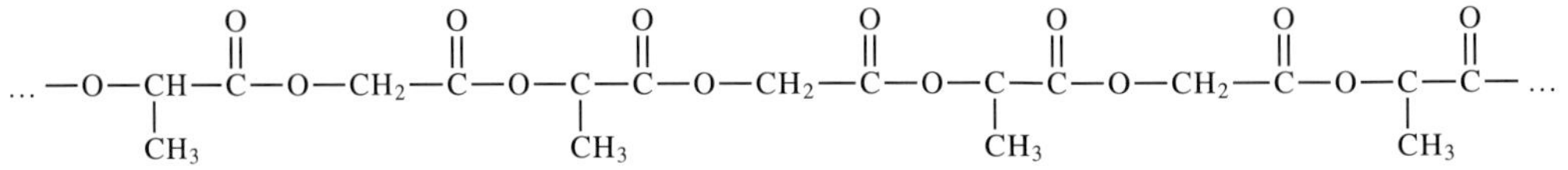

Der Vorteil dieses Nähmaterials liegt darin, dass die Fäden nicht gezogen werden müssen, da sie im Körper mithilfe von Enzymen hydrolytisch gespalten und dann im Stoffwechsel weiter abgebaut werden können. Reine Polymilchsäure lässt sich sehr rasch, reine Polyglykolsäure kaum abbauen. Durch die Wahl des Mischungsverhältnisses beider Säuren lässt sich die zeitliche Dauer des Abbaus beeinflussen.

Aufgaben

a) Stellen Sie die Bildung des angegebenen Polymers in Reaktionsgleichungen dar. Erläutern Sie die Reaktion und ordnen Sie das Produkt einer Kunststoffart zu.

b) Formulieren Sie mithilfe von Strukturformeln die hydrolytische Spaltung des vorliegenden Polymers. Kommentieren Sie sie kurz und erläutern Sie, warum dabei keine Gefährdung für den Organismus auftritt.

6.2 L Von der Milchsäure zur Polymilchsäure *Erwartungshorizont*

A 1

zu a) Da Schmelz- und Siedetemperatur der Substanz deutlich höher liegen als bei Hexan, einem Alkan mit vergleichbarer molarer Masse, müssen neben *Van-der-Waals*-Kräften noch intermolekulare Dipolkräfte auftreten. Man kann also auf die Anwesenheit von polarisierten Bindungen (z. B. C – O , O – H) im Molekül schließen. Die leichte Wasserlöslichkeit unterstützt diese Vermutung. Also können im Molekül folgende Gruppierungen auftreten: Hydroxy-, Alkanal-, Carbonyl-, Carboxyl-Gruppe.

zu b) Bei 2) handelt es sich um eine Protolysereaktion, bei 3) handelt es sich um eine Redoxreaktion, in der Kupferoxid zu Kupfer reduziert und die Substanz oxidiert wird. Aus 2) kann man also auf die Anwesenheit einer Carboxyl-Gruppe im Molekül schließen, aus 3) auf die Anwesenheit einer mit milden Oxidationsmitteln oxidierbaren Gruppe, d. h. einer Hydroxy- oder Alkanal-Gruppierung.

zu c) *Durchführung*: Zu 1 mL Aceton gibt man 2 mL verdünnte Natronlauge. Anschließend fügt man so lange Iod/Kaliumiodid-Lösung zu, bis eine schwache Braunfärbung bestehen bleibt. Nach dem Erwärmen beobachtet man das Ausfallen von gelben Iodoform-Kristallen.

Deutung

I) Abspaltung eines Protons vom α–C-Atom durch das Hydroxid-Ion, Bildung des Enolat-Ions.

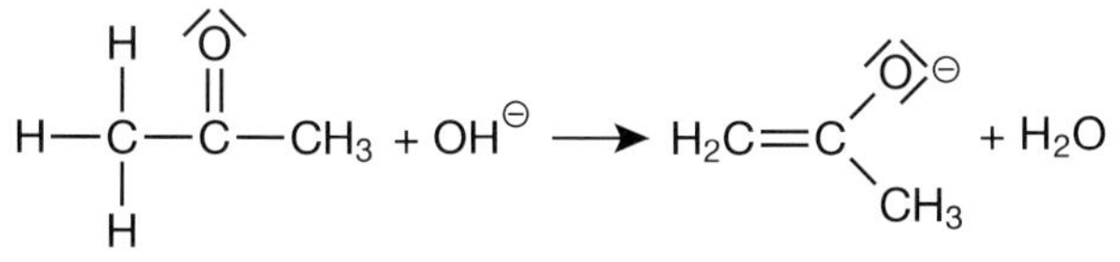

II) Angriff des polarisierten Iod-Moleküls auf die Doppelbindung, Bildung von Monoiodaceton.

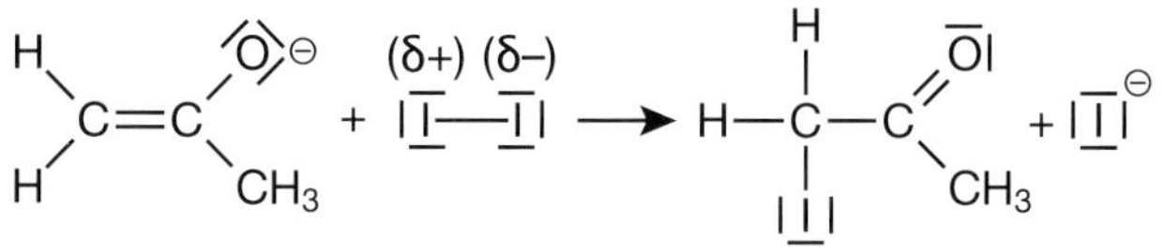

III) Durch analoge Weiterreaktion bildet sich Triiodaceton. Spaltung von Triiodaceton durch Hydroxid-Ionen, Bildung von Iodoform und Acetat-Ion.

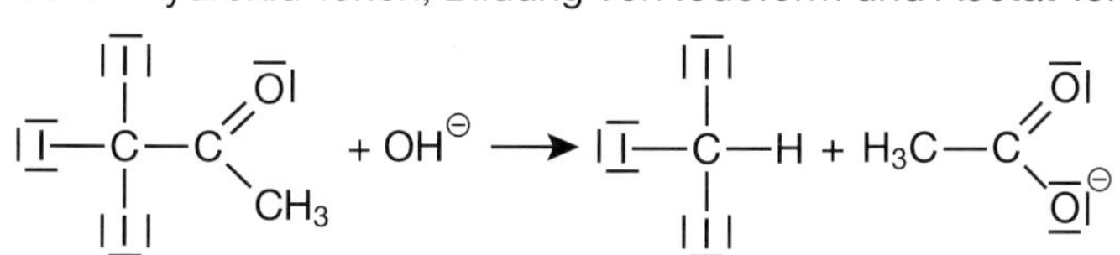

Mit der Iodoformprobe lassen sich folgende Atom-Gruppierungen nachweisen:
CH_3 — CO — R und CH_3 — CH(OH) — R.

6.2 L Von der Milchsäure zur Polymilchsäure *Erwartungshorizont*

A 1 (Fortsetzung)

zu d) Die gesuchte Strukturformel lautet:

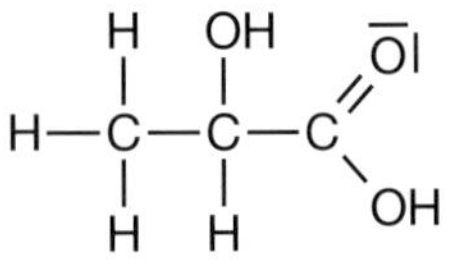

- Die Carboxyl-Gruppe liegt wegen 2) vor.
- Da aufgrund der Summenformel eine zusätzliche Alkanal-Gruppe nicht auftreten kann, muss als oxidierbare Gruppe die Hydroxy-Gruppe (wegen 3) vorliegen.
- Wegen der positiven Iodoformprobe kann die Hydroxy-Gruppe nur am zweiten Kohlenstoff-Atom sitzen.

A 2

zu a) Milchsäure enthält eine Carboxyl-Gruppe und eine Hydroxy-Gruppe. Daher können Milchsäure-Moleküle unter Bildung eines Esters miteinander reagieren. Die Säure dient dabei als Katalysator.

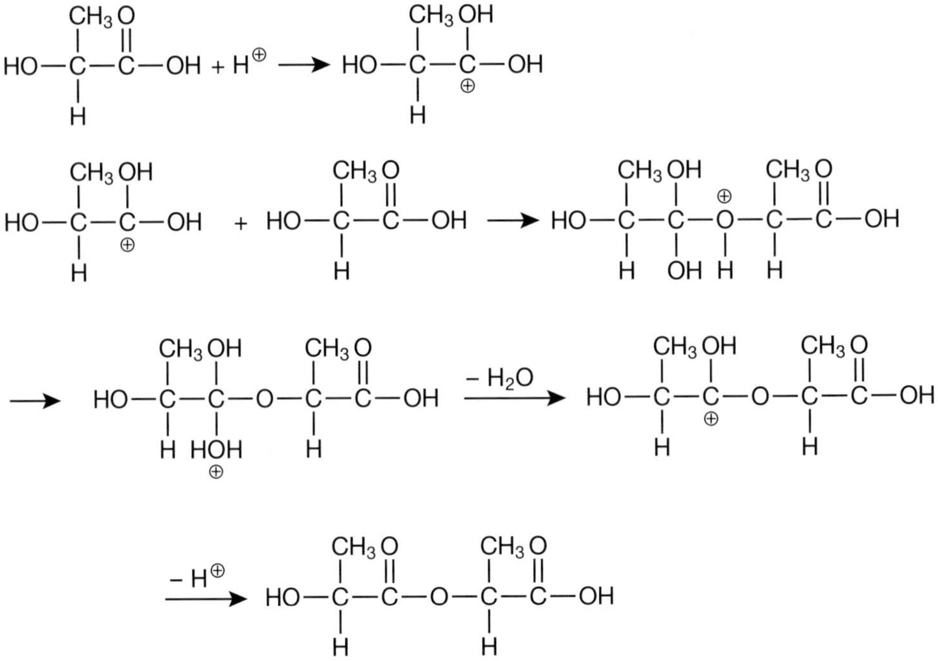

6.2 L Von der Milchsäure zur Polymilchsäure *Erwartungshorizont*

A 2 (Fortsetzung)

zu a) Da diese Reaktion vielfach verlaufen kann, entsteht in einer Polykondensationsreaktion der Polyester Polymilchsäure.

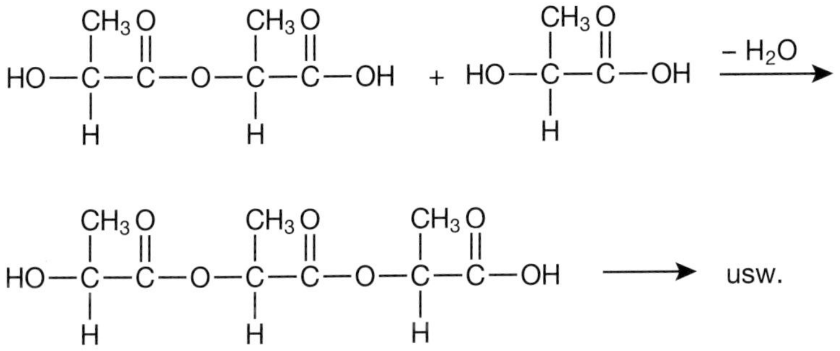

zu b) Bei der cyclischen Zwischenverbindung handelt es sich um ein Dilactid, d. h., zwei Milchsäure-Moleküle haben miteinander unter Bildung eines cyclischen Esters reagiert.

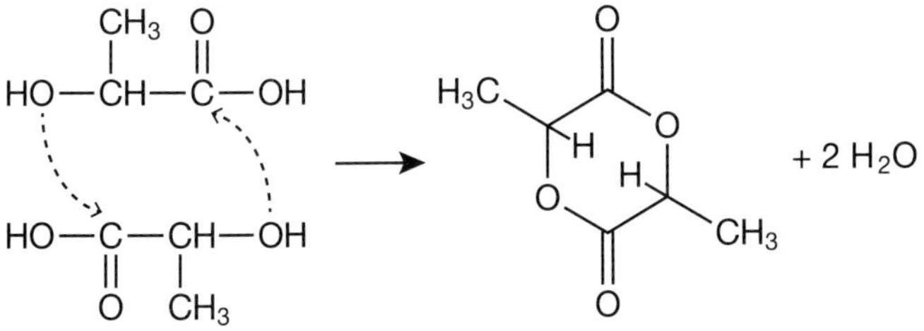

Das Dilactid kann in Gegenwart von Säure wieder an einer Stelle gespalten werden und reagiert dann mit weiteren Milchsäure-Molekülen zu Polymilchsäure.

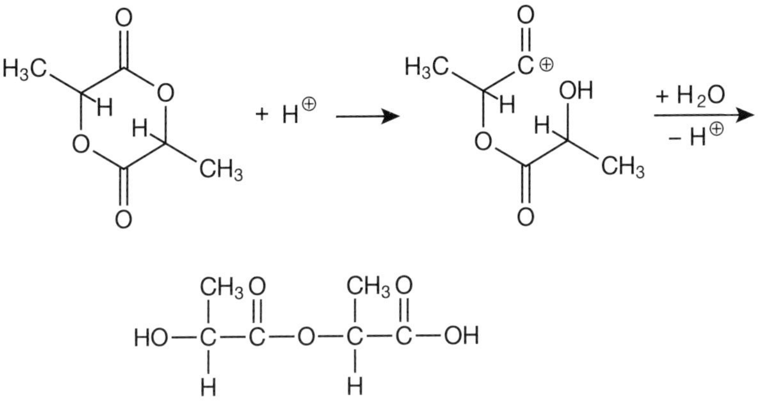

6.2 L Von der Milchsäure zur Polymilchsäure *Erwartungshorizont*

A 2 (Fortsetzung)

zu c) Bakterien können Milchsäure als Nahrungsquelle verwenden. Hierzu zerlegen sie die Polymilchsäure enzymatisch in ihre Monomere, so dass also wieder Milchsäure entsteht. Durch Abspaltung von Wasserstoff (Umkehrung der Milchsäuregärung) wird Brenztraubensäure gebildet. Diese kann dann im Citronensäurecyclus weiter abgebaut werden, was zur Energiegewinnung genutzt wird.

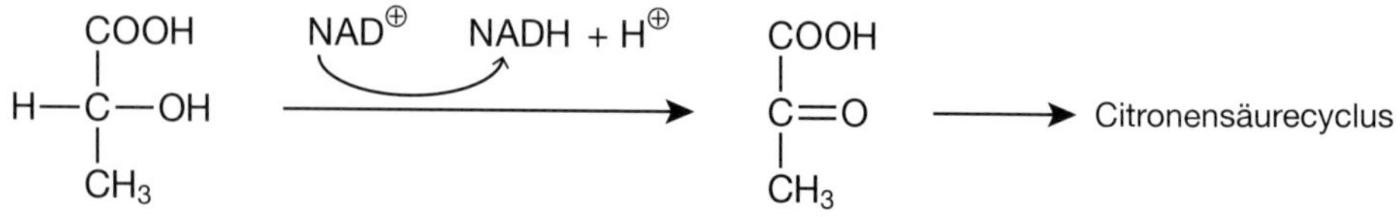

Milchsäure Brenztraubensäure

zu d) Polystyrol ist ein Polymer, das durch radikalische oder ionische Polymerisation gebildet wird. Eine einfache hydrolytische Esterspaltung ist nicht möglich. Das Monomer (Styrol) ist – im Gegensatz zur Milchsäure – kein Zwischenprodukt des Stoffwechsels und kann daher auch nicht einfach zur Energiegewinnung verwendet werden. Entsprechende Enzyme zum Abbau von Polystyrol zu Styrol und zu dessen Weiterverarbeitung im Organismus sind nicht vorhanden.

B 1

zu a) Setzt man 10 mL wässrige Carbonsäure-Lösungen der Konzentration $c = 0{,}1$ mol/L ein, so verbraucht man folgende Volumina an gleichkonzentrierter Natriumhydroxid-Lösung:

Äpfelsäure-Lösung	20 mL,	Milchsäure-Lösung	10 mL,
Weinsäure-Lösung	20 mL,	Citronensäure-Lösung	30 mL.

zu b) Die Carbonsäure-Moleküle reagieren mit den Hydroxid-Ionen. Haben alle Moleküle reagiert (Äquivalenzpunkt), steigt der pH-Wert durch weitere Zugabe von Natriumhydroxid-Lösung an; der Indikator färbt die alkalische Lösung rosa. Da unterschiedliche Volumina an gleichkonzentrierter Natriumhydroxid-Lösung bei gleicher Konzentration der Carbonsäure-Lösungen verbraucht wurden, müssen die verschiedenen Moleküle unterschiedlich viele Carboxyl-Gruppen enthalten. Es gibt also Moleküle, die mehrere funktionelle Gruppen enthalten.

zu c) Die Acidität der Carbonsäuren wird über Elektronegativitäts-Betrachtungen erklärt. Das über eine Doppelbindung mit dem Kohlenstoff-Atom verbundene Sauerstoff-Atom polarisiert die Kohlenstoff-Sauerstoff-Doppelbindung. Dadurch erhält das Kohlenstoff-Atom eine positive Teilladung. Infolgedessen übt dieses Kohlenstoff-Atom eine verstärkte Anziehung auf die Elektronen der Kohlenstoff-Sauerstoff-Einfachbindung der Hydroxy-Gruppe aus. Dies erleichtert die Abspaltung des Protons.

6.2 L Von der Milchsäure zur Polymilchsäure

Erwartungshorizont

B 1 (Fortsetzung)

zu d) Äpfelsäure $C_4H_6O_5$ Milchsäure $C_3H_6O_3$ Weinsäure $C_4H_6O_6$ Citronensäure $C_6H_8O_7$

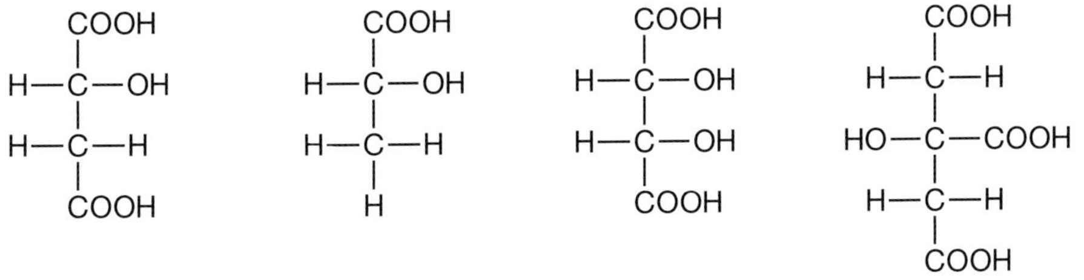

B 2

zu a)

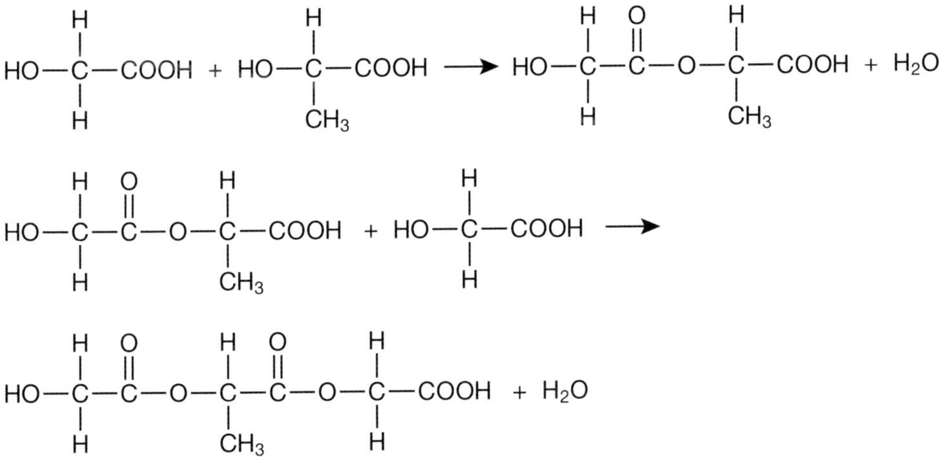

Diese Reaktion ist eine Polykondensation, da die beiden Hydroxysäuren unter Abspaltung eines kleineren Moleküls (Wasser) miteinander reagieren. Es handelt sich um eine säurekatalysierte Esterbildung, wenn man den Reaktionsmechanismus betrachtet. Das entstandene Dimer kann mit weiteren Molekülen der Hydroxysäuren in einer Kondensationsreaktion reagieren; so setzt sich das Kettenwachstum fort. Es handelt sich um ein Plastomer (linear, gesättigter Polyester), ein Co-Polymer vom AB-Typ.

zu b) Bei der hydrolytischen Spaltung erfolgt eine Umkehrung der Estersynthese. Enzyme katalysieren die Reaktion. Es bilden sich die Ausgangsstoffe Milchsäure und Glykolsäure zurück.

Sowohl die Milchsäure als auch die Glykolsäure sind Stoffe, die im Stoffwechselgeschehen des menschlichen Organismus gebildet und abgebaut werden. Die Glykolsäure wird beim Aminosäure-Abbau im Organismus als Zwischenprodukt gebildet. Die Milchsäure ist zudem in allen Sauermilchprodukten enthalten. Deshalb können diese Säuren keine Giftwirkung besitzen.

Weiterführende Aufgabe (zusätzliche Projektaufgabe)

Es wird auf die Literaturstelle verwiesen: Informationsserie Nachwachsende Rohstoffe, Fonds der chemischen Industrie, Frankfurt, 2009, (07.01.2011) http://fonds.vci.de/default2~cmd~shd~docnr~126115~rub~788~tma~940~nd~.htm#dwnldstbl

Methodische Maßnahmen

Fachinhalte

Die CD folgt dem Inhaltsverzeichnis des Buches.

Zu jeder Unterrichtssequenz im Buch informiert jeweils die erste L-Seite über einen methodischen Vorschlag, der dann in der Durchführung unter Einsatz der S-Materialien für die Schülerinnen und Schüler: Kontext, M 1, M 2, M 3, ... ausgeführt wird. Die empfohlenen S-Materialien kann man von der CD in DIN-A4-Größe ausdrucken, um sie in der erforderlichen Anzahl oder auf Folie zu kopieren.

In neun Unterrichtssequenzen werden Experimente (i. Allg. als Schülerexperimente) vorgeschlagen. Bei diesen Bausteinen liegt auf der CD als erste Seite noch eine L-Seite vor, auf der Geräte und Chemikalien aufgeführt sind – um so die Materialbeschaffung und Übersicht für die Versuchsvorbereitung zu erleichtern.